长江上游坝下河道水沙运动
与河床演变

李志晶　周银军　李大志　著

科学出版社

北京

内 容 简 介

本书在地域范围上聚焦长江上游，介绍了长江上游河道及水库建设、水电规划建设情况，分析了水库建设运行后坝下游水沙边界条件变化特征及趋势，研究了坝下游水沙输移和河床演变的基本规律，同时，针对向家坝下游河段、葛洲坝下游河段等进行了实例研究。

本书可供防洪减灾、河道演变与治理等相关专业的管理、规划、设计人员及高等院校相关专业师生参考。

图书在版编目(CIP)数据

长江上游坝下河道水沙运动与河床演变 / 李志晶，周银军，李大志著.
—北京：科学出版社，2022.6

ISBN 978-7-03-067592-7

Ⅰ. ①长… Ⅱ. ①李… ②周… ③李… Ⅲ. ①长江-上游-河道-含沙水流-泥沙运动-研究 ②长江-上游-河道演变-研究 Ⅳ. ①TV143 ②TV147

中国版本图书馆CIP数据核字(2020)第260355号

责任编辑：范运年 王楠楠 / 责任校对：王萌萌
责任印制：吴兆东 / 封面设计：蓝正设计

科 学 出 版 社 出版
北京东黄城根北街16号
邮政编码：100717
http://www.sciencep.com
北京建宏印刷有限公司 印刷
科学出版社发行 各地新华书店经销
*
2022年6月第 一 版 开本：720×1000 1/16
2022年6月第一次印刷 印张：14 1/2
字数：289 000
定价：138.00 元
(如有印装质量问题，我社负责调换)

前　言

长江源头至湖北宜昌这一江段为长江上游，长江上游地区涉及西藏、青海、云南、贵州、四川、重庆等地，长 4504km，流域面积约 100 万 km²。其中长江的源头位于青藏高原腹地，长江的正源沱沱河、南源当曲、北源楚玛尔河都发源于此，这三大源流汇合在一起以后，人们称之为通天河。干流流经治多县、曲麻莱县、称多县和玉树市 4 县市，于玉树市直门达(巴塘河汇入口)以下，始称金沙江。宜宾至宜昌河段习称川江，长 1040km。长江上游宜宾以上干流大多为峡谷河段，长 3464km，落差约 5100m，占总落差的 94%，水流落差大，水能资源丰富，长江流域大部分水能资源都集中在上游地区。在最近几十年中，长江上游修建了大量的水库枢纽工程，对于我国的能源发展具有重要意义。

水库枢纽不仅是调控水资源时空分布、优化水资源配置的重要工程措施，也是江河防洪工程体系的重要组成部分，是经济社会发展不可替代的基础支撑，是生态环境改善不可分割的保障系统，具有很强的公益性、基础性、战略性，不仅关系防洪安全、供水安全、粮食安全，而且关系经济安全、生态安全、国家安全。然而，天然河流修建水库枢纽工程后，由于水库的拦蓄与调节作用，泥沙大量淤积在水库里面，下游河床因受枢纽下泄清水的冲刷而发生一系列变化，水沙运动特性及河床床面形态结构的演化规律表现出新的特点，直接影响下游河段的防洪、航运、生态与环境及岸线开发利用等。

本书第 1 章介绍长江上游河道、水电规划建设情况，以及水库建成运行后坝下游水沙边界条件变化特征及趋势。第 2 章研究坝下游非饱和水沙运动挟沙力概念的适用性及水沙恢复饱和规律特性。第 3 章开展坝下游清水冲刷条件下水沙输移规律的模型试验研究。第 4 章采取模型试验的方法，对不同河型河段冲刷调整特点，河床表面分形维数与河床形态、河型之间的关系等进行研究。第 5 章介绍葛洲坝和三峡运用后葛洲坝下游水沙运动及河床演变特征。第 6 章分析向家坝下游河道近期冲淤特性及演变趋势。

本书各章主要撰写人员如下：第 1 章由李志晶、陈鹏撰写，第 2 章由李志晶、郭超撰写，第 3 章由李志晶、周银军撰写，第 4 章由周银军、闫霞撰写，第 5 章由李大志、吴华莉撰写，第 6 章由李大志、吴华莉撰写。全书由李志晶、周银军、李大志统稿。

本书得到国家重点研发计划项目"长江泥沙调控及干流河道演变与治理技术研究"（2016YFC0402300）、中央级公益性科研院所基本科研业务费项目"新水沙条件下长江江湖库演变及影响效应研究"（CKSF2019411/HL）、国家自然科学基金面上项目"河床多尺度调整过程中阻力效应变化研究"（51579014）、国家自然科学基金青年科学基金项目"非恒定流条件下非均匀推移质输移规律试验研究"（51609013）的资助，特此致谢！

　　由于作者水平有限，书中不妥之处在所难免，望广大读者批评指正。

作　者
2021 年 6 月于武汉

目　　录

第1章 绪 论

1.1 长江上游河道基本情况

1.1.1 长江流域概况

长江发源于"世界屋脊"青藏高原唐古拉山脉主峰各拉丹冬雪山西南侧，海拔 6621m，流域面积 180 万 km²，约占我国陆地面积的 18.8%，干流流经青海、西藏、四川、云南、重庆、湖北、湖南、江西、安徽、江苏、上海等 11 个省(自治区、直辖市)，于黄海与东海交汇处崇明岛以东入海，全长 6300 余千米，比黄河长 800 余千米，在世界大河中长度仅次于非洲的尼罗河和南美洲的亚马孙河，居世界第三位[1]。但尼罗河流域跨非洲 9 国，亚马孙河流域跨南美洲 7 国，长江则为中国所独有。

长江干流宜昌以上为上游，长 4504km，流域面积约 100 万 km²，其中直门达至宜宾称金沙江，长 3464km，宜宾至宜昌河段习称川江，长 1040km。宜昌至鄱阳湖湖口为中游，长 955km，流域面积 68 万 km²，鄱阳湖湖口以下为下游，长 938km，流域面积 12 万 km²。长江干流各段有不同的名称。自青海省境内的上游源头至囊极巴陇当曲口，称沱沱河；当曲口至青海省玉树巴塘河口称通天河；巴塘河口至四川省宜宾市岷江口称金沙江；岷江口至湖北省宜昌市，因主要流经四川盆地，习称川江。宜昌市以下为长江中下游。其中，湖北省枝城至湖南省城陵矶河段，又称荆江；江西省九江市附近河段，称浔阳江；安徽省境内河段，称皖江；江苏省扬州市附近河段，又称扬子江。

长江水系发达。大小支流有 1 万余条，除流经上述 11 个省(自治区、直辖市)外，还伸展于甘肃、陕西、贵州、河南、广西、广东、福建、浙江等 8 个省(自治区)。长江干支流在黄河流域、淮河流域与珠江流域之间构成一个非常庞大的水系。据统计，长江流域集水面积在 1000km² 以上的支流共有 437 条；在 1 万 km² 以上的支流有 22 条[2]。长江流域湖泊众多，平原地区和高原山地均有分布。平原地区的湖泊都是淡水湖，总面积约 22000km²。其中，鄱阳湖是我国第一大淡水湖，面积达 3500 余平方千米；洞庭湖是我国第二大淡水湖，面积达 2800 余平方千米；太湖是我国第四大淡水湖，面积达 2400 余平方千米；此外著名的还有安徽省的巢湖和湖北省的洪湖等[3]。高原山地湖泊主要分布在青海、云南、四川、贵州等省，著名的有云南的滇池、程海，四川的邛海，川滇交界处的泸沽湖，贵州的草海等淡水湖，江源地区的叶鲁苏湖为高原咸水湖，高程 5000 余米。

长江流域的平面形态为东西长、南北短。流域范围，西以芒康山、宁静山与澜沧江水系分界；北以巴颜喀拉山、秦岭、大别山与黄、淮水系相隔；南以南岭、武夷山、天目山等与珠江及闽、浙诸水系相邻[4]。

长江流域的地势取决于地壳升降运动的性质与强度。西部为强烈上升区，中部为中等强度上升区，东部为升降交替或以下沉为主的地区[5]。因此，流域内地势自西而东呈阶梯状降低，分属我国地形上的"三大阶梯"，即青藏高原、川西高原和横断山系，云贵高原、秦巴山地、四川盆地、鄂黔山地，以及长江中下游平原及其外围低山丘陵区。长江纵贯这"三大阶梯"入海，全江总落差约 5400m。

长江水量丰沛，多年平均入海年径流量为 9600 亿 m³，占我国江河入海总水量的 1/3 以上，为全国之冠，在世界居第四位[6]。长江水量约 46% 来自上游(宜昌以上)；其次来自洞庭湖水系，约占 18%；再次来自鄱阳湖水系，约占 15%。干支流水量的年内分配，明显地分为汛期与非汛期。干流汛期(5~10 月)水量占年径流量上游为 79%~82%，中下游为 71%~79%。

1.1.2　长江上游河道概况

在距今 7 亿年的元古宙，长江流域绝大部分地区为海水淹没。之后，长江流域经历了距今 1.8 亿年三叠纪末期的印支造山运动、距今 1.4 亿年侏罗纪的燕山运动和距今 4000 万~3000 万年始新世的喜马拉雅运动，直至距今 300 万年前，喜马拉雅山强烈隆起等地质构造运动，在全球性气候条件作用下，形成了现在干流自西向东贯通、众川合一的长江水系。现今的长江水系分为上、中、下游三段。上游自源头至宜昌，长 4504km，包括江源—通天河水系、金沙江水系和川江水系；中游自宜昌至鄱阳湖湖口，长 955km，包括清江、洞庭湖水系、汉江、鄂东诸河等支流；下游自鄱阳湖湖口至长江口，长 938km，包括鄱阳湖水系、皖江、巢湖水系、青弋江、水阳江、滁河、淮河入江水道以及太湖水系等支流。

1. 江源

长江上游江源水系的正源沱沱河发源于唐古拉山脉各拉丹冬雪山西南侧，雪线海拔 5820m，流经 346km 的高原河道，与南源当曲在囊极巴陇汇合。然后流经长 278km 的通天河上段，与北源楚玛尔河汇合，再流经长 550km 的通天河下段，直至玉树巴塘河口。自源头至楚玛尔河统称为江源段，再加上通天河下段及其全部支流，构成江源水系[7](表 1-1)。

表 1-1 江源水系干流和主要支流情况

干流和主要支流		河长/km	流域面积/km²	控制站名	集水面积/km²
沱沱河 (正源)	(干流)	346	17600	沱沱河沿站	15924
	当曲 (南源)	352	30786		
通天河 上段	(干流)	278			
	楚玛尔河 (北源)	515	20800	楚玛尔河沿站	9388
	莫曲	146	8654		
	北麓河	205.5	7966		
通天河 下段	(干流)	550		直门达站	137732
	色吾曲	159	6399		

1) 沱沱河

沱沱河全长 346km，水流有东、西两支。东支出唐古拉山脉各拉丹冬雪山群西南后，由两条长度分别为 12.8km 和 10.3km 的大冰川绕行于海拔为 6371m 的姜根迪如冰川南北侧，两冰川融水出山后，分别流经 3.8km 和 3.5km，汇合成东支水流。西支出自尕恰迪如岗雪山群，由主峰东南侧长 8km 的冰川，与其他冰川融水汇合，成为西支水流。两支水流汇合后流经长 15km、宽 3km 的冰川槽谷河段，称为纳钦曲[8]。以上就是长江正源的源头水流。

水流穿过纳钦曲较宽的冰水砾石和峡谷急流河槽，整体流向朝北，流经雀莫错盆地，到达祖尔肯乌拉山，直至波陇曲汇口，全长 126km。根据卫星照片判断，这段河道是沿一条南北向张性断裂发育的，但是在 1976 年之前出版的地图上均未标出这一河段，误认为沱沱河源头就位于祖尔肯乌拉山北麓。实际上，沱沱河贯穿了祖尔肯乌拉山，并在流经波陇曲汇口后，急转 90° 大弯，朝东偏南方向流经宽阔的沱沱河盆地。这段河道，沿程发育着宽窄不等的沙滩，直至沱沱河沿站，然后，在囊极巴陇附近与南源当曲汇合。

沱沱河的主要支流有 10 余条，其源头海拔均在 5000~6500m，汇入沱沱河干流河道处，海拔 4400~5200m。这些支流可谓"世界屋脊"上的河流，支流中最长的是扎木曲，长 143km，流域面积 3900km²；次长的是斜日贡尼曲，长 118km，流域面积 1668km²；第三位是波陇曲，长度和流域面积分别为 80.6km 和 1349km²。这些支流地处青藏高原腹地，气候干寒，多风少雨，径流量都很小，使得沱沱河干流下游沱沱河沿站的年径流量为 8 亿多立方米。

沱沱河干流河道终年处于低温的环境，沱沱河沿站多年平均气温为-4.2℃，7月最热，平均气温 7.5℃，1月最冷，平均气温-24.8℃，每年冻结期长达 7 个月，年平均降水量为 283mm，降水集中在 7~9 月。气候条件控制着沱沱河干流河道的封冻和解冻过程以及水情的变化。沱沱河实测最大流量为 750m³/s,最小流量为 0,年径流量仅占通天河玉树直门达站的 7.7%。

沱沱河流域内湖泊有 2100 余个。干流河道两岸有 10 个较大的湖泊,最大的为雀莫错湖,面积为 88.2km²,第二、三位为玛章错钦湖和葫芦湖,面积分别为 60.3km² 和 36.0km²。一般来说,多数湖泊均连通沱沱河,较大的内陆湖多为咸水湖,但离河不远,中隔高差不大的滩地。

沱沱河各主要支流的比降均很大,自 1%左右至 7%。沱沱河干流河道的比降也很大,但沿程逐渐减缓。波陇曲口以上的 126km 河段平均比降为 5.4‰,以下进入沱沱河盆地为 1.3‰。沱沱河干流河道的宽度沿程变化较大,在冰川以下的纳钦曲,散流的谷底宽达 1.5km,峡谷段宽仅 30 余米;在雀莫错盆地河谷开阔,河床宽达 3km。干流河道穿过祖尔肯乌拉山形成峡谷段,河宽又束窄为 60m;在进入沱沱河盆地后,在保查曲口附近,河宽 50 余米,水深 1.2m;在错阿日玛湖口,河床内有宽达数千米的沙滩,河槽宽仅 50~60m,水深 0.5~1.5m;在奔德错切玛口,沙滩宽为 1~2km,河槽宽 35~40m,水深 0.7~0.8m;在沱沱河附近为 2~3 汊的分汊河道,每汊河槽宽约 30m,水深 0.4~1.2m。

从水流情况来看,根据 1978 年 7 月考察时的实测资料,沱沱河南北侧冰川的平均流速为 0.88~1.14m/s,最大流速接近 1.7m/s,弗劳德数 Fr 为 0.44~0.56;在上段切苏美曲汇口附近、中段祖尔肯乌拉山口附近和沱沱河出口附近,河道的平均流速分别为 0.87m/s、0.85m/s 和 0.84m/s,最大流速分别为 1.24m/s、1.14m/s 和 1.04m/s,弗劳德数 Fr 分别为 0.51、0.45 和 0.32,显示出沱沱河干流河道随着比降的趋缓,流速和弗劳德数沿程递减的特性。

沱沱河干流河道的河型沿程是变化的。在源头冰川汇合后的纳钦曲,两侧有众多冰川融水呈树枝状注入,河中水流散布在宽达 1.5km 的冰水砾石河床中,河道呈宽浅散流形;河道遇到峡谷即束狭,水流归一,断面变得窄深,出峡谷后复又成为散流。在切苏美曲汇口附近,河道为分汊型。在雀莫错盆地中,河谷开阔,两岸众多支流汇口处均形成冰水冲积扇,干流河道在砂砾河床中呈山区网状或辫状河型。沱沱河在穿过祖尔肯乌拉山时,又形成峡谷段,河道束窄,水流集中。河道进入沱沱河盆地,河谷宽阔。在错阿日玛湖口附近,河床中形成宽达数千米的沙滩,干流河道开始变成滩槽比较分明的河型。以下随着河谷宽度不同,沙滩宽度沿程变化,但仍保持滩槽分明的河型。至沱沱河附近,河谷宽达 10km,河谷中分布着堆积、基座和侵蚀三级阶地,河床宽 500~600m。干流河道穿过青藏公路后逐渐成为分汊河道。之后,沱沱河与南源当曲汇合进入通天河。

宽谷游荡型河道在沱沱河普遍发育。河道流经开阔平坦的新生代断陷盆地,河谷宽达一二千米至十余千米,沿江两岸为平原和平缓低矮的丘陵或阶地,河漫滩宽度一般在 1km 以上。河床水流散乱,分汊甚多,沙滩栉比,变化频繁,分汊最多处达十余股，构成比降较陡、断面形态宽浅、具有游荡性或摆动性演变特征的网状或辫状河型。

江源宽谷游荡型河道的相关资料甚少。初步认为，沱沱河干流河道游荡性成因主要有以下几个方面：一是广阔而深厚的早更新世细颗粒湖相沉积，构成极为松散的河床边界；二是构造盆地内河谷开阔，比降变得较平缓（相对于峡谷窄段），加之支流入汇，有利于砂砾堆积；三是高寒气候下形成厚达 20~80m 的多年冻土，表面季节融冻层仅 1~3m，使河流的下蚀作用受到限制；四是不均匀的径流作用以及融冻期河水漫流造成冰面的切割滩体。在上述各种因素的综合作用下，沱沱河干流河道成为深蚀受到限制、侧蚀作用强烈、断面非常宽浅、水流易于摆动、演变比较频繁的游荡型河道。

2）通天河

通天河自囊极巴陇至玉树巴塘，全长 828km。其中，以楚玛尔河口为界分通天河为上、下两段。通天河上段长 278km，连同北源楚玛尔河，属江源水系；通天河下段长 550km，不属江源水系，但为江源向金沙江峡谷型河道过渡的河段，这里列为江源河道一并叙述。

通天河上段总体流向为北东向，河道沿程变化特点为宽谷段和峡谷段相间。自囊极巴陇以上 14km 开始，通天河流经巴颜倾山区形成长约 10km 的宽浅峡谷；河段出峡谷后进入一小盆地，河谷宽达 4~5km；在勒采曲汇口以下，进入冬布里山区，又形成 28km 长的峡谷段；至牙哥曲汇口附近，河谷又逐渐开阔，谷底宽达 1~2km，在科欠曲以下，河谷宽达 12km，直至楚玛尔河口。综上所述，通天河上段河道在横切区域构造时，往往形成峡谷，水流集中；而在顺应区域构造或盆地时，往往形成宽谷，水流分汊。通天河下段在楚玛尔河口以下约 70km 处有色吾曲汇入。色吾曲发源于巴颜喀拉山脉南麓，源头与黄河上游约古宗列曲、卡日曲等仅一山之隔。民国时期地理教科书提到的长江发源于巴颜喀拉山脉南麓，实际上系误指色吾曲。通天河下段在白拉塘附近，河谷展宽；在登额曲汇口以下，河道进入峡谷段，愈向下游河道愈曲折，沿岸均为峡谷峻岭，直至玉树巴塘河口。可见，通天河下段自楚玛尔河汇口至登额曲汇口，河道为江源高平原丘陵向高山峡谷过渡的河段；登额曲汇口以下为高山峡谷区河段。

通天河流域气候严寒，曲麻莱多年平均气温为-1.9℃，玉树为 2.9℃；两地历年最低气温分别为-34.8℃和-26.1℃。流域内降水量也较少，曲麻莱和玉树多年平均降水量分别为 385.8mm 和 469.2mm，稍大于沱沱河流域降水量[9]。

通天河上段接纳了长江南源当曲水系。当曲长 352km，流域面积 30786km²，年径流量 46.1 亿 m³；通天河下段起始处接纳了长江北源楚玛尔河水系。楚玛尔河长 515km，流域面积 20800km²，年径流量 2.52 亿 m³。此外，通天河两岸汇集的主要支流还有 13 条，其长度与流域面积一般均大于沱沱河的支流。其中较大的支流有莫曲、北麓河和色吾曲，其长度分别为 146km、205.5km 和 159km，流域面积分别为 8654km²、7966km² 和 6399km²。由于通天河上段属江源水系，自然地理条件与沱沱河流域接近，两岸大小湖泊众多，达 3000 余个，而通天河下段向峡谷河道过渡，湖泊较少。由于两岸支流提供比上游江源水系相对较多的径流量和来沙量，所以通天河下段直门达站的年径流量达 119 亿m³，多年平均悬移质年输沙量达 871 万t，多年平均含沙量达 0.73kg/m³。

通天河上段自囊极巴陇至楚玛尔河口地势相对平坦，平均比降为 0.9‰；通天河下段河道自楚玛尔河口至登额曲汇口逐渐由高平原、丘陵向峡谷过渡，平均比降为 1.1‰，以下至玉树巴塘河口为峡谷峻岭河道，平均比降为 1.5‰。通天河的断面形态，上段宽谷水流散乱，水深数十厘米至 1m 左右；下段河道束窄，水面宽由 150～200m 沿程逐渐减小为 50～200m，中泓水深由 2～3m 逐渐增加至 4m 以上。

通天河上段河道的河型与沱沱河相类似，在河流出峡谷进入盆地河谷宽阔段，基本上形成游荡河型。水流摆动于宽浅河床上，分汊较多，有的 3～4 股，有的多达 10 余股。通天河上段游荡型河道形成条件与沱沱河类似。通天河下段河道的河型比较简单，属两岸受山体控制、断面形状单一且比较窄深的峡谷型山区河道。

2. 金沙江

金沙江全长 2291km，起于青海省、四川省交界处的玉树市直门达(巴塘河口)，止于四川省宜宾市东北翠屏区合江门，分为三段。从玉树巴塘河口至石鼓为上段，长 965km；石鼓至攀枝花雅砻江口为中段，长 1220km；攀枝花至宜宾为下段，长 106km(表 1-2)。

表 1-2 金沙江水系干流和主要支流情况

干流和主要支流	河长/km	流域面积/km²	控制站名	集水面积/km²
干流	2291		屏山(向家坝)	485099
赠曲	228	5470		5400
热曲	145	5450		5450
松麦河(定曲)	241	12163		12080
水洛河	321	13971		13770
雅砻江	1571	128444	小得石(桐子林)	117275
普渡河	380	11090	三江口	9529
横江	305	14781	横江(二)	14781

1) 上段

金沙江上段自青海省玉树巴塘河口流向东南,过玉树市直门达,至真达(石渠县真达乡)入四川省石渠县境,然后介于四川省与西藏自治区两地之间奔流,经西藏江达县辖邓柯乡、川藏要塞岗托镇,过赠曲河口后,折向西南,至白玉县城西北的欧曲口,又折西北,不久又复南流,至藏曲口、热曲口,再径直向南经巴塘(巴曲河口)、至德钦县东北入云南省境,过松麦河口、奔子栏,直至石鼓(玉龙纳西族自治县石鼓镇)止,为金沙江上段。上段落差 1720m,平均比降 1.78‰。

本段金沙江左岸自北而南是高大的雀儿山、沙鲁里山、中甸雪山;右岸对峙着达马拉山、宁静山、芒康山和云岭诸山,河流流向多沿南北向大断裂带或与褶皱走向相一致,被高山夹峙的河谷一般宽 100~200m,狭窄处仅 50~100m。右岸宁静山—云岭诸山以西为澜沧江。澜沧江以西越过高耸的他念他翁山—怒山则是河谷险峻的怒江,左岸沙鲁里山以东为金沙江的最大支流雅砻江,这几条大河被高山紧束,大致平行南流,形成谷峰相间如锯齿、江河并肩向南流的独特地理单元——横断山区。

本段金沙江山高谷深,峡谷险峻,除在支流河口处因分布着洪积冲积锥,河谷稍宽外,大部分谷坡陡峻,坡度一般在 35°~45°,不少河段为悬崖峭壁,坡度达 60°~70°,邓柯至奔子栏间近 600km 深谷河段的岭谷高差可达 1500~2000m。因两岸分水岭之间范围狭窄,流域平均宽度约 120km,邓柯附近最窄,仅 50~60km,白玉县附近最宽,亦不过 150km[10]。由于流域宽度不大,支流不甚发育,水网结构大致呈树枝状,局部河段的短小支流垂直注入干流,水网结构呈"非"字形。

2) 中段

金沙江中段自云南省丽江市玉龙纳西族自治县石鼓镇至攀枝花雅砻江段。江水奔流在四川、云南两省之间。金沙江过石鼓(玉龙纳西族自治县石鼓镇)后,流向由原来的东南向,急转成东北向,形成奇特的"U"形大弯道,成为长江流向的一个急剧转折,被称为"万里长江第一弯"。1936 年 4 月 24~26 日红二方面军长征北上时,正选在水势较和缓的石鼓渡口横渡金沙江。

石鼓以下,江面渐窄,至左岸支流硕多岗河口香格里拉市的桥头镇(也称虎跳峡镇),往东北不远即进入举世罕见的虎跳峡。虎跳峡上峡口与下峡口相距仅 16km,落差达 220m,平均比降达 13.8‰,是金沙江落差最集中的河段[11]。峡中水面宽处 60m,窄处仅 30m 并有巨石兀立江中,相传曾有猛虎在此跃江而过,故名虎跳石,虎跳峡也由此得名。峡内急流飞泻、惊涛轰鸣,最大流速达 10m/s。峡谷右岸为海拔 5596m 的玉龙雪山,左岸为海拔 5396m 的哈巴雪山,两山终年积雪不化。峡内江面海拔不足 1800m,峰谷间高差达 3000 余米。峡中谷坡陡峭,悬崖壁立,呈幼年期"V"形峡谷地貌。

金沙江流出虎跳峡，向东北流至三江口（宁蒗彝族自治县拉伯乡、香格里拉市洛吉乡、玉龙纳西族自治县奉科乡、木里藏族自治县俄亚纳西族乡交界处，被称为鸡鸣两省四县之地），左岸接纳水洛河，又急转向南，形成金沙江干流最大的弯道。三江口以南江水穿行于左岸绵绵山与右岸玉龙雪山之间，左岸有洪门口河、右岸有黑白水河汇入。过左岸五郎河口（河口在云南省永胜县，金沙江从县境北部的松坪傈僳族彝族乡入境，沿西部往南经大安、顺州后向东折，经涛源、片角、东风、仁和等乡镇后出境，境内长 215km）金江桥附近，曾规划有梓里水利枢纽坝址。上述大弯道从石鼓以下的仁和至大弯道南段的梓里，河道弯转 264km，而直线距离仅 32km，落差 550m，平均比降达 17.2‰，因此有穿凿隧洞，集中利用大弯道落差开发水能的远景设想。江水南流至中江街纳右岸漾弓江，直至金江街以西才转向东流。又经云南省大理白族自治州和楚雄彝族自治州境内的金江吊桥、皮厂、右岸的渔泡江口、湾碧、观音岩、半边街至攀枝花市。

金沙江中段除金江街、三堆子至龙街、蒙姑、巧家等地为开敞的"U"形河谷外，其他大部分河段均为连续的"V"形峡谷，虎跳峡情况如上所述，其余河段的两岸山地海拔为 1500～3000m，岭谷间高差仍达 1000m 左右，峡谷底宽 150～250m，最窄处 100～150m，水面宽 80～100m。因此金沙江中上段河谷形态气势都十分雄伟。

3）下段

金沙江下段从攀枝花至宜宾市区岷江口。在攀枝花水文站以下 15km 处，左岸汇入金沙江最大的支流雅砻江。雅砻江汇入后，流量倍增，河流转向南流，至右岸支流龙川江口（元谋县境内）附近又折转东北，先后纳右岸勐果河（河口在武定县段 34km 内）、左岸普隆河至皎平渡口。距老君滩滩尾 1.6km 处，右岸有普渡河汇入，过东川区因民，金沙江折转北流，右岸有以泥石流闻名的小江注入，继续向北，过蒙姑纳右岸支流以礼河，过巧家县纳左岸支流黑水河，过白鹤滩纳左岸支流西溪河，再东北流至昭通市麻耗村有重要支流牛栏江从右岸汇入，至大凉山麓左岸纳美姑河，再经雷波县、永善县间的溪落渡水利枢纽坝址北流 70 余千米即达屏山县新市镇[12]。

江水过新市镇转向东流，进入四川盆地，经绥江县、屏山县、水富市、叙州区安边镇等地。右岸汇入金沙江最后一条支流横江，再流 28.5km 接纳小溪流马鸣溪进入宜宾市区，在宜宾市区流程 12km。金沙江下段两岸海拔多在 500m 以下，仅向家坝附近山岭海拔超过 500m，属低山和丘陵。本段河流沉积作用显著，河床多砾石，沿岸有较宽阔的阶地分布，高出江面约 30m。支流除横江外，均较短小，水网结构呈格网状。

3. 川江

川江起于金沙江在四川省宜宾市与岷江汇合点，至湖北省宜昌市的南津关，长1030km，因大部分流经四川盆地(或重庆直辖前原四川省行政区域境内)，人们通常把它称为"川江"。川江，在古代又称江、江水或大江，唐代以来，或称蜀江、汉江。其中，重庆以上的370km为上川江，重庆以下的660km称为下川江。江津附近河道呈"几"字形，亦称"几江"。下川江所流经的三峡地区，因两岸山峦夹峙，水流湍急，所以又有"峡江"之称(表1-3)。

表1-3　川江水系干流和主要支流情况

干流和主要支流	河长/km	流域面积/km^2	控制站名	集水面积/km^2
干流	1030		朱沱	694725
			寸滩	866559
岷江	735	135868	高场	135378
沱江	629	27860	李家湾(富顺)	23282
赤水河	524	20440	赤水	17224
嘉陵江	1120	159812	北碚	156142
乌江	1030	87920	武隆	83035
小江	183	5225	小江	4820

川江属山区河流。受边界条件制约，河道平面形态为宽窄相间。峡谷段江面一般宽200~300m，最窄段仅100余米；宽谷段江面一般宽600~800m，最宽可达2000m。宽阔河段两岸分布有碛坝，江中常出现心滩、江心洲，中枯水时或常年水流分为两汊，个别为三汊或多汊。断面形态峡谷段为"V"形，宽谷段多为"W"形。

川江最著名的支流是左岸的岷江、沱江、嘉陵江，右岸的赤水河、乌江等。中小支流有67条，其中一级支流有34条，大于1000km^{2}的河流有23条。中小支流中比较有名的有南广河、綦江、龙溪河、龙河、小江、磨刀溪、大宁河、香溪。由于四川盆地向南倾斜，川江流经盆地南缘，北岸的岷江、沱江、嘉陵江诸支流的上游切割盆地边缘山地，入盆地后中下游纵贯整个盆地，因此流程均比较长；南岸支流一般较短小，只有乌江和赤水河的中上游在云贵高原上伸展较远。川江南北支流很不对称，属不对称水系。

1.2　长江上游水电规划建设情况

长江是我国水能资源最丰富的河流，水电开发又主要集中在长江上游。长江上游目前规划在建或者已经建成的水电站主要集中在金沙江水电基地、长江上游水电基地、雅砻江水电基地、乌江水电基地、大渡河水电基地等五个基地。

1.2.1　金沙江水电基地

金沙江是我国最大的水电基地，是"西电东送"的主力。金沙江天然落差约3300m，水能资源蕴藏量达 1.124 亿 kW，技术可开发水能资源达 8891 万 kW，年发电量 5041 亿 kW·h，富集程度居世界之最[13]。

1. 上游段

卓克沟口的果通至莫曲河口的昌波河段为金沙江上游川藏段，是四川和西藏界河，全长 546km，落差约 1030m，多年平均流量为 520~1000m³/s，金沙江上游川藏段共布置八个梯级电站，分别为岗托水电站(110 万 kW)、岩比水电站(30 万 kW)、波罗水电站(96 万 kW)、叶巴滩水电站(224 万 kW)、拉哇水电站(200 万 kW)、巴塘水电站(75 万 kW)、苏哇龙水电站(116 万 kW)和昌波水电站(106 万 kW)，初步规划装机容量 957 万 kW，由华电金沙江上游水电开发有限公司负责开发。

1) 叶巴滩水电站

叶巴滩水电站位于四川与西藏界河金沙江上游干流上，是金沙江上游装机容量最大的水电工程，以发电为主，兼顾防洪、环境保护、水土保持和旅游开发等综合效益。电站坝址位于金沙江支流降曲河口下游 600m，左岸属于四川省甘孜藏族自治州白玉县，右岸属于西藏自治区昌都地区贡觉县。叶巴滩水电站正常蓄水位为 2889m，水库总库容 11.85 亿 m³，装机容量 224 万 kW，多年平均发电量 102.05 亿 kW·h，工程静态投资 258 亿元，是"十二五"和"十三五"中央支持西藏经济社会发展的重大项目、国家"西电东送"接续基地和西南水电基地建设的重要组成部分。

2) 拉哇水电站

拉哇水电站位于金沙江水电基地川藏界河段，为金沙江上游川藏段水电 8 级开发中的第 5 级，上游为叶巴滩水电站，下游为巴塘水电站。水库正常蓄水位为 2702m，大坝为面板堆石坝，最大坝高 234m，装机 4 台，总装机容量为 200 万 kW。

3) 巴塘水电站

巴塘水电站是金沙江上游川藏段规划的 8 座梯级电站的第 6 座梯级水电站，位于川藏交界的金沙江上游河段，左岸属四川巴塘县，右岸属西藏芒康县。其上游为拉哇水电站，其下游为苏哇龙水电站。巴塘水电工程初选水库正常蓄水位为 2545m，相应库容 1.55 亿 m³，校核洪水位 2547.9m，总库容 1.58 亿 m³，水库死水位 2540m，调节库容 0.2 亿 m³，具有日调节能力。初选电站装机容量 750 万 kW，初拟装机 4 台，额定水头 55m，与上游梯级联合运行。

4) 苏哇龙水电站

苏哇龙水电站也称王大龙水电站，位于金沙江上游川藏段，坝址在巴塘县苏哇龙乡。设计库容 141 亿 m³，装机容量 116 万 kW。

2. 中游段

1999 年昆明勘测设计研究院和中南勘测设计研究院编写了《金沙江中游河段水电规划报告》，推荐以上虎跳峡水库正常蓄水位 1950m 为代表的"一库八级"水电开发方案，即上虎跳峡(龙盘)、两家人、梨园、阿海、金安桥、龙开口、鲁地拉和观音岩水电站共八座巨型梯级水电站，相当于 1.1 个三峡水电站，总投资累计高达 1500 亿元，电站总装机容量为 2058 万 kW。然而，金沙江中游具有丰富物种资源的上虎跳峡(龙盘)和两家人仍面临着建与不建电站的争议。此外，攀枝花河段规划建设按金沙、银江两级开发，项目以发电为主，并对观音岩水电站进行反调节，兼有改善城市水域景观和取水条件等作用。

1) 梨园水电站

梨园水电站位于云南省丽江市玉龙纳西族自治县与迪庆藏族自治州香格里拉市交界的金沙江干流上，为金沙江中游河段"一库八级"水电开发方案中的第三个梯级。该工程属大(1)型工程，以发电为主，兼顾防洪、旅游等综合效益。电站装机容量 2400MW(4×600MW)，与上游龙盘水库联合运行时年发电量 107.03 亿 kW·h，联合运行保证出力为 1103MW。枢纽主要由挡水、泄洪排沙、电站引水系统及坝后岸边厂房等组成。主要建筑物有混凝土面板堆石坝、右岸溢洪道、左岸泄洪冲沙洞、左岸引水发电系统等。工程最大坝高 155m，水库正常蓄水位 1618m，死水位 1602m，相应于正常蓄水位的库容为 7.27 亿 m³，有效库容 2.09 亿 m³，具有周调节能力，坝址控制流域面积 22 万 km²，多年平均流量 1430m³/s。2015 年 7 月 10 日，梨园水电站第二台机组完成三天试运行，成功并网发电。

2) 阿海水电站

阿海水电站坝址位于云南省丽江市玉龙纳西族自治县(右岸)与宁蒗彝族自治县(左岸)交界的金沙江中游河段，是金沙江中游河段"一库八级"水电开发方案的第四个梯级。电站是以发电为主，兼顾防洪、灌溉等综合利用的水利水电枢纽工程。

工程由混凝土重力坝、左岸溢流表孔及消力池、左岸泄洪冲沙底孔、右岸排沙底孔、坝后主副厂房等组成。电站最大坝高 130m，正常蓄水位 1504.00m，相应库容 8.06 亿 m³；死水位 1492.00m，死库容 7.0 亿 m³，可调库容 1.06 亿 m³，属于日调节水库。电站总装机容量 200 万 kW，多年平均发电量 88.77 亿 kW·h，静态投资约 136 亿元，为大(1)型工程。

3) 金安桥水电站

金安桥水电站位于云南省丽江市境内，距丽江市区 52km，处于丽江到四川攀枝花市的交通要道上，交通便利，该工程是金沙江中游河段"一库八级"水电开发方案中的第五级电站。工程由碾压混凝土重力坝、右岸溢洪道、左右岸坝身泄洪冲沙孔和坝后厂房等建筑物组成，右岸台地布置 5 孔开敞式溢洪道，其最大泄洪流量 14980m³/s，坝后厂房安装 4 台单机容量 600MW 的水能发电机组。发电效益显著，是"西电东送"的骨干电站之一。大坝长 640m，高 160m，总库容 9.13 亿 m³，年发电量 114.17 亿 kW·h。

4) 龙开口水电站

龙开口水电站位于云南省大理白族自治州鹤庆县境内，是金沙江中游河段"一库八级"水电开发方案的第六个梯级，工程开发任务以发电为主，兼顾灌溉和供水。拦河坝为碾压混凝土重力坝，坝顶高程 1303m，最大坝高 119m。水库正常蓄水位 1298m，总库容 5.58 亿 m³，具有日调节能力。电站装机容量 180 万 kW，年发电量 73.96 亿 kW·h。

5) 鲁地拉水电站

鲁地拉水电站是金沙江中游河段"一库八级"水电开发方案的第七级电站，位于云南省大理白族自治州宾川县与丽江市永胜县交界的金沙江中游河段上，库区还涉及大理白族自治州鹤庆县，上接龙开口水电站，下邻观音岩水电站。鲁地拉水电站为堤坝式开发，拦河坝采用混凝土重力坝，最大坝高 140m，坝顶高程 1228m，水库总库容 17.183 亿 m³，调节库容 3.76 亿 m³，电站装机容量 2160MW，属大(1)型工程。

6) 观音岩水电站

观音岩水电站为金沙江中游河段"一库八级"水电开发方案的最后一个梯级，位于云南省华坪县与四川省攀枝花市的交界处，上游接鲁地拉水电站，下游距攀枝花市 27km。电站水库正常蓄水位 1134m，库容约 20.72 亿 m³。装机容量 300 万 kW（5×60 万 kW）。

7) 金沙水电站

金沙水电站上游与观音岩水电站衔接，下接银江水电站。金沙水电站工程主要任务为发电，坝址控制流域面积 25.89 万 km²，水库正常蓄水位 1022m，初选电站装机容量 560MW，多年平均发电量 25.07 亿 kW·h。

3. 下游段

1981 年成都勘测设计研究院编写了《金沙江渡口宜宾河段规划报告》，推荐四级开发方案，即乌东德水电站、白鹤滩水电站、溪洛渡水电站和向家坝水电站四座世界级巨型梯级水电站，这四大水电站由中国长江三峡集团有限公司负责开发，规划的总装机容量为 4210 万 kW，年发电量为 1843 亿 kW·h，规模相当于两个三峡水电站。

1) 乌东德水电站

乌东德水电站位于四川会东县和云南禄劝彝族苗族自治县交界的金沙江河道上，是金沙江水电基地下游河段四个水电梯级的第一梯级，上距观音岩水电站253km，下距白鹤滩水电站 180km。控制流域面积 40.61 万 km²，占金沙江流域面积的 86%；多年平均流量 3850m³/s，年径流量 1200 亿 m³。乌东德水库初设蓄水位 975m，总库容 74.08 亿 m³，调节库容 26 亿 m³，防洪库容 24.4 亿 m³。电站装机容量 1020 万 kW，多年平均发电量约 389.1 亿 kW·h。

2) 白鹤滩水电站

白鹤滩水电站为金沙江水电基地下游河段四个水电梯级的第二个梯级，坝址位于云南省巧家县大寨镇与四川省凉山彝族自治州宁南县白鹤滩镇交界的白鹤滩，上游距巧家县城约 41km，距乌东德坝址约 180km，与乌东德梯级电站相接，下游距宁南县城约 22km，距离溪洛渡水电站约 195km，尾水与溪洛渡梯级电站相连。坝址控制流域面积 43.03 万 km²，占金沙江流域面积的 91%。坝址多年平均径流量 1312 亿 m³，多年平均流量 4160m³/s；坝址多年平均悬移质输沙量为 1.85 亿 t，多年平均含沙量 1.46kg/m³。

白鹤滩水电站为混凝土双曲拱坝，高 289m，坝顶高 834m，顶宽 13m，最大底宽 72m。工程以发电为主，兼有拦沙、防洪、航运、灌溉等综合效益。工程建成后还有拦沙、发展库区航运和改善下游通航条件等综合利用效益，是"西电东送"的骨干电源点之一。水库正常蓄水位 825m，相应库容 206 亿 m³，地下厂房装有 16 台机组，初拟装机容量 1600 万 kW，多年平均发电量 602.4 亿 kW·h。

3) 溪洛渡水电站

溪洛渡水电站位于四川省雷波县和云南省永善县境内金沙江干流，在屏山县以上 124km；上接白鹤滩水电站尾水，下与向家坝水库库尾相连。溪洛渡水电站坝址控制集水面积 45.44 万 km²，占金沙江流域面积的 96%。坝址多年平均径流量为 1440 亿 m³（流量 4570m³/s）。

溪洛渡水电站坝址距离宜宾市河道里程 184km，为混凝土双曲拱坝，坝顶高程 610m，最大坝高为 278m。水库正常蓄水位 600m，水库总库容 126.7 亿 m³，正常蓄水位以下库容 115.7 亿 m^3，调节库容 64.6 亿 m^3，防洪库容 46.5 亿 m^3，死库容 51.1 亿 m^3。工程任务以发电为主，总装机 1386 万 kW，兼有防洪、拦沙和改善下游航运条件等综合效益，水库具有不完全年调节能力。溪洛渡水电站于 2007 年 11 月 8 日成功截流，2013 年 5 月第一阶段下闸蓄水，2014 年 6 月 30 日所有机组全部投产。

4）向家坝水电站

向家坝水电站位于云南省水富市与四川省叙州区交界的金沙江下游河段上，距水富城区仅 1500m，是金沙江水电基地最后一级水电站，上距溪洛渡水电站坝址 157km。电站拦河大坝为混凝土重力坝，坝顶高程 384m，最大坝高 162m，坝顶长度 909.26m。坝址控制流域面积 45.88 万 km^2，占金沙江流域面积的 97%，多年平均流量 3810m^3/s。水库总库容 51.63 亿 m^3，调节库容 9 亿 m^3，回水长度 156.6km。电站装机容量 775 万 kW（8 台 80 万 kW 巨型水轮机和 3 台 45 万 kW 大型水轮机），保证出力 2009MW，多年平均发电量 307.47 亿 kW·h。

向家坝水电站 2008 年 12 月底成功截流，2012 年 10 月初期蓄水，2015 年建设完工。向家坝库区干流回水长度（至溪洛渡坝址）为 156.6km，主要支流有左岸的西宁河、中都河和右岸的大汶溪。

1.2.2　长江上游水电基地

据规划，长江干流宜宾至宜昌段拟分石硼水电站、朱杨溪水电站、小南海水电站、三峡水电站、葛洲坝水电站 5 级开发，装机容量分别为 213 万 kW、300 万 kW、200 万 kW、2240 万 kW 和 271.5 万 kW。总装机容量约 3200 万 kW，保证出力 743.8 万 kW，年发电量 1275 亿 kW·h。目前已建的有三峡水电站和葛洲坝水电站。

1. 三峡水电站

三峡水电站，即长江三峡水利枢纽工程，又称三峡工程。湖北省宜昌市境内的长江西陵峡段与下游的葛洲坝水电站构成梯级电站。三峡大坝为混凝土重力坝，大坝长 2335m，底部宽 115m，顶部宽 40m，高程 185m，正常蓄水位 175m。大坝坝体可抵御万年一遇的特大洪水，最大下泄流量可达 10 万 m^3/s。三峡水电站的机组布置在大坝的后侧，共安装 32 台 70 万 kW 水轮发电机组，其中左岸 14 台、右岸 12 台、地下 6 台，另外还有 2 台 5 万 kW 的电源机组，总装机容量 2250 万 kW，远远超过位居世界第二的巴西伊泰普水电站。

2. 葛洲坝水电站

葛洲坝水电站，即葛洲坝水利枢纽工程，位于湖北省宜昌市境内的长江三峡末端河段上，距离长江三峡出口南津关下游 2.3km。它是长江上第一座大型水电站，也是世界上最大的低水头大流量、径流式水电站。1971 年 5 月开工兴建，1972年 12 月停工，1974 年 10 月复工，1988 年 12 月全部竣工。坝型为闸坝，最大坝高 47m，总库容 15.8 亿 m³。总装机容量 271.5 万 kW，其中二江水电站安装 2 台 17万 kW 和 5 台 12.5 万 kW 机组；大江水电站安装 14 台 12.5 万 kW 机组。年均发电量140 亿 kW·h。首台 17 万 kW 机组于 1981 年 7 月 30 日投入运行。

1.2.3　雅砻江水电基地

雅砻江位于四川省西部，是金沙江的最大支流。干流全长 1571km，天然落差3830m，流域面积近 13 万 km²，多年平均流量 1870m³/s，多年平均径流量 591 亿 m³。雅砻江水电基地水能理论蕴藏量仅次于金沙江水电基地和长江上游水电基地，雅砻江是水能资源的宝库，雅砻江流域水能理论蕴藏量为 3344 万 kW，其中干流水能理论蕴藏量 2200 万 kW，支流 1144 万 kW，全流域可能开发的水能资源为3000 万 kW。

雅砻江干流规划可开发 21 个大中型相结合、水库调节性能良好的梯级水电站。雅砻江两河口水电站、锦屏一级水电站、二滩水电站为控制性水库工程，总调节库容 158 亿 m³，不计算其他水电站的调节能力，单单这三个水库的调节容量已占雅砻江多年平均来水量 590 亿 m³ 的近 27%，具备非常优良的多年调节能力。雅砻江干流分三个河段进行规划。

上游河段从呷衣寺至两河口，河段长 688km，拟定有温波寺水电站（15 万 kW）、仁青岭水电站（30 万 kW）、热巴水电站（25 万 kW）、阿达水电站（25 万 kW）、格尼水电站（20 万 kW）、通哈水电站（20 万 kW）、英达水电站（50 万 kW）、新龙水电站（50 万 kW）、共科水电站（40 万 kW）、龚坝沟水电站（50 万 kW）10 个梯级电站，装机容量约 325 万 kW。

中游河段从两河口至卡拉，河段长 268km，拟定有两河口水电站（300 万 kW）、牙根水电站（150 万 kW）、楞古水电站（230 万 kW）、孟底沟水电站（170 万 kW）、杨房沟水电站（220 万 kW）、卡拉水电站（106 万 kW）6 个梯级电站，总装机容量1176 万 kW。其中两河口水电站为中游控制性"龙头"水库。

下游河段从卡拉至江口，河段长 412km，天然落差 930m，该段区域地质构造稳定性较好，水库淹没损失小，开发目标单一，为近期重点开发河段。拟定了锦屏一级水电站（360 万 kW）、锦屏二级水电站（480 万 kW）、官地水电站（240 万 kW）、二滩水电站（330 万 kW）、桐子林水电站（60 万 kW）5 级开发方案，装机容量 1470 万 kW，保证出力 678 万 kW，年发电量 696.9 亿 kW·h。

1. 两河口水电站

两河口水电站，也称雅砻江两河口水电站，位于四川省甘孜藏族自治州雅江县境内的雅砻江干流上，在雅江县城上游约 25km，为雅砻江中下游梯级电站的控制性水库电站工程，对整个雅砻江梯级电站的开发影响巨大。电站坝址处多年平均流量 664m³/s，水库正常蓄水位为 286.5m，相应库容 101.54 亿 m³，调节库容 65.60 亿 m³，具有多年调节能力，电站装机容量为 300 万 kW(6×50 万 kW)，多年平均发电量 110.62 亿 kW·h。

2. 锦屏一级水电站

锦屏一级水电站位于四川省凉山彝族自治州盐源县和木里藏族自治县境内，是雅砻江干流下游河段（卡拉至江口河段）的控制性水库梯级电站，下距河口约 358km。坝址以上流域面积 10.3 万 km²，占雅砻江流域面积的 79.2%。坝址处多年平均流量为 1220m³/s，多年平均径流量 385 亿 m³。电站总装机容量 360 万 kW(6×60 万 kW)，枯水年枯期平均出力 108.6 万 kW，多年平均发电量 166.2 亿 kW·h。水库正常蓄水位 1880m，死水位 1800m，总库容 77.6 亿 m³，调节库容 49.1 亿 m³，属年调节水库。枢纽建筑由挡水、泄水及消能、引水发电等永久建筑物组成，其中混凝土双曲拱坝坝高 305m，为世界第一高双曲拱坝。

3. 锦屏二级水电站

雅砻江锦屏二级水电站位于凉山彝族自治州盐源县和木里藏族自治县、冕宁县三县交界处的雅砻江锦屏大河湾上，是雅砻江上最大的水电站，装机容量 480 万 kW。锦屏二级水电站利用 150km 锦屏大河湾的天然落差，截弯取直开挖隧洞引水发电，共安装 8 台 60 万 kW 的水轮发电机组，额定水头 288m，保证出力 205 万 kW，多年平均发电量 249.9 亿 kW·h，装机利用小时数为 5680h。水库正常蓄水位为 1646m，其相应库容为 1428 万 m³，调节库容为 402 万 m³。闸址以上流域面积 10.3 万 km²，多年平均流量 1220m³/s。锦屏二级水电站具有日调节能力，与锦屏一级同步运行同样具有年调节能力。

4. 二滩水电站

二滩水电站地处四川省西南边陲攀枝花市盐边与米易两县交界处，处于雅砻江下游，坝址距雅砻江与金沙江的交汇口 33km，距攀枝花市区 46km，系雅砻江水电基地梯级开发的第一个水电站，上游为官地水电站，下游为桐子林水电站。水电站最大坝高 240m，是中国第一座超过 200m 的高坝。水库正常蓄水位 1200m，总库容 58 亿 m³，调节库容 33.7 亿 m³，总装机容量 330 万 kW，保证出力 100 万 kW，多年平均发电量 170 亿 kW·h。

1.2.4　乌江水电基地

乌江是长江上游右岸最大的一条支流，发源于贵州省西北部乌蒙山东麓，全长 1050km，流域面积为 8.82 万 km^2，流经云南、贵州、湖北、四川 4 省，于重庆市涪陵注入长江。按流域面积排列，乌江为长江第 7 大支流，而可能开发的水能资源仅次于大渡河和雅砻江，居第 3 位，全流域水能资源的理论蕴藏量 1043 万 kW，其中干流 580 万 kW。1988 年 8 月审查通过的《乌江干流规划报告》拟定了北源洪家渡水电站，南源普定水电站、引子渡水电站，两源汇口以下东风水电站、索风营水电站、乌江渡水电站、构皮滩水电站、思林水电站、沙沱水电站、彭水水电站、银盘水电站、白马水电站梯级开发方案，总装机容量 867.5 万 kW，保证出力 323.74 万 kW，年发电量 418.38 亿 kW·h。

1. 洪家渡水电站

洪家渡水电站位于贵州西北部黔西、织金两县交界处的乌江北源干流上，是乌江水电基地梯级电站中唯一对水量具有多年调节能力的"龙头"电站，电站大坝高 179.5m，坝址以上控制流域面积 9900km^2，多年平均径流量 48.9 亿 m^3。水库总库容 49.47 亿 m^3，调节库容 33.61 亿 m^3。电站安装 3 台立轴混流式水轮发电机组，装机总容量 60 万 kW。

2. 东风水电站

东风水电站是乌江水电基地流域干流梯级开发第一级，1995 年 12 月建成投产。原装机容量为 51 万 kW（3×17 万 kW），多年平均发电量 24.2 亿 kW·h。2004 年初至 2005 年 5 月，电厂实施了增容工程，机组装机容量增至 57 万 kW（3×19 万 kW）。水库正常蓄水位 970m，相应库容 8.64 亿 m^3，总库容 10.16 亿 m^3，具有不完全年调节能力。坝址控制流域面积 18161km^2，占乌江流域面积的 21%，多年平均流量 343m^3/s，多年平均径流量 108.9 亿 m^3。

3. 乌江渡水电站

乌江渡水电站是乌江干流上第一座大型水电站，也是我国在岩溶典型发育区修建的一座大型水电站，于 1970 年 4 月开始兴建，于 1982 年 12 月 4 日全部建成，历时 12 年半。电站正常蓄水位 760m，相应库容 21.4 亿 m^3，死水位 720m，调节库容 13.5 亿 m^3，具有季调节性能。电站保证出力 20.2 万 kW，多年平均发电量 33.4 亿 kW·h，装机容量 63 万 kW。通过贵州"西电东送"乌江渡水电站扩机增容工程后，这座水电站扩机增容增加 2 台 25 万 kW 机组，原 3 台 21 万 kW 机组增容 12 万 kW，总装机容量达 125 万 kW。

4. 构皮滩水电站

构皮滩水电站位于贵州省余庆县境内，上距乌江渡水电站 137km，下距河口涪陵 455km，控制流域面积 43250km²，占全流域的 49%，坝址多年平均流量 717m³/s，多年平均径流量 226 亿 m³。水库总库容 64.54 亿 m³，调节库容 29.02 亿 m³，正常蓄水位 630m。地下电站装机容量 5×60 万 kW，保证出力 75 万 kW，设计多年平均发电量 96.82 亿 kW·h。

5. 思林水电站

思林水电站位于贵州省思南县境内的乌江干流上，电站上游为构皮滩水电站，下游是沙沱水电站。碾压混凝土重力坝最大坝高 117m，坝顶全长 326.5m，坝顶高程 452m，水库正常蓄水位 440m，相应库容 12.05 亿 m³，调节库容 3.17 亿 m³。电站额定水头 64m，装机容量 105 万 kW，多年平均发电量 40.64 亿 kW·h。

6. 沙沱水电站

沙沱水电站位于贵州省东北部沿河土家族自治县境内，距乌江汇入长江口 250.5km，系乌江流域梯级规划中的第九级，乌江干流开发选定方案中的第七个梯级，坝址控制流域面积 54508km²，占整个乌江流域的 62%。上游 120.8km 为思林水电站，下游为彭水水电站。电站以发电为主，兼顾航运、防洪及灌溉等任务。水库正常蓄水位 365m，死水位 353.5m，总库容 9.10 亿 m³，调节库容 2.87 亿 m³。电站总装机容量 112 万 kW(4×28 万 kW)，保证出力 35 万 kW，多年平均发电量 45.89 亿 kW·h。

1.2.5 大渡河水电基地

大渡河是长江上游的二级支流，岷江的最大支流，发源于青海省果洛山东南麓，分东、西两源，东源为足木足河，西源为绰斯甲河，以东源为主源。大渡河干流河道全长 1062km，天然落差 4175m。

大渡河干流下尔呷水库以下规划采用 28 级开发方案，自上而下依次为下尔呷水电站、巴拉水电站、达维水电站、卜寺沟水电站、双江口水电站、金川水电站、安宁水电站、巴底水电站、丹巴水电站、猴子岩水电站、长河坝水电站、黄金坪水电站、泸定水电站、硬梁包水电站(引水式)、大岗山水电站、龙头石水电站、老鹰岩一级水电站、老鹰岩二级水电站、瀑布沟水电站、深溪沟水电站、枕头坝一级水电站、枕头坝二级水电站、沙坪一级水电站、沙坪二级水电站、龚嘴水电站(低)、铜街子水电站、沙湾水电站、安谷水电站。下尔呷水库为规划河段的"龙头"水库，双江口水库为上游控制性水库，瀑布沟水库为下游控制性水库。

1. 双江口水电站

双江口水电站是大渡河流域水电梯级开发的上游控制性水库工程，是大渡河流域梯级电站开发的关键项目之一。双江口水电站坝址位于大渡河上源足木足河与绰斯甲河汇口处以下 2km 河段，地跨马尔康、金川，上距马尔康城区约 44km，下距金川县城约 48km。枢纽工程由土心墙堆石坝、洞式溢洪道、泄洪洞、放空洞、地下发电厂房、引水及尾水建筑物等组成。土心墙堆石坝坝高 314m，居世界同类坝型的第一位。可研阶段推荐水库正常蓄水位 2500m，死水位 2330m，最大坝高 312m，正常蓄水位以下库容 31.15 亿 m^3，调节库容 21.52 亿 m^3，为年调节水库，通过水库调节可增加下游梯级电站枯期电量 66 亿 kW·h，增加保证出力 175.8 万 kW。

2. 瀑布沟水电站

瀑布沟水电站是国家"十五"重点工程和西部大开发标志性工程，也是大渡河下游的控制性水库，是以发电为主，兼有防洪、拦沙等综合效益的特大型水利水电枢纽工程。电站装设 6 台混流式机组，单机容量 60 万 kW，多年平均发电量 147.9 亿 kW·h。水库正常蓄水位 850m，总库容 53.9 亿 m^3，其中调洪库容 10.56 亿 m^3，调节库容 38.82 亿 m^3。

3. 深溪沟水电站

深溪沟水电站坝址位于四川省雅安市汉源县和凉山彝族自治州甘洛县接壤处。其上一梯级为瀑布沟水电站，下一梯级为枕头坝水电站。深溪沟水电站为坝式开发，设计最大坝高 49.5m，水库正常蓄水位 660m，总库容 3200 万 m^3，是瀑布沟水电站的反调节电站，安装 4 台 16.5 万 kW 轴流转桨式水轮发电机组。电站装机容量 66 万 kW，年发电量 32 亿 kW·h。

4. 龚嘴水电站

龚嘴水电站位于四川省乐山市沙湾区与峨边彝族自治县交界处的大渡河上，其上一级为大渡河沙坪二级水电站，下一级为铜街子水电站。枢纽大坝为混凝土重力坝，最大坝高 85.6m，正常蓄水位 528m，相应库容 3.45 亿 m^3，死水位 520m，具有日、周调节性能。电站装机容量 70 万 kW，保证出力 17.9 万 kW，多年平均发电量 34.18 亿 kW·h。工程于 1966 年（丙午年）3 月开工，1972 年 2 月第一台机组发电，1978 年建成投产。2002～2012 年陆续完成 7 台机组增容技术改造，总容量增至 77 万 kW。它是国电大渡河流域水电开发有限公司实施流域开发的"母体"电站之一。

5. 铜街子水电站

铜街子水电站位于四川省乐山市沙湾区大渡河下游河段上，距乐山市 56km。大坝为重力式溢流坝，最大坝高 82m。水库正常蓄水位 474m，总库容 2.0 亿 m³。水电站安装 4 台轴流转桨式水轮发电机组，单机装机容量 15 万 kW，总装机容量 60 万 kW，保证出力 13 万 kW，多年平均发电量 32.1 亿 kW·h。工程于 1985 年开工，1992 年 12 月第一台机组发电，1994 年 12 月竣工。电站于 2012～2016 年进行了增容改造，改造后单机容量增加到 17.5 万 kW。

6. 沙湾水电站

沙湾水电站枢纽工程位于四川省乐山市沙湾区葫芦镇河段，距葫芦镇上游约 1.0km，枢纽区上游 11.5km 为已建的铜街子水电站，下游为安谷水电站，枢纽区距乐山市城区 44.5km。工程以发电为主，兼顾灌溉和航运功能。电站装机容量 48 万 kW，额定水头 24.5m，正常蓄水位 432.0m。总库容 4867 万 m³，正常蓄水位以下库容 4554 万 m³。工程于 2005 年 12 月开工，2009 年 4 月首台机组发电，2010 年 3 月 4 台机组全部投产发电。

7. 安谷水电站

安谷水电站为大渡河干流梯级开发的最后一级，上接沙湾水电站。坝址位于大渡河安谷河段的生姜坡，距上游沙湾水电站约 29.5km，下游距乐山市区 15km。水电站正常蓄水位 398m，相应库容 6330 万 m³。水电站采用混合式开发，总装机容量 88 万 kW。2010 年导流工程开工，2012 年水电站主体工程开工建设，2014 年底首台机组运行发电。

1.3 长江上游主要干支流水沙变化趋势分析

1.3.1 主要水文站水沙变化分析

以 1990 年、2002 年和 2012 年 3 个主要时间节点为界，本书统计分析了长江上游主要干支流水文站的水沙数据，见表 1-4。

长江上游径流主要来自金沙江、岷江、沱江、嘉陵江和乌江等河流。长江上游干流和主要支流年均径流量年际间在一定幅度内变化，多年来没有呈现明显的趋势性变化。与 1990 年前相比，1991～2002 年嘉陵江北碚站减少 25% 和沱江富顺站减少 16%，其余各站变化不大。三峡水库蓄水以来，除沱江和乌江年均径流量减少 15% 和 13.5% 外，其余各站减少均在 10% 以内(图 1-1)。

表 1-4 长江上游主要干支流水文站年均径流量和悬移质输沙量统计

对比项	时间	金沙江 （向家坝）	岷江 （高场）	长江 （朱沱）	嘉陵江 （北碚）	长江 （寸滩）	乌江 （武隆）	三峡水库入库 （朱沱+北碚+武隆）
年均径流量 /亿 m³	1990 年前	1440	882	2659	704	3520	495	3858
	1991～2002 年	1506	815	2672	529	3339	532	3733
	2003～2012 年	1391	789	2524	660	3279	422	3606
	2013～2016 年	1286	773	2515	567	3209	479	3561
	2017 年	1447	792.1	2653	623	3303	452	3728
	2018 年	1638	1011	3161	694	3873	439	4294
悬移质 输沙量/亿 t	1990 年前	2.46	0.53	3.16	1.34	4.61	0.30	4.80
	1991～2002 年	2.81	0.35	2.93	0.37	3.37	0.20	3.50
	2003～2012 年	1.42	0.29	1.68	0.29	1.87	0.06	2.03
	2013～2016 年	0.02	0.12	0.40	0.21	0.62	0.03	0.64
	2017 年	0.02	0.14	0.27	0.06	0.34	0.01	0.34
	2018 年	0.02	0.31	0.68	0.72	1.33	0.03	1.43

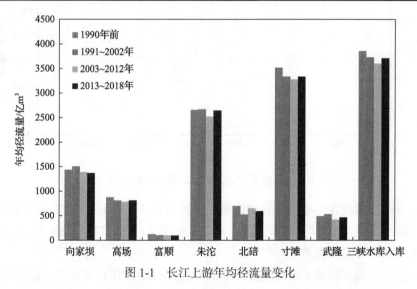

图 1-1 长江上游年均径流量变化

1990 年以前，长江上游悬移质输沙量无趋势性变化。与 1990 年前相比，1991～2002 年金沙江增加 14%，其他河流减少 7%～72%，减少幅度以嘉陵江北碚站 72% 为最大。三峡水库蓄水以来，除富顺站外，各站较 1990 年前均减少 50% 以上（图 1-2）。

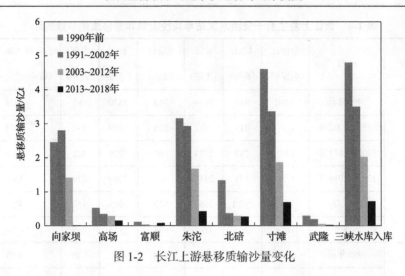

图 1-2　长江上游悬移质输沙量变化

从通天河直门达站水沙变化分析来看，从 1959 年到 2018 年，通天河年径流量和年输沙量基本上都在一定幅度内变化，年径流量和年输沙量的变化基本上是同步的，总体上都有缓慢增加的趋势(图 1-3)。

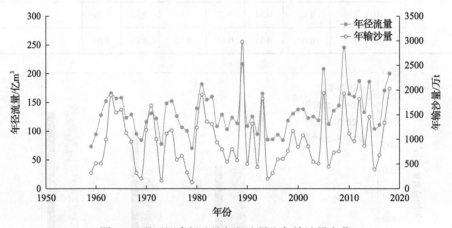

图 1-3　通天河直门达站年径流量和年输沙量变化

从金沙江攀枝花站水沙变化情况看，金沙江中上游年径流量在一定幅度内变化，年输沙量在 2010 年后随着梨园、阿海、金安桥、龙开口、鲁地拉、观音岩等梯级水电站的开发大幅减少(图 1-4)。

从金沙江向家坝站水沙变化分析来看，金沙江下游年径流量在一定幅度内变化，年输沙量从 1998 年雅砻江二滩蓄水后明显减少，特别是 2012 年后随着向家坝、溪洛渡蓄水运用而急剧减少(图 1-5)。

从嘉陵江北碚站水沙资料分析来看，以 1990 年、2010 年作为分界，嘉陵江北

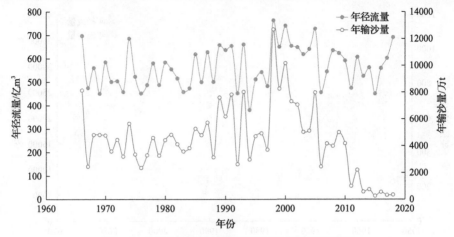

图 1-4 金沙江攀枝花站年径流量和年输沙量变化

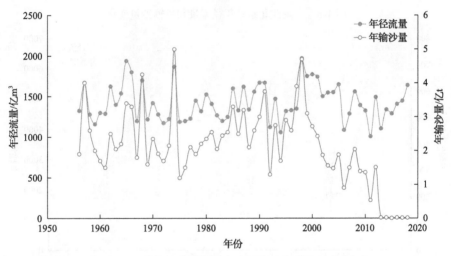

图 1-5 金沙江向家坝站年径流量和年输沙量变化

碛站年径流量变化不大,年输沙量则持续减小(14638 万 t、3601 万 t、3189 万 t),减幅分别为 75%、78%(图 1-6)。

从乌江武隆站水沙资料变化分析来看,以 1980 年、2005 年作为分界,乌江武隆站年径流量变化不大,年输沙量持续减小(3336 万 t、2166 万 t、340 万 t),减幅分别为 35%、90%(图 1-7)。

三峡水库入库年径流量没有明显的趋势性变化。年输沙量总体呈现一个减小的趋势,大体可以分为以下几个阶段: 1990 年以前,年均入库沙量为 4.91 亿 t;1991～2002 年,年均入库沙量为 3.57 亿 t;2003～2014 年,年均入库沙量为 1.84 亿 t;2015～2017 年,年均入库沙量减小到约 0.36 亿 t;到 2018 年再回升到 1.43 亿 t(表 1-5,图 1-8)。

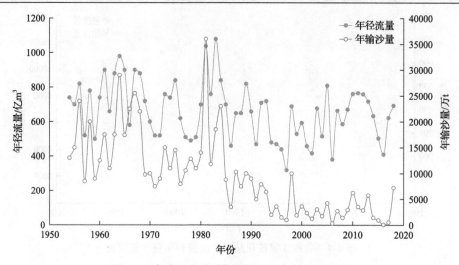

图 1-6　嘉陵江北碚站年径流量和年输沙量变化

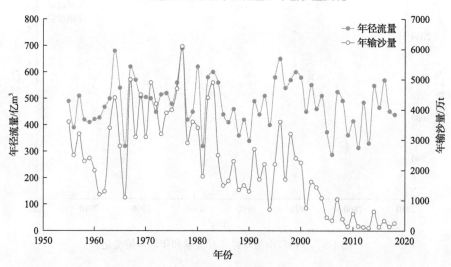

图 1-7　乌江武隆站年径流量和年输沙量变化

表 1-5　三峡水库入库水沙量变化

时段	三峡水库入库年水量、沙量	备注
1961～1970 年	4202 亿 m³、5.06 亿 t	论证阶段数模和物模采用值
1956～1990 年	4015 亿 m³、4.91 亿 t	三峡工程初步设计值
1991～2002 年	3871 亿 m³、3.57 亿 t	
2003～2012 年	3606 亿 m³、2.03 亿 t	
2013 年	3345 亿 m³、1.27 亿 t	

续表

时段	三峡水库入库年水量、沙量	备注
2014 年	3823 亿 m³、0.55 亿 t	
2015 年	3358 亿 m³、0.32 亿 t	
2016 年	3719 亿 m³、0.42 亿 t	
2017 年	3728 亿 m³、0.34 亿 t	
2018 年	4294 亿 m³、1.43 亿 t	

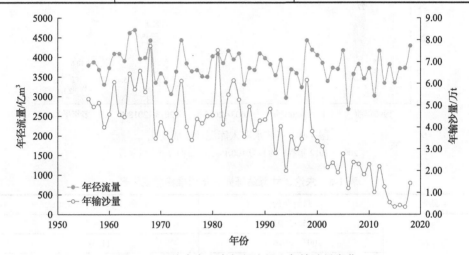

图 1-8　三峡水库入库年径流量和年输沙量变化

　　从三峡水库入库泥沙组成来看，受溪洛渡、向家坝蓄水拦沙影响，主要产沙区域金沙江来沙量明显减少。2012 年前，金沙江来沙所占入库沙量比例都在 50%以上，而 2013~2018 年金沙江来沙所占入库沙量比例锐减至 3.2%，其他支流占比均有所增大，尤其是沱江流域，其输沙量占比由 2003~2012 年的 1.0%增大至 2013~2018 年的 16.2%(图 1-9)。

　　2003~2016 年，朱沱、寸滩站砾卵石年均推移量分别为 11.20 万 t、3.67 万 t，分别较 2002 年前均值减少了 58.4%、83.3%。2017 年，朱沱、寸滩站砾卵石推移量分别为 2.27 万 t、3.75 万 t，与 2003~2016 年均值相比，朱沱站减少了 80%，寸滩站则增多 2%，万县站未测到砾卵石推移质(表 1-6)。

　　2003~2016 年，寸滩站沙质推移质年均输沙量为 1.19 万 t，较 2002 年前均值(41.27 万 t)减少了 97.1%。2017 年，朱沱站沙质推移质输沙量为 0.495 万 t，较 2012~2016 年均值减少了 34%;寸滩站沙质推移质输沙量为 0.0135 万 t,较 2003~2016 年均值减小了 99%。1991~2017 年以来寸滩站砾卵石推移质和沙质推移质历年输沙量变化见图 1-10。

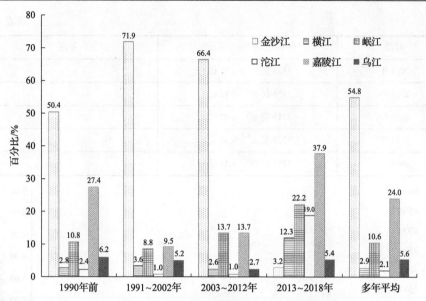

图 1-9　三峡水库入库泥沙组成变化

2003~2012 年数据的和为 100.1%，是由四舍五入引起的

表 1-6　朱沱、寸滩站砾卵石年均推移量成果表

站名	统计年份	砾卵石年均推移量/万 t
朱沱	1975~2002 年	26.90
	2003~2016 年	11.20
	2017 年	2.27
寸滩	1966 年、1968~2002 年	22.00
	2003~2016 年	3.67
	2017 年	3.75

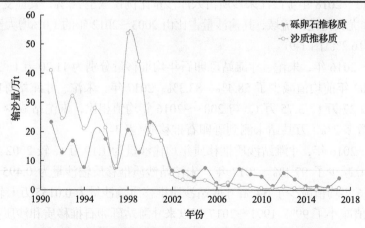

图 1-10　寸滩站砾卵石推移质和沙质推移质历年输沙量变化

从径流量年内分配来看(图 1-11),除向家坝站月径流量最大月为 8 月外,其他各站均为 7 月,各站输沙量最大月则均为 7 月(图 1-12)。各站输沙量的年内分配比径流量更集中,各站最大月径流量占比一般小于 20%(北碚站为 23%),而最大月输沙量占比均大于 30%,北碚站最大月输沙量所占的比例在各站中最大,为 54%。汛期(5~10 月)径流量占年径流量的 71%~81%,主汛期(6~9 月)占 51%~64%;汛期输沙量占年输沙量的 92%~99%,主汛期占 75%~96%。相对而言,嘉陵江北碚站径流量和输沙量年内分配最集中。

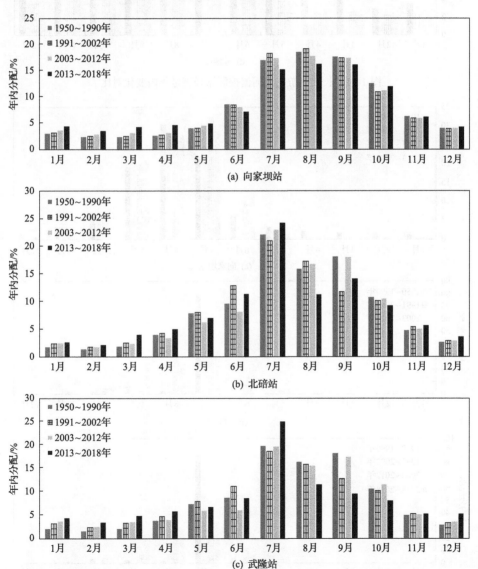

(a) 向家坝站

(b) 北碚站

(c) 武隆站

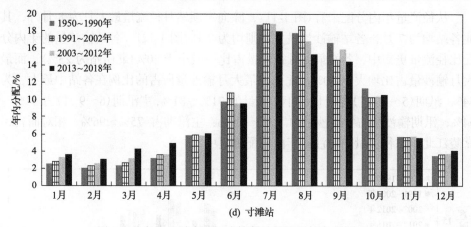

(d) 寸滩站

图 1-11　长江上游主要河流控制站径流量年内变化对比

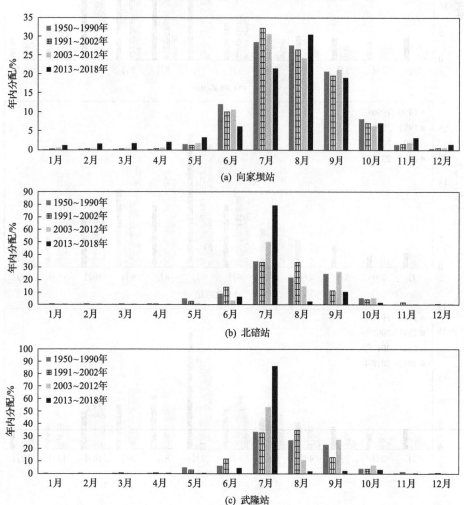

(a) 向家坝站

(b) 北碚站

(c) 武隆站

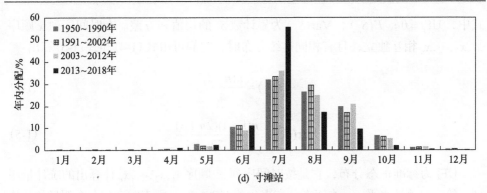

(d) 寸滩站

图 1-12 长江上游主要河流控制站输沙量年内变化对比

从 1990 年前后水沙年内分配变化来看，金沙江向家坝站、岷江高场站水沙年内分配规律未发生明显变化；嘉陵江北碚站 8 月沙量占全年比例有所增大（主要是流域内水库和航电枢纽排沙所致）；乌江则由于上游乌江渡等电站蓄、泄影响，7 月水沙量明显增大。

1.3.2 水沙关系变化驱动因素分析

流域水沙关系直接反映流域侵蚀-输沙系统的变化特性。流域由于下垫面条件的变化而引起产输沙量发生改变，其水沙相关关系将会发生变化，同时水沙关系变化也可反映出极端情况的发生。

1. 输沙突变检验分析方法

M-K（Mann-Kendall）检验法对于变化要素从一个相对稳定状态到另一个状态的变化检验十分有效，其突变检验方法如下。

对于具有 n 个样本量的时间序列 x，构造一个秩序列：

$$S_k = \sum_{i=1}^{k} r_i, \qquad k = 2, \cdots, n \tag{1-1}$$

式中

$$r_i = \begin{cases} 1, & x_i > x_j, \quad j = 1, 2, \cdots, i \\ 0, & x_i \leqslant x_j \end{cases} \tag{1-2}$$

可见，秩序列 S_k 是第 i 时刻数值大于第 j 时刻数值个数的累计数。

在时间序列随机独立的假定下，定义统计量：

$$UF_k = \frac{S_k - E(S_k)}{\sqrt{\mathrm{Var}(S_k)}}, \qquad k = 1, 2, \cdots, n \tag{1-3}$$

式中，$UF_1 = 0$；$E(S_k)$、$Var(S_k)$ 为累计数 S_k 的均值和方差。在时间序列 x 顺序 $x_1, x_2, \cdots, x_n$ 相互独立，且有相同连续分布时，它们可由式(1-4)和式(1-5)算出：

$$E(S_k) = \frac{n(n-1)}{4} \tag{1-4}$$

$$Var(S_k) = \frac{n(n-1)(2n+5)}{72} \tag{1-5}$$

UF_k 为标准正态分布，它是按时间序列 x 顺序 $x_1, x_2, \cdots, x_n$ 计算出的统计量序列，给定显著性水平 α，查正态分布表，若 $UF_k > U_\alpha$，则表明序列存在明显的趋势变化。把此方法引用到时间序列的逆序序列中，按 $x_n, x_{n-1}, \cdots, x_1$，再重复上述过程，同时使 $UF_k = -UB_k$，$k=n, n-1, \cdots, 1$，且当 $k=1$ 时，$UB_1=0$。将 UF_k 和 UB_k 两个统计量曲线和显著性水平线绘在同一个图上，若 UF_k 和 UB_k 的值大于 0，则表明序列呈上升趋势，若小于 0 则呈下降趋势。当超过临界线时，表明上升或下降趋势显著，超过临界线的范围确定为突变的时间区域。如果 UF_k 和 UB_k 两条曲线出现交点，且交点在临界线之间，那么交点对应的时刻便是突变开始的时间。

2. 嘉陵江输沙突变年份及机理分析

将 M-K 突变检验模型与水沙双累积曲线法相结合分析嘉陵江控制站北碚站泥沙输移的变化机理。由图 1-13 可知，M-K 突变分析结果显示北碚站年输沙量大的变化期可以以 1990 年为界分为前后两个阶段，1990 年以前有一定的丰枯交替变化，1990 以后总的趋势是持续减小。在 1990 年前，1984 年为典型突变点；1990 年以后突变并不明显，但亦存在 1998 年这种非显著突变点。

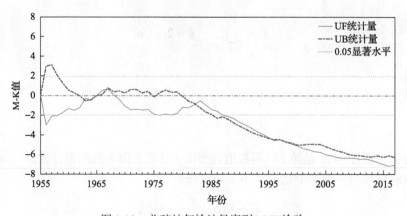

图 1-13　北碚站年输沙量序列 M-K 检验

　　在图 1-14 水沙双累积曲线上可以用上述 2 个突变年份将整个时间序列分为 3 个阶段，即 1956～1984 年、1985～1998 年、1999～2018 年。

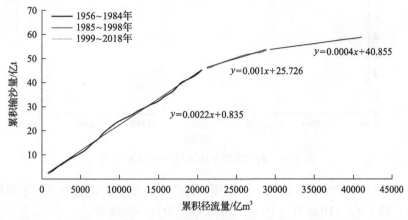

图 1-14　北碚站水沙双累积曲线

　　(1) 1956～1984 年。这一时期也是流域内中小型水利工程的建设高潮，并在 1975 年建成了流域内第一个大型水库——碧口水电站。各水利工程的蓄水拦沙使河道输沙量显著减少。但也存在 1981 年、1984 年等来沙局部突变年份，因为 1981 年嘉陵江发生了特大洪水，破坏了部分水利工程，尤其是塘堰、小水库等水土保持工程，使前期赋存的泥沙发生"释放"，即所谓的"零存整取"，增加了泥沙来源，同样在 1984 年亦发生了大洪水。但整个这一段，下垫面的改变仍以减少作用为主。

　　(2) 1985～1998 年。双累积直线斜率明显减小，这说明在此期间，嘉陵江的输沙量相对于径流量显著减小了，主要原因是产业结构调整、外出务工人口增加、农业发展对流域侵蚀产沙的增进作用减小。

　　(3) 1999～2018 年。在此期间，国家陆续实施了"长治"工程和"天保"工程，大大加强了流域水土保持工作，同时，随着技术力量的发展，流域水电开发逐渐开始向大型化发展，在碧口水库的基础上，先后建成了宝珠寺、苗家坝、亭子口等大型水库，水库保持工作和大型水库的建成，对流域产沙和输沙将有长期的巨大影响。

　　3. 金沙江输沙突变年份及机理分析

　　金沙江干流控制站向家坝站的 M-K 突变分析结果显示年输沙量在 1965 年为显著突变点，在 2014 年为非显著突变点(图 1-15)。

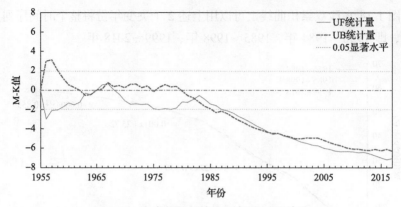

图 1-15　向家坝站年输沙量序列 M-K 检验

在图 1-16 水沙双累积曲线上可以用上述 2 个突变年份将整个时间序列分为 3 个阶段，即 1956～1965 年、1966～2014 年、2015～2018 年。

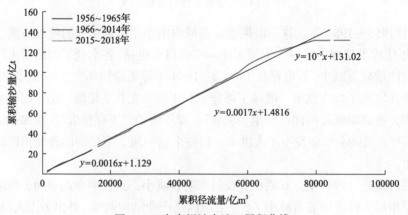

图 1-16　向家坝站水沙双累积曲线

（1）1956～1965 年。双累积关系基本呈一条直线，说明在此期间屏山站（后改成了向家坝站）的水沙关系较为稳定。

（2）1966～2014 年。从 1966 年开始，双累积曲线斜率减小，说明相对于径流量而言，屏山站（向家坝站）的输沙量有所减少。这一时期也是流域内中小型水利工程的建设高潮期，先后建成了梨园、阿海、金安桥、龙开口、鲁地拉、观音岩等大型水库，各水利工程的蓄水拦沙使河道输沙量显著减少。

（3）2015～2018 年。伴随着溪洛渡、向家坝等大型水库的建成，金沙江流域输沙呈现明显减小的趋势。

4. 三峡水库入库输沙突变年份及机理分析

将 M-K 突变检验模型与水沙双累积曲线法相结合分析三峡水库入库泥沙输

移的变化机理。由图 1-17 可知，M-K 突变分析结果显示年输沙量在 1964 年为显著突变点，在 2014 年为非显著突变点。

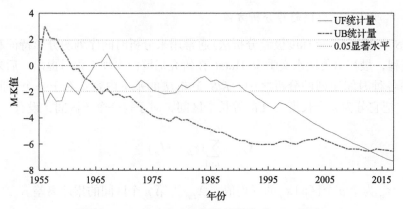

图 1-17　三峡水库入库年输沙量序列 M-K 检验

在图 1-18 水沙双累积曲线上可以用上述 2 个突变年份将整个时间序列分为 3 个阶段，即 1956～1964 年、1965～2014 年、2015～2018 年。

（1）1956～1964 年。双累积关系基本呈一条直线，说明在此期间三峡水库入库（朱沱+北碚+武隆）的水沙关系较为稳定。

（2）1965～2014 年。从 1965 年开始，双累积曲线斜率减小，说明相对于径流量而言，三峡水库入库的输沙量有所减少。这一时期金沙江中上游、嘉陵江及乌江等流域大中型水库建成运行，各水利工程的蓄水拦沙以及水保工程的实施，使三峡水库入库输沙量明显减少。

（3）2015～2018 年。由于金沙江下游输沙量呈现明显减小趋势，三峡水库入库输沙量明显减小。

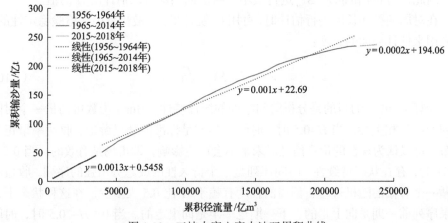

图 1-18　三峡水库入库水沙双累积曲线

1.3.3　水沙特征及变化趋势

1. 水沙特征及变化趋势分析方法

R/S 分析法(即重标度极差分析法)通常用来分析时间序列的分形特征和长期记忆过程,最初由英国水文学家 Hurst 在研究尼罗河水坝工程时提出,后来,它被用在各种时间序列的分析之中。R/S 分析法的基本内容:对于一个时间序列 $\{X_t\}$,把它分为 n 个长度为 A 的等长子区间,对于每一个子区间,设有

$$X_{t,n} = \sum_{\mu=1}^{A}(x_\mu - M_n) \tag{1-6}$$

式中,M_n 为第 n 个区间 x_μ 的平均值;$X_{t,n}$ 为第 n 个区间的累计离差。

令

$$R = \max(X_{t,n}) - \min(X_{t,n}) \tag{1-7}$$

若以 S 表示 x_μ 序列的标准差,则可定义重标度极差 R/S,它随时间而增加。Hurst 通过长时间的实践总结,建立了如下关系:

$$R/S = K(n)^H \tag{1-8}$$

式中,K 和 H 为参数。

对式(1-8)两边取对数,得到式(1-9):

$$\lg(R/S)_n = H\lg n + \lg K \tag{1-9}$$

因此,对 $\lg n$ 和 $\lg(R/S)_n$ 进行最小二乘法回归就可以估计出 H 的值。

在对周期循环长度进行估计时,可用 V_n 统计量,它最初是用来检验稳定性的,后来用来估计周期的长度:

$$V_n = (R/S)_n / \sqrt{n} \tag{1-10}$$

计算 H 和 V_n 的目的是分析时间序列的统计特性。Hurst 指数可衡量一个时间序列的统计相关性。当 H=0.5 时,时间序列就是标准的随机游走,收益率呈正态分布,可以认为现在的价格信息对未来不会产生影响,即市场是有效的。当 $0.5<H<1$ 时,存在状态持续性,时间序列是一个持久性的或趋势增强的序列,收益率遵循一个有偏的随机过程,偏倚的程度有赖于 H 比 0.5 大多少,在这种状态下,如果序列前一期是向上走的,下一期也多半是向上走的。当 $0<H<0.5$ 时,时间序列是反持久性的或逆状态持续性的,这时候,若序列在前一期向上走,那么下

一期多半向下走。

对于独立随机过程的时间序列来说，V_n 关于 lg$n$ 的曲线是一条直线。如果序列具有状态持续性，即当 $H>0.5$ 时，V_n 关于 lg$n$ 是向上倾斜的；如果序列具有逆状态持续性，即当 $H<0.5$ 时，V_n 关于 lg$n$ 是向下倾斜的。当 V_n 图形形状改变时，就产生了突变，长期记忆消失。因此，用 V_n 关于 lg$n$ 的关系曲线就可以直观地看出一个时间序列某一时刻的值对以后值的影响时间的界限。

为了测算序列对随机游走的偏离，Peters 还引入了 $E(R/S)_n$ 统计量，它的计算公式为

$$E(R/S)_n = \sum_{r=1}^{n-1} \frac{n-0.5}{n}(0.5\pi n)^{-0.5} \tag{1-11}$$

一个时间序列，当 $H \neq 0.5$ 时，对应于方差比分析中 VR$(q) \neq 1$ 时的情况，收益率不再呈正态分布，时间序列各个观测值之间不是互相独立的，后面的观测值都带着在它之前的观测值的"记忆"，这就是人们所说的长期记忆性，从理论上来说它是存在的。随着时间延长，前面观测值对后面观测值的影响越来越少。因此，时间序列是一长串相互联系的事件叠加起来的结果。为了描述现在对未来的影响，Mandelbrot 引进了一个相关性度量指标 CM，它表示的意思和 H 是对应的：

$$CM = 2(2H-1)-1 \tag{1-12}$$

式中，CM 表示在期间 M 上的相关性。当 $H=0.5$ 时，序列不相关；当 $H>0.5$ 时，序列正相关；当 $H<0.5$ 时，序列负相关。

2. 嘉陵江水沙特征及变化趋势

根据 1956～2018 年共 63 年的实测年均数据对嘉陵江北碚站的来水来沙特性进行分析，其年代统计表见表 1-7。

表 1-7　嘉陵江北碚站各年代水沙量年均值变化表

项目	20 世纪 50 年代	20 世纪 60 年代	20 世纪 70 年代	20 世纪 80 年代	20 世纪 90 年代	2000～2009 年	2010～2018 年	多年平均
径流量/亿 m³	651	750	603	765	556	578	653	651
变化率/%	0.0	15.2	−7.4	17.5	−14.6	−11.2	0.3	
输沙量/亿 t	1.52	1.82	1.07	1.4	0.46	0.24	0.32	0.94
变化率/%	61.7	93.6	13.8	48.9	−51.1	−74.5	−66.0	

1956～2018 年，北碚站径流量无明显变化趋势，其输沙量则呈较为明显的减少趋势，尤其表现在 1990 年以来的变化上（图 1-6）。北碚站的径流量在 20 世

纪呈现出一个交替变化的态势，但其输沙量的减少则主要集中在 20 世纪 90 年代以后。20 世纪 60 年代和 80 年代，北碚站径流量、输沙量均比多年平均径流量、输沙量偏大，其中 60 年代径流量、输沙量增幅分别为 15.2%和 93.6%，80 年代径流量、输沙量增幅为 17.5%和 48.9%；70 年代径流量偏小，但输沙量仍较多年平均值偏大 13.8%；90 年代径流量与输沙量均比多年平均值偏小，减幅分别为 14.6%和 51.1%；2000～2009 年北碚站径流量较 90 年代略有恢复，但输沙量持续减小，较多年平均值的偏差为 74.5%；2010～2018 年北碚站径流量进一步恢复，接近于多年平均值，同时输沙量也较上一个十年有所增加，较多年平均值的偏差为 66.0%。相应含沙量变化亦表现出了一定的交替性，即 20 世纪 60 年代、80 年代偏大，70 年代、90 年代偏小，其中 90 年代减小明显，进入 21 世纪这一减小趋势进一步加大。

利用 R/S 分析法对输沙量和径流量进行趋势显著性检验，嘉陵江 1956～2018 年输沙量和径流量的 Hurst 指数为 0.9476、0.8978，接近 1，说明输沙量和径流量的趋势变化存在持续性，未来径流量依旧呈现一定的交替变化趋势，输沙量将继续呈现减小趋势。

总的来说，嘉陵江流域存在长时间段丰、枯相间的周期性变化规律，丰枯水年代交替出现，来沙量亦基本与来水丰枯同步，二者之间存在差异，但基本变化趋势一致，相对而言，径流量年际变化率不甚显著，而输沙量年际间变化率较大。

3. 金沙江水沙特征及变化趋势

对金沙江向家坝站的来水来沙特性进行分析表明，1956～2018 年，向家坝站径流量整体变幅较小，输沙量在 2010 年后呈现明显的减小趋势，这主要是由于 2012 年向家坝站蓄水运用后拦截了大量泥沙(图 1-5、表 1-8)。金沙江 1956～2018 年输沙量和径流量的 Hurst 指数为 0.716、0.756，接近 1，说明输沙量和径流量的趋势变化存在持续性，未来径流量依旧呈现不明显变化趋势，输沙量将继续呈现减小趋势。

表 1-8　金沙江向家坝站各年代水沙量年均值变化表

项目	20 世纪 50 年代	20 世纪 60 年代	20 世纪 70 年代	20 世纪 80 年代	20 世纪 90 年代	2000～2009 年	2010～2018 年	多年平均
径流量/亿 m³	1358	1501	1332	1406	1471	1509	1340	1423
变化率/%	−4.57	5.48	−6.39	−1.19	3.37	6.04	−5.83	
输沙量/亿 t	2.6	2.44	2.21	2.57	2.98	1.78	0.22	0.94
变化率/%	176.60	159.57	135.11	173.40	217.02	89.36	−76.60	

4. 三峡水库入库水沙特征及变化趋势

根据 1956~2018 年共 63 年的实测年均数据对三峡水库入库(朱沱+北碚+武隆)的来水来沙特性进行分析,其年代统计表见表1-9。

表1-9 三峡水库入库各年代水沙量年均值变化表

项目	20世纪50年代	20世纪60年代	20世纪70年代	20世纪80年代	20世纪90年代	2000~2009年	2010~2018年	多年平均
径流量/亿 m³	3668	4090	3633	3902	3740	3646	3685	3777
变化率/%	−2.89	8.29	−3.81	3.31	−0.98	−3.47	−2.44	
输沙量/亿 t	4.83	5.53	4.26	4.98	3.81	2.34	1.10	3.78
变化率/%	27.78	46.30	12.70	31.75	0.79	−38.10	−70.90	

1956~2018 年,三峡水库入库径流量整体变幅较小,输沙量在 2014 年后呈现明显的减小趋势(图1-8)。

利用 R/S 分析法对输沙量和径流量进行趋势显著性检验,1956~2018 年三峡水库入库输沙量和径流量的 Hurst 指数为 0.833、0.705,接近 1,说明输沙量和径流量的趋势变化存在持续性,未来径流量依旧呈现不明显变化趋势,输沙量将继续呈现减小趋势。

1.4 结论与讨论

长江上游流域水能蕴藏量大,可开发水电资源较多,截至 2017 年底,长江上游流域已修建完成大中小型水库共14753座,其中大型109座,中型520座,小型14124座;累计总库容约为 1722.78 亿 m³,累计防洪库容约为397.5 亿 m³。长江上游众多水库发挥了强大的洪水调蓄、水资源配置、生态保护、"黄金水道"等综合功能,为社会经济发展和"长江经济带"提供了强力支撑。

然而,水库的拦沙效应使得长江上游坝下河道面临新的水沙条件。一方面,长江上游水沙异源、不平衡现象十分突出。2003 年前,长江上游径流主要来自金沙江、岷江、嘉陵江和乌江等流域;而悬移质泥沙主要来源于金沙江和嘉陵江,金沙江来沙量占宜昌站来沙总量的 51.8%,嘉陵江次之,占 23.8%。2012 年后,金沙江来沙量明显减少,输沙量的地区分布发生了很大的变化。在各分区径流量占比变化不大的情况下,金沙江输沙量所占比例大幅度减小,其他支流占比均有所增大,尤其是沱江流域,其输沙量占比由 2003~2012 年的 1.0%增大至 2013~2018 年的 16.2%。另一方面,长江上游干、支流各站输沙量均呈减少趋势,尤以 7~9 月减少得最为显著。2003~2017 年与 1990 年前同期相比,向家坝、高场、北碚站 7～9 月输沙量分别减少 1.145 亿 t、0.242 亿 t、0.858 亿 t，分别占全年减沙量的 76%、84%、79%；寸滩、武隆站 7～9 月输沙量分别减少 3.178 亿 t、0.257 亿 t，分别占全年减沙量的 77%、45%。从三峡水库入库寸滩+武隆的输沙量占年值的比例看，2003～2017 年 7～9 月输沙量占年值的比例由 1990 年前同期的 76% 增加至 80%。

　　由于水库的拦沙作用，坝下水流挟沙力处于严重次饱和状态，沿程的泥沙交换、补充和含沙量恢复，将引起不平衡输沙与河床再造，可能导致长时间、大范围剧烈的河床冲刷变形。这对下游河段的防洪、航运、生态与环境及岸线开发利用等均会产生严重的影响。由于河流的形成及发展条件各异，水库下游河道的河床变形特点及其可能产生的问题也是各种各样的。世界各国河流建坝后，发生过河床淤积或下切、坡度变缓或变陡、河床变窄或拓宽、曲折率增大或减小、横向移动速率减小等各种调整现象，且变化程度各不相同，既有河床形态基本不变的，也有河床形态发生转换的，还有河床形态随建库时间推移显现出复杂响应的。例如，埃及曾因尼罗河阿斯旺大坝下游河段冲刷及枯水位大幅下降而不得不在其下游 167km 处再建伊斯纳拦河坝以保证阿斯旺船闸的正常运行；美国密西西比河河口三角洲萎缩的原因之一就是其上游修建的大坝工程阻拦了入海泥沙。

　　此外，水库对河流流量的调节，将严重影响大坝下游的径流过程。从年内时间尺度看，由于水库的调节作用，流量季节性变化的特点消失，变为较为单一的恒定过程。而从日内时间尺度看，随着水库调度方式的优化与成熟，日调节水电站在寻求水资源利用最大化进而实现发电效益最大化的前提下，根据实际日用电需求和发电机组运行时动能经济指标制定运行调度方案，这样就使水电站每日的下泄流量随用电峰谷而变化，水库下泄流量就变成了非恒定来流，致使排入下游河道的水流流量、水深、流速及水面宽度等在单位时间内的变幅增大。河流水力要素的陡升、陡降将改变河道中的天然水文情势。由于床沙级配、水流条件、输沙级配、床面形态四者互为反馈，水沙输移导致了不同粒径分布的河床形态，输沙级配不同床面形态亦会有异，而任一时刻观测到的床面形态结构都可能与输沙存在着特定的函数关系，因此，非恒定来流条件下的水库下游冲刷与河床形态结构演化表现出更为复杂的特点。以长江上游地区为例，构成河床的床沙多为非均匀沙，主要河流的干流及其支流上水电站梯级相继开发后，枢纽下泄清水，同时，在中枯水期受枢纽调峰发电影响下泄类似"人造洪峰"的非恒定来流，在汛期枢纽一般敞泄又形成洪水波，下泄水流都有较强的非恒定性。下游河道河床冲刷粗化，表现出一种非恒定不平衡的输沙过程。

　　坝下清水冲刷条件下的河床冲刷与演化过程对防洪、航运、生态环境及岸线开发利用等均会产生重要影响，是河流动力学学科的前沿课题，由于研究条件和测量技术受限，以及泥沙运动问题本身的复杂性，目前该领域研究成果不多。以往在对泥沙运动的研究中基本上都涉及一些简化或假定，如恒定均匀流假定、均匀沙假定、饱和平衡输沙假定等。而清水下泄的坝下泥沙运动往往涉及非均匀沙、非饱和平衡输沙条件，泥沙运动特性及输移规律受到水流非饱和挟沙、泥沙非均匀性以及河床变形之间强烈相互作用的耦合影响，表现出更为复杂的特点。因此，以长江上游坝下河道为例，研究清水冲刷条件下河床的冲刷与粗化，揭示床面形态演化规律，对于推动泥沙运动研究的发展具有重要的理论意义，同时在水利、水运、水电工程中有着重大的实际意义，对预测水利工程枢纽修建后下游河道的演变趋势、指导受枢纽泄流影响下的航道治理等具有重要的理论意义及工程实用价值，是保障河流环境生态功能，维持水资源可持续开发利用的前提条件和必要条件。

参 考 文 献

[1] 黄仁勇. 长江上游梯级水库泥沙输移与泥沙调度研究[D]. 武汉：武汉大学, 2016.

[2] 曾祥, 董玲燕, 骆建宇. 长江流域干支流用水总量控制指标研究[J]. 长江科学院院报, 2011, 28(12): 19-22.

[3] 谭飞帆, 王海云, 肖伟华, 等. 浅议我国湖泊现状和存在的问题及其对策思考[J]. 水利科技与经济, 2012, 18(4): 57-60.

[4] 卢金友, 刘兴年, 姚仕明. 长江泥沙调控与干流河床演变及治理中的关键科学技术问题与预期成果展望[J]. 工程科学与技术, 2017, 49(1): 33-40.

[5] 陈喜昌, 蔡彬. 长江流域地貌特征及其环境地质意义[J]. 中国地质, 1987(5): 11-14.

[6] 余文畴, 岳红艳. 长江径流泥沙在世界江河中的地位[J]. 长江科学院院报, 2008, 19(6): 38-42.

[7] 李志晶, 金中武, 周银军, 等. 长江南源当曲源头水沙特性初步分析[J]. 长江科学院院报, 2016, 33(3): 35-37.

[8] 唐雄朋, 吕海深. 沱沱河流域水文气象要素变化特征分析[J]. 水电能源科学, 2016, 34(12): 37-40.

[9] 吴豪, 虞孝感. 长江河源地区及通天河流域水文特征[J]. 水文, 2002(1): 52-53.

[10] 杨烨, 陆桂华, 吴志勇, 等. 金沙江上游流域水文循环要素变化特征分析[J]. 水电能源科学, 2012, 30(3): 8-10.

[11] 刘衡秋, 胡瑞林. 金沙江虎跳峡河段斜坡变形破坏特征及地质环境[J]. 水文地质工程地质, 2007, 2: 96-100.

[12] 张静, 倪长健, 袁淑杰, 等. 金沙江下游径流丰枯频率分析[J]. 水利水电技术, 2013, 44(1): 16-19.

[13] 张超然, 陈先明. 长江上游流域水电开发在我国低碳经济中的地位[J]. 水力发电学报, 2011, 30(5): 1-4, 34.

第 2 章 坝下非饱和输沙基本理论研究

2.1 研究背景与科学问题

对于水沙运动，早在公元前 256 年的战国末期，李冰父子在修建都江堰工程时就采用"乘势利导、因时制宜"的方法，巧妙地运用泥沙运动规律，解决了引水防沙中的泥沙问题，保证都江堰工程成功运行几千年。张瑞瑾[1]、窦国仁[2]、钱宁和万兆惠[3]、沙玉清[4]等科学家为我国泥沙力学的发展奠定了基础，逐步发展与完善了泥沙学科体系，在理论研究上取得了国际领先的成果，在应用上成功地解决了长江葛洲坝工程、三峡工程和黄河小浪底工程中的重大工程泥沙问题。在国外，大规模的泥沙运动力学的研究实现于 20 世纪。1914 年 Gilbert 开创泥沙输移水槽试验，它标志着现代泥沙运动力学的开始。此后，在一大批科学家的努力下，泥沙运动的研究得到了巨大的发展。然而，受到研究条件的限制，以往的研究基本上都涉及一些简化及假定。比如，数值模型研究中简化的非耦合模型没有考虑床面变形对湍流输沙运动的反作用，采用挟沙力概念的饱和模型假定含沙量等于挟沙力，均匀沙模型的研究中没有考虑沙粒级配的影响等。这些研究成果在应用时，由于实际工程问题中各物理量的复杂性及随机性，很多湍流输沙问题并不能够准确地得到解决。随着科研条件的发展，科学家渴望进一步揭示湍流输沙物理机制，使得研究成果能够更好地应用于工程实际问题。显然，要使研究方法日趋完善，明确研究方法中的各种简化及假定对模拟结果具体产生多大影响是十分必要的。

水沙运动研究的主要手段包括理论分析、实地观测、水工模型试验、数值模型计算等。在这些研究手段中，理论分析一般应用于较为简单的恒定均匀流情况；实地观测往往十分耗时耗力，而且很多情形的实地观测难以实施；水工模型试验则往往受到空间尺度的限制。因此，数值模型计算在泥沙运动研究中越来越受到研究者的青睐，特别是近半个世纪以来，随着计算机的普及和计算效率的提高，水沙数学模型已成为研究和利用水沙运动过程不可或缺的工具。根据模型求解的空间维度以及适用的水沙条件，水沙数学模型可以分为多种类别，本书关注均匀沙的深度积分平均模型。当然，不能忽视的是完整的三维水沙数学模型在求解复杂水沙形态时发挥着重要作用，而非均匀沙数学模型因包含更为复杂的水沙作用机制也需要更多深入的研究。

对于均匀沙的深度积分平均模型，影响模型质量的两个最基本问题包括模型是否考虑水流、泥沙、河床变形之间的相互耦合作用,以及是否采用含沙量等于挟沙力的饱和输沙假定(本书中,挟沙力指的是在恒定均匀饱和平衡输沙状态下,河床与水流的泥沙交换净能量为零时,水流所能够挟带的最大泥沙量)。如果模型中采用挟沙力概念,水流一直假定处于饱和输沙状态,含沙量直接取为水流挟沙力,那么这样的模型称为饱和模型。与之相反,非饱和模型通过对流扩散以及水流与河床的质量交换来计算水流输沙(暂且忽略紊动扩散的影响)。在有些文献中,饱和(非饱和)模型也通常被称为平衡(不平衡)输沙模型,但"平衡"容易被误解为模型只能用于计算不冲不淤的平衡状态,而实际上,饱和或非饱和模型都是可以计算出河床的冲淤变形的。在本书中,输沙分为输沙状态和输沙过程(现象)。对于输沙状态而言,可以分为饱和输沙状态(含沙量等于挟沙力)和非饱和输沙状态(含沙量不等于挟沙力)。对于输沙过程而言,可以分为平衡输沙过程(河床无冲淤变形)和非平衡输沙过程(河床有冲淤变形)。对于平衡输沙过程,水沙肯定一直处于饱和输沙状态,而对于非平衡输沙过程,某时某地的水沙可能处于饱和输沙状态也可能处于非饱和输沙状态,过程中也存在着两种输沙状态的转换(图 2-1)。

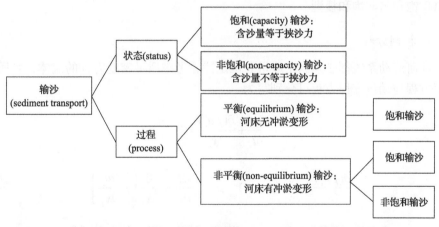

图 2-1   饱和、非饱和输沙及平衡、非平衡输沙的区别与联系

从直观上讲,非饱和模型通过对流扩散以及水流与河床的质量交换来计算水流输沙,考虑了水流达到其挟沙力状态所需的时间和空间,因此,要比饱和模型更加合理。然而,若水流达到其挟沙力状态所需的时间足够短,即能够很快地达到其挟沙力状态,则饱和模型至少从理论上说也是适用的。而且从计算效率上来讲,饱和模型更有优势(饱和模型不用求解泥沙连续方程)。到目前为止,饱和模型与非饱和模型都被发展用于冲积河流水沙运动的数值模拟研究。显然,饱和与非饱和模型之间存在理论上的差异,Cao 等[5,6]的多重时间尺度的研究也从理论上证实了推移质含沙量向挟沙力状态调整得相对较快,而悬移质则并不能很快调整到其挟沙力状态。

然而，人们对饱和模型与非饱和模型之间存在多少定量的差异仍缺乏足够的认识，饱和模型中挟沙力概念的应用对模型结果到底有多大的影响也缺乏定量的研究，而这种差异在应用到具体案例时，特别是在含沙量不能很快调整到挟沙力状态的情形时，对模拟结果的影响可能极为重要。因此，饱和与非饱和模型之间的直接比较研究对水沙数值模拟研究的发展有重要的科学意义。

另外，水沙运动向平衡状态调整除了需要一定的时间尺度，在空间上也需要一定的距离。冲积河流过程多重时间尺度的理论研究揭示了推移质及悬移质向平衡状态调整的相对快慢，从而对挟沙力概念的适用性进行了理论分析。然而，冲积河流过程多重时间尺度的理论研究并没有定量地研究恢复平衡的调整过程在空间上所需的距离(在本书中称为恢复饱和距离)。而定量的恢复饱和距离研究可以更为直观地揭示挟沙力概念的适用性，对模型试验所需的空间尺度规划、水利工程实际应用、地貌科学研究、水沙数值模拟都有重要的指导意义。

2.2　饱和与非饱和模型比较研究

2.2.1　饱和与非饱和模型

1. 控制方程

任何流动系统都必须满足质量守恒定律，考虑质量密度为 ρ 的流体，其质量守恒方程与动量守恒方程可分别写为

$$\frac{\partial \rho}{\partial t} + \frac{\partial(\rho u_i)}{\partial x_i} = 0 \tag{2-1}$$

$$\frac{\partial(\rho u_i)}{\partial t} + \frac{\partial}{\partial x_i}(\rho u_i u_j) = \rho f_i - \frac{\partial P}{\partial x_i} + \frac{\partial}{\partial x_j}\left(\mu \frac{\partial u_i}{\partial x_j}\right) \tag{2-2}$$

式中，x_i 为空间上的不同方向；f_i 为作用在单位质量流体上的质量力；P 为流体微元上的压力；u_i 和 u_j 为不同方向的流速；μ 为动力黏性系数。

一般认为，无论湍流运动多么复杂，非稳态的连续方程[式(2-1)]和运动方程[式(2-2)]对湍流的瞬时运动仍然是适用的。为了考察脉动的影响，目前研究湍流时广泛采取的方法是时间平均法，即把湍流看成两个流动叠加而成，一是时间平均流动，二是瞬时脉动流动，最常采用的方法是雷诺平均法。这里，用上标"–"代表对某一物理量在时间 t 内取平均值，用上标"′"代表某一物理量的脉动值。

考虑 ρ_f 为水流或气流密度，ρ_s 为沙流密度，c 为一点上的时间平均体积含沙量，则挟沙流体的混合密度为

$$\rho_{\mathrm{p}} = \rho_{\mathrm{f}}(1-c) + \rho_{\mathrm{s}}c \tag{2-3}$$

挟沙流体可以看作水流或气流的流体相与沙流相的叠加，考虑挟沙流体速度为 u、流体相速度为 u_{f}、沙流相速度为 u_{s}，将流体相与沙流相分别代入式(2-1)中，并对方程进行雷诺平均，可得连续方程时均形式：

$$\frac{\partial \rho_{\mathrm{f}}(1-\overline{c})}{\partial t} + \frac{\partial \left[\rho_{\mathrm{f}}(1-\overline{c})\overline{u}_{\mathrm{fi}} - \rho_{\mathrm{f}}\overline{c'u'_{\mathrm{fi}}} \right]}{\partial x_i} = 0 \tag{2-4}$$

$$\frac{\partial \rho_{\mathrm{s}}\overline{c}}{\partial t} + \frac{\partial \left[\rho_{\mathrm{s}} \left(\overline{cu}_{\mathrm{si}} + \overline{c'u'_{\mathrm{si}}} \right) \right]}{\partial x_i} = 0 \tag{2-5}$$

将挟沙流体密度以及速度代入式(2-2)，进行雷诺平均，可得运动方程的时均形式：

$$\begin{aligned}
\frac{\partial (\overline{\rho_{\mathrm{p}}\,\overline{u}_i})}{\partial t} + \frac{\partial}{\partial x_j}(\overline{\rho_{\mathrm{p}}\,\overline{u}_i\,\overline{u}_j}) &= \overline{\rho_{\mathrm{p}}}f_i - \frac{\partial \overline{P}}{\partial x_i} + \frac{\partial}{\partial x_j}\left(\mu \frac{\partial \overline{u}_i}{\partial x_j} \right) \\
&\quad - \frac{\partial}{\partial x_j}\left(\overline{\rho_{\mathrm{p}}}\,\overline{u'_i u'_j} + \overline{\rho'_{\mathrm{p}}u'_i}\,\overline{u}_j + \overline{\rho'_{\mathrm{p}}u'_j}\,\overline{u}_i + \overline{\rho'_{\mathrm{p}}u'_i u'_j} \right) - \frac{\partial (\overline{\rho'_{\mathrm{p}}u'_i})}{\partial t}
\end{aligned} \tag{2-6}$$

水沙运动的积分模式，主要基于浅水动力学假定，至今已有较为成熟的理论框架。假定流体为理想流体，均质、不可压缩、垂向加速度与重力加速度相比很小，可以忽略，从而假定压强分布为静压分布。同时，由于控制方程采用垂向平均，研究对象垂向尺度应远小于水平尺度，适用于宽浅河流或河口以及大型水库的数值模拟。与水沙浅水理论相对应，在风沙运动中，流体同样为均匀质不可压缩的理想流体。由流动引起的热力学变化相对于水平均匀的静止大气状态足够小，可以假定压强分布为线性分布。

对式(2-4)，考虑流体密度为定值，同时忽略水平方向的紊动扩散(即雷诺应力)，可得

$$\frac{\partial (1-\overline{c})}{\partial t} + \frac{\partial \left[(1-\overline{c})\overline{u}_{\mathrm{fi}} \right]}{\partial x_i} = 0 \tag{2-7}$$

考虑流体在各方向上的流速为 $u_{\mathrm{f}(x,y,z)}$，并忽略垂向流速变化，对式(2-7)进行深度(高度)方向的积分，可得

$$\int_z^{z+h} \frac{\partial (1-\overline{c})}{\partial t}\mathrm{d}\zeta + \int_z^{z+h} \frac{\partial (1-\overline{c})\overline{u}_{\mathrm{fx}}}{\partial x}\mathrm{d}\zeta + \int_z^{z+h} \frac{\partial (1-\overline{c})\overline{u}_{\mathrm{fy}}}{\partial y}\mathrm{d}\zeta = 0 \tag{2-8}$$

式中，h 为积分高度。

由莱布尼茨公式，并考虑 $\overline{c}\big|_{\zeta=z} = 1 - p$ ， p 为床沙孔隙率， $\overline{c}\big|_{\zeta=z+h} = 0$ ，

$\overline{u}_{fx}\big|_{\zeta=z} = 0$ ， $\overline{u}_{fy}\big|_{\zeta=z} = 0$ ，式(2-8)左边第一、二、三项可分别化为

$$
\begin{aligned}
\int_{z}^{z+h} \frac{\partial(1-\overline{c})}{\partial t} \mathrm{d}\zeta &= \frac{\partial}{\partial t}\int_{z}^{z+h}(1-\overline{c})\mathrm{d}\zeta + (1-\overline{c})\big|_{\zeta=z}\frac{\partial z}{\partial t} - (1-\overline{c})\big|_{\zeta=z+h}\frac{\partial(z+h)}{\partial t} \\
&= \frac{\partial h(1-C)}{\partial t} + p\frac{\partial z}{\partial t} - \frac{\partial(z+h)}{\partial t}
\end{aligned}
\tag{2-9}
$$

$$
\begin{aligned}
\int_{z}^{z+h} \frac{\partial(1-\overline{c})\overline{u}_{fx}}{\partial x} \mathrm{d}\zeta &= \frac{\partial}{\partial x}\int_{z}^{z+h}(1-\overline{c})\overline{u}_{fx}\mathrm{d}\zeta + (1-\overline{c})\overline{u}_{fx}\big|_{\zeta=z}\frac{\partial z}{\partial x} - (1-\overline{c})\overline{u}_{fx}\big|_{\zeta=z+h}\frac{\partial(z+h)}{\partial x} \\
&= \frac{\partial(\beta_f hU_{fx} - \beta_{fs}hCU_{fx})}{\partial x} - \overline{u}_{fx}\big|_{\zeta=z+h}\frac{\partial(z+h)}{\partial x}
\end{aligned}
\tag{2-10}
$$

$$
\begin{aligned}
\int_{z}^{z+h} \frac{\partial(1-\overline{c})\overline{u}_{fy}}{\partial y} \mathrm{d}\zeta &= \frac{\partial}{\partial y}\int_{z}^{z+h}(1-\overline{c})\overline{u}_{fy}\mathrm{d}\zeta + (1-\overline{c})\overline{u}_{fy}\big|_{\zeta=z}\frac{\partial z}{\partial y} - (1-\overline{c})\overline{u}_{fy}\big|_{\zeta=z+h}\frac{\partial(z+h)}{\partial y} \\
&= \frac{\partial(\beta_f hU_{fy} - \beta_{fs}hCU_{fy})}{\partial y} - \overline{u}_{fy}\big|_{\zeta=z+h}\frac{\partial(z+h)}{\partial y}
\end{aligned}
\tag{2-11}
$$

式中， U_{fx} 、 U_{fy} 为流体在 x 和 y 方向沿深度(高度)平均后的流速。此外

$$
C = \frac{1}{h}\int_{z}^{z+h}\overline{c}\,\mathrm{d}\zeta
\tag{2-12}
$$

$$
\beta_f = \frac{1}{hU_f}\int_{z}^{z+h}\overline{u}_f\,\mathrm{d}\zeta
\tag{2-13}
$$

$$
\beta_{fs} = \frac{1}{hCU_f}\int_{z}^{z+h}\overline{c}\,\overline{u}_f\,\mathrm{d}\zeta
\tag{2-14}
$$

将式(2-9)～式(2-11)代入式(2-8)可得

$$
\begin{aligned}
&\frac{\partial h(1-C)}{\partial t} + p\frac{\partial z}{\partial t} - \frac{\partial(z+h)}{\partial t} + \frac{\partial(\beta_f hU_{fx} - \beta_{fs}hCU_{fx})}{\partial x} - \overline{u}_{fx}\big|_{\zeta=z+h}\frac{\partial(z+h)}{\partial x} \\
&+ \frac{\partial(\beta_f hU_{fy} - \beta_{fs}hCU_{fy})}{\partial y} - \overline{u}_{fy}\big|_{\zeta=z+h}\frac{\partial(z+h)}{\partial y} = 0
\end{aligned}
\tag{2-15}
$$

由自由表面及底部边界条件：

$$\overline{u}_{\mathrm{fz}}\big|_{\zeta=z+h} = \frac{\mathrm{d}\overline{(z+h)}}{\mathrm{d}t} = \frac{\partial\overline{(z+h)}}{\partial t} + \frac{\partial\overline{(z+h)}}{\partial x}\overline{u}_{\mathrm{fx}}\big|_{\zeta=z+h} + \frac{\partial\overline{(z+h)}}{\partial y}\overline{u}_{\mathrm{fy}}\big|_{\zeta=z+h} = \overline{u}_{\mathrm{fz}}\big|_{\zeta=z} = 0$$

$$(2\text{-}16)$$

式(2-15)可化为

$$\frac{\partial h(1-C)}{\partial t} + \frac{\partial\big(\beta_{\mathrm{f}}hU_{\mathrm{fx}} - \beta_{\mathrm{fs}}hCU_{\mathrm{fx}}\big)}{\partial x} + \frac{\partial\big(\beta_{\mathrm{f}}hU_{\mathrm{fy}} - \beta_{\mathrm{fs}}hCU_{\mathrm{fy}}\big)}{\partial y} = -p\frac{\partial z}{\partial t} = \frac{pF}{1-p}$$

$$(2\text{-}17)$$

式中，F 为床面与流体泥沙交换的净通量(向上为正)。

同理，对式(2-5)忽略雷诺应力，进行深度(高度)方向积分平均，可化为

$$\frac{\partial hC}{\partial t} + \frac{\partial(\beta_{\mathrm{s}}hCU_{\mathrm{sx}})}{\partial x} + \frac{\partial(\beta_{\mathrm{s}}hCU_{\mathrm{sy}})}{\partial y} = -(1-p)\frac{\partial z}{\partial t} = F \qquad (2\text{-}18)$$

式中，U_{sx} 和 U_{sy} 为泥沙在 x 和 y 方向沿深度(高度)平均后的速度。此外

$$\beta_{\mathrm{s}} = \frac{1}{hCU_{\mathrm{s}}}\int_{z}^{z+h}\overline{c}\,\overline{u}_{\mathrm{s}}\mathrm{d}\zeta \qquad (2\text{-}19)$$

考虑到

$$hU = \beta_{\mathrm{f}}hU_{\mathrm{f}} - \beta_{\mathrm{fs}}hCU_{\mathrm{f}} + \beta_{\mathrm{s}}hCU_{\mathrm{s}} \qquad (2\text{-}20)$$

则由式(2-17)、式(2-18)、式(2-20)可得积分平均后混合体的连续方程：

$$\frac{\partial h}{\partial t} + \frac{\partial(hU_x)}{\partial x} + \frac{\partial(hU_x)}{\partial y} = \frac{F}{1-p} \qquad (2\text{-}21)$$

式中，U 为流体泥沙沿深度(高度)平均后的流速。

令 $\beta_{\mathrm{s}}U_{\mathrm{s}} = \beta U$，参数 β 表征流体与沙粒之间速度差异的影响，一般而言，对于推移质运动 $\beta<1$，而对于悬移质运动则认为 $\beta=1$，由式(2-18)可得积分平均后的沙流连续方程：

$$\frac{\partial hC}{\partial t} + \frac{\partial(\beta hCU_x)}{\partial x} + \frac{\partial(\beta hCU_y)}{\partial y} = F \qquad (2\text{-}22)$$

同理，对式(2-6)，忽略紊流脉动关联项，再忽略黏性项，考虑底部阻力，进行积分平均,忽略垂向流速变化,同时考虑 $\rho_{\mathrm{m}} = \rho_{\mathrm{f}}(1-C) + \rho_{\mathrm{s}}C$，以及 $\rho_{\mathrm{m}} = \int_{z}^{z+h}\rho_{\mathrm{p}}\mathrm{d}\zeta$，

可得积分平均的运动方程：

$$
\begin{cases}
\dfrac{\partial(\rho_{\mathrm m}hU_x)}{\partial t}+\dfrac{\partial(\rho_{\mathrm m}hU_xU_x)}{\partial x}+\dfrac{\partial(\rho_{\mathrm m}hU_xU_y)}{\partial y}=-\rho_{\mathrm m}gh\dfrac{\partial(z+h)}{\partial x}-\rho_{\mathrm m}ghS_{\mathrm{fx}}\\[2mm]
\dfrac{\partial(\rho_{\mathrm m}hU_y)}{\partial t}+\dfrac{\partial(\rho_{\mathrm m}hU_xU_y)}{\partial x}+\dfrac{\partial(\rho_{\mathrm m}hU_yU_y)}{\partial y}=-\rho_{\mathrm m}gh\dfrac{\partial(z+h)}{\partial y}-\rho_{\mathrm m}ghS_{\mathrm{fy}}
\end{cases}
\tag{2-23}
$$

式中，S_{fx}、S_{fy} 为 x、y 方向的摩阻坡降；U_x、U_y 为沿深度平均后的 x、y 方向流速；g 为重力加速度。

如果考虑式(2-21)～式(2-23)单宽一维情况，并加入床面变形方程，则可得积分平均的一维控制方程：

$$
\frac{\partial h}{\partial t}+\frac{\partial hU}{\partial x}=\frac{F}{1-p}
\tag{2-24}
$$

$$
\frac{\partial hC}{\partial t}+\frac{\partial \beta hUC}{\partial x}=F
\tag{2-25}
$$

$$
\frac{\partial \rho_{\mathrm m}hU}{\partial t}+\frac{\partial}{\partial x}\left(\rho_{\mathrm m}hU^2+\frac12\rho_{\mathrm m}gh^2\right)=\rho_{\mathrm m}gh(S_{\mathrm b}-S_{\mathrm f})
\tag{2-26}
$$

$$
\frac{\partial z}{\partial t}=-\frac{F}{1-p}
\tag{2-27}
$$

式中，z 为床面高程；C 为体积含沙量；$F=E-D$，E 和 D 分别为泥沙上扬通量和沉降通量；$S_{\mathrm b}=-\partial z/\partial x$ 为河床底坡；$S_{\mathrm f}$ 为摩阻坡降。将式(2-26)展开，并将式(2-24)、式(2-25)代入，可以得到

$$
\begin{aligned}
\frac{\partial hU}{\partial t}+\frac{\partial}{\partial x}\left(hU^2+\frac12 gh^2\right)=&\,gh(S_{\mathrm b}-S_{\mathrm f})-\frac{U(\rho_0-\rho_{\mathrm m})F}{\rho_{\mathrm m}(1-p)}\\
&-\frac{\Delta\rho gh^2}{2\rho_{\mathrm m}}\frac{\partial C}{\partial x}+\frac{U\Delta\rho}{\rho}\frac{\partial(\beta-1)hUC}{\partial x}
\end{aligned}
\tag{2-28}
$$

式中，$\rho_0=\rho_{\mathrm f}p+\rho_{\mathrm w}(1-p)$ 为床沙的饱和湿密度；$\Delta\rho=\rho_{\mathrm s}-\rho_{\mathrm w}$，$\rho_{\mathrm w}$ 为水的密度。

描述冲积河流水沙运动过程需要一系列的相关变量，而以现有的数值模拟技术并不能准确地揭示特定变量在模拟天然河道时对模拟结果的影响。本书对模拟过程进行了一些简化，包括单宽条件、均匀沙条件，以及不考虑支流的影响等，但希望将饱和输沙这个假定单独孤立出来研究。考虑具有常宽的矩形断面一维明渠水流，对于水流、泥沙和河床变形有建立在质量和动量守恒基础上的控制方程：

$$\frac{\partial h}{\partial t} + \frac{\partial hu}{\partial x} = \frac{E - D}{1 - p} \tag{2-29}$$

$$
\begin{aligned}
\frac{\partial hu}{\partial t} + \frac{\partial}{\partial x}\left(hu^2 + \frac{1}{2}gh^2 \right) &= gh(J - S_{\mathrm f}) - \frac{u(\rho_0 - \rho)(E - D)}{\rho(1 - p)} \\
&\quad - \frac{\Delta\rho gh^2}{2\rho}\frac{\partial C}{\partial x} + \frac{u\Delta\rho}{\rho}\frac{\partial(\beta - 1)huC}{\partial x}
\end{aligned} \tag{2-30}
$$

$$\frac{\partial hC}{\partial t} + \frac{\partial \beta huC}{\partial x} = E - D \tag{2-31}$$

$$\frac{\partial z}{\partial t} = \frac{D - E}{1 - p} \tag{2-32}$$

式中，$J = S_{\mathrm b} = -\partial z / \partial x$ 为河床底坡；$\rho = \rho_{\mathrm w}(1 - C) + \rho_{\mathrm s}C$ 为浑水平均密度，$\rho_{\mathrm s}$ 和 $\rho_{\mathrm w}$ 分别为泥沙和水的密度，$\Delta\rho = \rho_{\mathrm s} - \rho_{\mathrm w}$。

式 (2-29) 的右端项以及式 (2-30) 的右端第二、三、四项表征床面变形对水沙运动的反作用，在非耦合模型中不考虑。相对来说，式 (2-29) 的右端项影响最大，在急剧的河床变形算例模拟时尤为重要。

在式 (2-30) 和式 (2-31) 中，β 为考虑泥沙和浑水速度差异的参数。对于推移质而言，泥沙的运动速度通常小于浑水的平均流速，故 β 取小于 1 的值。在文献[7]中通过式 (2-33) 进行计算：

$$\beta = \frac{u_*}{u}\frac{1.1(\theta / \theta_{\mathrm c})^{0.17}[1 - \exp(-5\theta / \theta_{\mathrm c})]}{\sqrt{\theta_{\mathrm c}}} \tag{2-33}$$

式中，u_* 为床面剪切流速；$\theta \equiv u_*^2 / sgd$ 为希尔兹数，$s = \rho_{\mathrm s} / \rho_{\mathrm w} - 1$ 为泥沙的淹没重度，d 为泥沙粒径；$\theta_{\mathrm c}$ 为临界起动希尔兹数。

对于悬移质，β 的值一般简单地定为 1，表征悬移质与浑水的运动速度基本一致。在文献[8]中也考虑了类似的参数。

式 (2-29)～式 (2-32) 组成了非饱和模型的控制方程组。四个控制方程求解四个单独变量（h、u、z、C）。在饱和模型中，含沙量假定等于挟沙力：

$$C = c_{\mathrm e} \tag{2-34}$$

式中，$c_{\mathrm e}$ 为由当时当地水沙条件计算的水流挟沙力。

将式 (2-32) 代入式 (2-29)～式 (2-31) 中消去非饱和模型中的 E 和 D，则可得到饱和模型的控制方程组，它只包含三个独立变量（h，u，z）：

$$\frac{\partial h}{\partial t} + \frac{\partial hu}{\partial x} + \frac{\partial z}{\partial t} = 0 \tag{2-35}$$

$$\frac{\partial hu}{\partial t} + \frac{\partial}{\partial x}\left(hu^2 + \frac{1}{2}gh^2\right) = gh(J - S_{\mathrm{f}}) + \frac{u(\rho_0 - \rho)}{\rho}\frac{\partial z}{\partial t}$$
$$- \frac{\Delta\rho gh^2}{2\rho}\frac{\partial c_{\mathrm{e}}}{\partial x} + \frac{u\Delta\rho}{\rho}\frac{\partial(\beta - 1)huc_{\mathrm{e}}}{\partial x} \tag{2-36}$$

$$(1 - p)\frac{\partial z}{\partial t} + \frac{\partial hc_{\mathrm{e}}}{\partial t} + \frac{\partial \beta huc_{\mathrm{e}}}{\partial x} = 0 \tag{2-37}$$

根据控制方程和参数 β 取值的不同，表 2-1 中总结了推移质以及悬移质的饱和与非饱和模型。值得指出的是，本书中的饱和与非饱和模型都是考虑了床面变形反作用的耦合模型。

表 2-1　模型总结

模型	方程	β
推移质非饱和模型	式 (2-29)~式 (2-32)	$\beta < 1$
推移质饱和模型	式 (2-35)~式 (2-37)	$\beta < 1$
悬移质非饱和模型	式 (2-29)~式 (2-32)	$\beta = 1$
悬移质饱和模型	式 (2-35)~式 (2-37)	$\beta = 1$

2. 封闭模式

为了封闭水沙数学模型的控制方程组，引入了一些必要的经验关系。对于摩阻坡降，采用传统做法，应用曼宁糙率 n 计算摩阻坡降：

$$S_{\mathrm{f}} = n^2 u^2 / h^{4/3} \tag{2-38}$$

床面泥沙与水流之间的交换涉及两个相反的过程，即由湍流作用引起的泥沙上扬和由重力作用引起的泥沙沉降。上扬和沉降的体积通量计算一直是水沙数学模型泥沙及床面变形计算的核心问题。本书中，泥沙上扬通量和沉降通量分别按式 (2-39) 和式 (2-40) 计算：

$$E = \alpha\omega c_{\mathrm{e}}(1 - \alpha c_{\mathrm{e}})^m \tag{2-39}$$

$$D = \alpha\omega C(1 - \alpha C)^m \tag{2-40}$$

式中，ω 为泥沙在静水中的沉降速度，可以通过张瑞瑾泥沙沉速公式进行计算；指数 m 在低含沙量情形下一般设为 0，但对于高含沙量情形，可以通过 $m = 4.45 R_{\mathrm{p}}^{-0.1}$ 计算[9]，其中，$R_{\mathrm{p}} \equiv \omega d / \nu$ 为泥沙颗粒雷诺数，ν 为水的运动黏度；参数 α 为近底含沙量与垂线平均含沙量之间的差异。

推移质挟沙力通过式(2-41)计算：

$$c_e = q_{bc} / hu \tag{2-41}$$

式中，q_{bc} 为单宽推移质输沙率，本书采用 MPM(Meyer-Peter-Muller)公式计算[10]：

$$q_{bc} = 8\sqrt{sgd^3}(\theta - \theta_c)^{1.5} \tag{2-42}$$

对于推移质，α 可以用水深与推移层厚度的比值表示，用式(2-43)计算：

$$\alpha = \begin{cases} h/9\theta d, & \theta \geqslant 2/9 \\ h/2d, & \theta < 2/9 \end{cases} \tag{2-43}$$

悬移质挟沙力采用张瑞瑾挟沙力公式计算，显式形式的挟沙力公式如下[11]：

$$c_e = \frac{1}{20\rho_s} \frac{(u^3/gh\omega)^{1.5}}{1+(u^3/45gh\omega)^{1.15}} \tag{2-44}$$

悬移质的深度积分平均模型中，α 的认识至今仍未清楚。在本书中，α 通过平衡状态下的恒定均匀流含沙量分布形态计算。通过引入劳斯公式和对数流速分布公式：

$$\frac{c_y}{c_a} = \left[\frac{a(h-y)}{y(h-a)}\right]^{R_n} \tag{2-45}$$

$$\frac{u_y}{u_*} = 5.75\lg\left(30.2\frac{y}{K_s}\right) \tag{2-46}$$

式中，c_y 为深度方向某一点的时均含沙量；y 为垂直床面深度方向坐标；c_a 为深度方向参考点的时均含沙量，a 为参考高度；$R_n \equiv \omega/\kappa u_*$ 为劳斯数(悬浮指标)，u_* 为床面剪切流速，κ 为卡门常数；u_y 为床面上高度为 y 点的流速；K_s 为粗糙高度。深度平均的体积含沙量可以定义为

$$C = \frac{1}{hu}\int_a^h c_y u_y \mathrm{d}y \tag{2-47}$$

将式(2-45)、式(2-46)代入式(2-47)，可以得到

$$\alpha = \frac{c_a}{C} = hu / \left\{11.6u_*\left[2.303\lg\left(\frac{30.2h}{K_s}\right)I_1 + I_2\right]\right\} \tag{2-48}$$

$$
\begin{cases}
I_1 = 0.216 \dfrac{(a/h)^{R_n-1}}{(1-a/h)^{R_n}} \displaystyle\int_a^h \left(\dfrac{1-y}{y}\right)^{R_n} \mathrm{d}y \\[4mm]
I_2 = 0.216 \dfrac{(a/h)^{R_n-1}}{(1-a/h)^{R_n}} \displaystyle\int_a^h \left(\dfrac{1-y}{y}\right)^{R_n} \ln y\,\mathrm{d}y
\end{cases}
\tag{2-49}
$$

显然，α 受到参考高度及悬浮指标的影响。影响程度及趋势如图 2-2 所示。图中所示的参考算例基本参数取值为 $h = 1\text{m}$，$d = 0.02\text{mm}$，$n = 0.012$，$K_s = 2d$，Einstein 积分[式 (2-49)] 通过文献 [12] 中的方法计算。从图中可以看到，α 的值随着悬浮指标的增大而增大，同时，参考高度越大，α 的值越小。

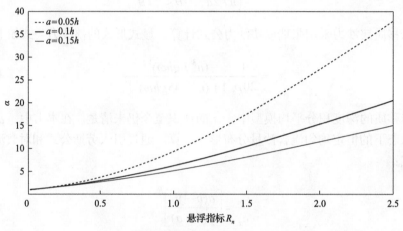

图 2-2　参考高度及悬浮指标对参数 α 的影响

3. 数值格式

深度积分控制方程组为典型的双曲型偏微分方程组。对应于河道水流的水跃或者水跌，方程的求解可能存在激波或者间断。本书中采用可以自动捕捉激波和间断的 TVD（total variation diminishing）二阶精度格式有限体积法，在计算数值通量时用到了 SLIC（simple linear iterative clustering）近似黎曼算子[13]。控制方程组中，河床变形方程相对简单，求解时，将河床变形方程与其他控制方程分开加速求解过程。将与水流有关的控制方程写成守恒形式：

$$
\frac{\partial \boldsymbol{U}}{\partial t} + \frac{\partial \boldsymbol{F}}{\partial x} = \boldsymbol{S}
\tag{2-50}
$$

对于非饱和模型：

$$
\boldsymbol{U} = \begin{bmatrix} h \\ hu \\ hC \end{bmatrix}
\tag{2-51a}
$$

$$\boldsymbol{F} = \begin{bmatrix} hu \\ hu^2 + gh^2/2 \\ huC \end{bmatrix} \tag{2-51b}$$

$$\boldsymbol{S} = \begin{bmatrix} (E-D)/(1-p) \\ gh(J-S_0) - \dfrac{u(\rho_0-\rho)(E-D)}{\rho(1-P)} - \dfrac{\Delta\rho gh^2}{2\rho}\dfrac{\partial C}{\partial x} + \dfrac{u\Delta\rho}{\rho}\dfrac{\partial(\beta-1)huC}{\partial x} \\ E-D \end{bmatrix} \tag{2-51c}$$

对于饱和模型：

$$\boldsymbol{U} = \begin{bmatrix} h \\ hu \end{bmatrix} \tag{2-52a}$$

$$\boldsymbol{F} = \begin{bmatrix} hu \\ hu^2 + gh^2/2 \end{bmatrix} \tag{2-52b}$$

$$\boldsymbol{S} = \begin{bmatrix} -\partial z/\partial t \\ gh(J-S_0) + \dfrac{u(\rho_0-\rho)}{\rho}\dfrac{\partial z}{\partial t} - \dfrac{\Delta\rho gh^2}{2\rho}\dfrac{\partial c_{\mathrm{e}}}{\partial x} + \dfrac{u\Delta\rho}{\rho}\dfrac{\partial(\beta-1)huc_{\mathrm{e}}}{\partial x} \end{bmatrix} \tag{2-52c}$$

采用有限体积法离散控制方程：

$$\boldsymbol{U}_i^{\mathrm{adv}} = \boldsymbol{U}_i^k - \frac{\Delta t}{\Delta x}\big[\boldsymbol{F}_{i+1/2} - \boldsymbol{F}_{i-1/2}\big] \tag{2-53}$$

$$\boldsymbol{U}_i^{k+1} = \boldsymbol{U}_i^{\mathrm{adv}} + \Delta t \boldsymbol{S}(\boldsymbol{U}_i^{\mathrm{adv}}) \tag{2-54}$$

式中，Δt 为时间步长；Δx 为空间步长；i 为空间节点号；k 为时间节点号；$\boldsymbol{F}_{i+1/2}$、$\boldsymbol{F}_{i-1/2}$ 分别为 $x = x_{i+1/2}$ 和 $x = x_{i-1/2}$ 处的界面通量；adv 表示对流项。

非饱和模型河床变形方程的离散采用：

$$z_i^{k+1} = z_i^k + \Delta t \frac{(D-E)_i^{\mathrm{adv}}}{1-p} \tag{2-55}$$

饱和模型河床变形方程离散为

$$(1-p)\frac{z_i^{k+1}-z_i^k}{\Delta t} + \frac{[(\beta c_{\mathrm{e}})_i^k + (\beta c_{\mathrm{e}})_{i+1}^k](hu)_{i+1/2}^k - [(\beta c_{\mathrm{e}})_i^k + (\beta c_{\mathrm{e}})_{i-1}^k](hu)_{i-1/2}^k}{2\Delta x}$$
$$+ \frac{(hc_{\mathrm{e}})_i^{k+1} - (hc_{\mathrm{e}})_i^k}{\Delta t} = 0 \tag{2-56}$$

数值通量 $F_{i+1/2}$、$F_{i-1/2}$ 使用由一阶中心 FORCE 格式扩展得来的二阶 TVD 格式进行计算。这里采用了 SLIC 近似黎曼算子，它是通过用 FORCE 通量替换 MUSCL-Hancock 格式中的 Godunov 通量得到的一种限制坡度的非迎风格式。

2.2.2　算例分析

为了对饱和与非饱和模型进行比较研究，将两种模型应用于典型的推移质及悬移质实际或试验算例，对两种模型的数值模拟结果进行直接定量的比较。推移质算例选取季节性河流 Nahal Yatir 的一场洪水[14]，悬移质算例选取 Delft 水力学实验室著名的凹槽试验[15,16]以及黄河的一场典型的高含沙洪水。数值算例总结如表 2-2 所示，初始条件包括初始河床底坡 J_0、初始单宽流量 q_0、初始水深 h_0，以及初始体积含沙量 c_0。之所以选取这些算例是因为强非恒定非均匀流在理论上更不容易达到以及保持挟沙力状态，因此能够更好地检测两种模型之间的差异。当然，由于采用的是一维模型，对黄河下游高含沙洪水的实际算例中复杂地形及支流的影响并不能进行完全准确的模拟，本书的计算要求至少在时间空间尺度上与实测数据保持一致。对于算例 1，悬浮指标始终大于 2.5，保证泥沙以推移质形式运动。相应地，对于算例 2、3、4，悬浮指标始终小于 2.5，保证泥沙主要以悬移质形式运动。限制计算中悬浮指标范围保证不同模型的准确使用。计算中基本的共用参数如下：$\rho_w = 1000 \text{kg/m}^3$，$\rho_s = 2650 \text{kg/m}^3$，$g = 9.8 \text{m/s}^2$，$p = 0.4$，$\theta_c = 0.04$。

表 2-2　数值算例总结

算例	初始条件	粒径 d /mm	泥沙输移模式	备注
1	初始干河床 $J_0 = 0.009$	8.00	推移质	饱和与非饱和模型可用
2	初始 0.15m 深凹槽	0.16	悬移质	饱和与非饱和模型可用
3	$q_0 = 2.69 \text{m}^2/\text{s}$ $h_0 = 1.64 \text{m}$ $c_0 = 0.0169$ $J_0 = 0.0002$	0.02		仅非饱和模型可用
4				进口来沙量为算例 3 的 20%；饱和与非饱和模型可用

1. 推移质饱和与非饱和模型比较

算例 1 模拟的是季节性河流 Nahal Yatir 的一场高强度推移质输沙洪水，基本的参数参考文献[17]～[20]，初始河床底坡 $J_0 = 0.009$，曼宁糙率 $n = 0.025$，泥沙粒径 $d = 8.00 \text{mm}$。河道基本为顺直形态，宽度大概为 3.5m。算例 1 的初始条件为干河床，进口单宽流量为对称的三角形态，洪水持续时间为 1h(0.5h 的涨水与落水时间)，峰值流量为 1.5 m^2/s。这种相对较大的峰值流量与相对较短的涨落水时间使得算例 1 的非恒定性更为显著。1h 后，算例 1 的进口流量减小为 0.02 m^2/s。算例中忽略了进口的来沙，进口边界条件的处理采用特征线法[21]。本书中关注的是进口强非恒定来流对推移质输沙的影响，而不是下游边界对结果的影响。所以，计算中计算区域取得足够长，保证洪水未传播至下游边界，下游边界各变量可以设为初始状态。

图 2-3 描绘的是算例 1 饱和与非饱和模型计算得到的推移质输沙率与实测值的比较，其中 x 表示离进口的距离。从图中可以看到，饱和与非饱和模型的计算结果只有较小差异，两种模型计算得到的各个断面的推移质输沙率基本上都重合在一条线上，而且与 Reid 等[17,18]的实测值吻合得较好。这表明，推移质饱和与非饱和模型都能在一定程度上很好地重现季节性沙漠河流 Nahal Yatir 上的这场强非恒定来流高强度推移质输沙洪水。

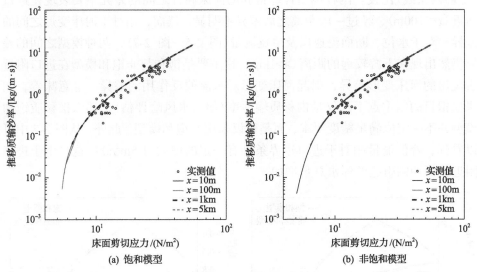

图 2-3　算例 1 饱和与非饱和模型计算得到的推移质输沙率与实测值比较[18]

图 2-4 是算例 1 非饱和模型计算得到的各断面体积含沙量与推移质挟沙力。可以看到，含沙量与挟沙力之间的差异基本上只表现在进口附近断面($x<30\mathrm{m}$)，到了下游断面差异则几乎可以忽略。结果说明，即便是算例 1 这样的强非恒定来流洪水，推移质输沙也基本处在挟沙力状态，采用挟沙力概念的饱和模型是可以的。

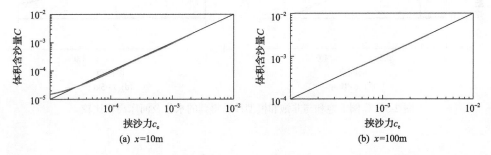

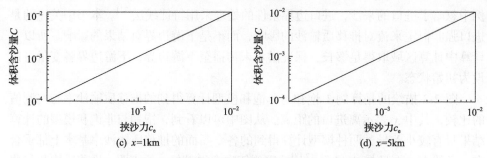

(c) $x=1\text{km}$　　　　　　　　　　　　(d) $x=5\text{km}$

图 2-4　算例 1 非饱和模型计算得到的体积含沙量与推移质挟沙力

图 2-5 为算例 1 饱和与非饱和模型计算得到的水位(上面两条线)及河床高程(下面两条线)比较。两种模型计算得到的河床高程之间的差异主要表现在进口附近($x<100\text{m}$),经过一段距离之后差异不明显。然而,相对于河床变形之间的差异,对于水位、断面流速以及单宽流量(图 2-5~图 2-7),两种模型之间的差异仍然出现在下游较远的距离($\gg1\text{km}$)。这主要是饱和与非饱和模型在进口附近表现出的河床变形差异,引起河床变形对水流的反作用的差异。这意味着,如果模拟目的侧重点不仅仅是推移质输沙率(如洪水风险评估),那么推移质饱和模型并不一定能满足精度要求,而是建议采用非饱和模型。此外,从图 2-7 中可以看到,峰值流量相对于进口边界条件有一定的增大($1.5\text{m}^2/\text{s}$),这是由于进口附近床面冲刷引起的浑水总量增加。

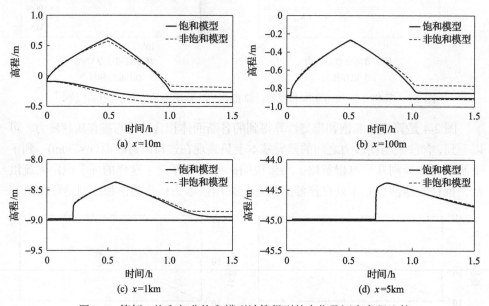

(a) $x=10\text{m}$　　　　　　　　　　　　(b) $x=100\text{m}$

(c) $x=1\text{km}$　　　　　　　　　　　　(d) $x=5\text{km}$

图 2-5　算例 1 饱和与非饱和模型计算得到的水位及河床高程比较

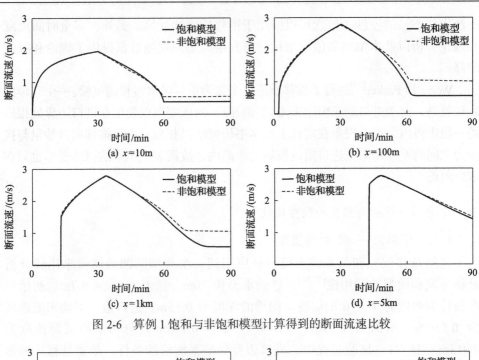

图 2-6 算例 1 饱和与非饱和模型计算得到的断面流速比较

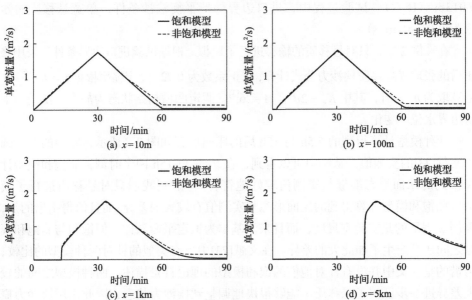

图 2-7 算例 1 饱和与非饱和模型计算得到的单宽流量比较

在季节性的沙漠河流中,实地观测到了山洪引发的高输沙率的推移质输沙。同时,观测还发现,实地观测数据与 MPM 公式的计算结果十分吻合[19,20]。这些实地观测的数据与算例 1 的计算结果相一致,推移质输沙能够很快调整到其挟沙力状态，故挟沙力概念可以应用于推移质输沙计算。另外，多重时间尺度的理论分析以及本书的数值模型比较研究也为实地观测数据提供了理论和数值解释。

Wong 和 Parker[22]进行了推移质进口来流为重复洪水过程的试验。一个有趣的发现就是，对于进口的非恒定来流(非饱和)，河床变形仅发生在进口边界处很短的一段距离内。这一现象在定性上与本书研究结果相似。由于推移质含沙量与挟沙力之间的差异局限在进口附近较短的距离内，故而表现出来的河床变形也只在进口附近。

2. 悬移质饱和与非饱和模型比较

1) 实验室算例——凹槽的演化

这里悬移质饱和与非饱和模型被应用到一个典型的凹槽试验来比较分析悬移质饱和模型的适用性[15,16]。试验水槽长 30m、宽 0.5m、深 0.7m。初始形态设计为两边为 1：10 的坡度，凹槽的深度为 0.15m。进口边界平均来流速度为 0.51m/s，水深为 0.39m。泥沙粒径为 d =0.16mm，悬移质的沉降速度为 0.013m/s(15℃)。试验过程中，进口边界保持平衡输沙条件，单宽悬移质输沙率为 0.03kg/(m·s)。

在算例 2 中，只对悬移质的输移进行了模拟。根据试验进口边界条件，采用修正后的张瑞瑾悬移质挟沙力公式计算，修正系数为 0.72。曼宁糙率根据 $n = K_s^{1/6} / A$ 估算取为 n =0.01，其中 $K_s = 2d$ ，A =26[3]。假定凹槽初始状态为静水，试验中下游边界水位不变化。

两种模型计算得到的 7.5h 与 15h 后的床面形态如图 2-8 所示，图中的空心圆为文献[23]的实测值。从图中可以看到，在 7.5h 与 15h 两个时刻，非饱和模型计算得到的床面形态能够与实测值较好地符合(考虑到我们只对悬移质进行了模拟)，而饱和模型计算得到的床面形态与实测值有较大的差异。而且值得指出的是，算例 2 表征的是实验室尺度，而且来流基本为恒定平衡条件，但饱和与非饱和模型之间还是产生了如此大的差异。在文献[23]中也有类似的针对两种模型的比较，可惜的是，文中并没有针对他们的饱和模型的理论背景描述。两种模型之间的较大差异进一步证实了悬移质不能够很快地调整到挟沙力状态，因此采用挟沙力概念的饱和模型并不适用于悬移质的数值模拟。

2) 实地算例——高含沙洪水

我国河流以多泥沙著称，特别像黄河这样的多沙河流，汛期水流的含沙量往往大于 300kg/m³，中游支流的最大含沙量可高达 1600kg/m³ 以上，这样的高含沙

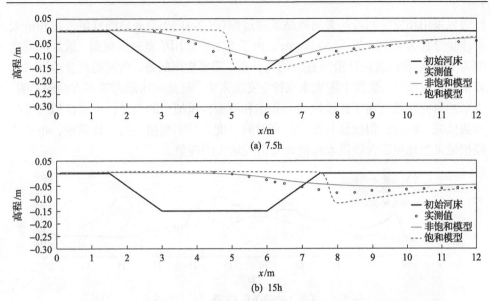

图 2-8　算例 2 由悬移质饱和与非饱和模型计算得到的床面形态与实测值比较

量水流，举世罕见。在黄河干支流中，一至数次洪水所挟带的泥沙数量常常占全年的很大一部分，对河道冲淤过程产生重要的影响。而高含沙洪水边界组成物质颗粒粒径相对较细，可动性强，具有暴涨陡落、来流含沙量大，且往往与洪峰不同步等特点，使得洪水演进过程往往表现出独特的传播特性。特别是高含沙洪水在持续时间较长的条件下能够导致主槽强烈冲刷，引起水位-流量关系的变化，易于出现洪水水位偏高、洪峰流量沿程增大的异常现象。这与人们一般认识中耗散作用引起峰值流量沿程减小的情形不一致。比如，在 1973 年 8 月、1992 年 8 月（以下简称"92.8"）、2004 年 8 月均发生过洪水水位明显偏高、花园口洪峰流量明显增大的异常现象，造成了特殊的防洪问题。近几十年来，研究人员对高含沙洪水异常现象开展过不同层次、不同规模的研究工作，积累了较为丰富的认识。然而，大部分研究成果都以对断面实测资料的定性研究为主，各种解释缺乏足够的理论依据。显然，这种高含沙洪水过程涉及强非恒定来流、高含量泥沙、剧烈河床变形之间强烈的相互作用。因此，对高含沙洪水的数值模拟，十分适合检验悬移质饱和与非饱和模型之间的差异。

　　这里以"92.8"洪水资料为背景，采用悬移质饱和与非饱和模型，对高含沙洪水演进过程进行数值模拟，如表 2-2 中算例 3 所示。计算区域范围为小浪底站到夹河滩站之间，总长度为 228km。小浪底站下游 128km 处为花园口站。考虑黄河下游河道条件，曼宁糙率取为 $n = 0.012$。初始条件假定为恒定均匀流，初始单宽流量 q_0、水深 h_0、河床底坡 J_0，以及泥沙粒径如表 2-2 所示。进口边界条件采用 1992 年 8 月 9～20 日共 11 天的小浪底站实测含沙量（$S = \rho_s C$）及流量过程，出口边界采用相应时间段的夹河滩站流量过程(图 2-9)。小浪底站的峰值流量和最大含沙量分别为 4570m³/s 和 535kg/m³。由于本书中采用单宽一维模型,假定河道宽度为 600m,水流及泥沙沿河宽为均匀分布。需要指出的是,黄河的高含沙洪水过程是非常复杂的,受到上游来水来沙、支流入汇、复杂河床形态等多方面的影响。本书的研究侧重点在于比较饱和与非饱和模型在模拟中的差异,不求模拟结果与实测值完全吻合,但保证其在空间和时间尺度上与实测值一致。特别地,也希望模拟结果能捕捉高含沙洪水峰值流量沿程增大的现象。

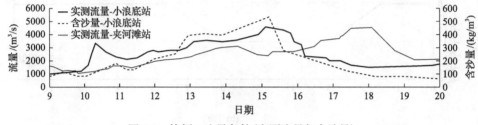

图 2-9　算例 3 边界条件(实测流量与含沙量)

图 2-10 所示的是算例 3 花园口站非饱和模型计算结果与实测资料比较。从图 2-10(a)中可以看到,计算结果在定性上与实测数据一致,非饱和模型计算的峰值流量在花园口站达到了 5943m³/s,远大于进口边界小浪底站的 4570m³/s。从物理机制上看,沿程流量增加归结于洪水过程中沿程的剧烈冲刷从床面带起了大量的床沙。从图 2-10(b)中可以看到,在几天的时间,河床被冲刷了好几米。这种高强度的河床冲刷以及较弱的泥沙沉降(泥沙颗粒较细)致使大量床沙进入水体中

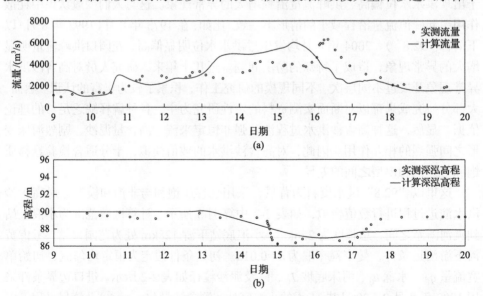

(a)

(b)

图 2-10　算例 3 由非饱和模型计算得到的花园口站流量和河床变形过程与实测资料比较

向下游传播。根据黄河下游河道的糙率范围改变糙率大小,也得到了一致的结论。这在一定程度上说明,黄河下游高含沙洪水沿程流量增加的现象是从河床上冲起的大量泥沙进入水体所致,而并不是悬移质输移导致糙率变化引起的。

事实上,从图 2-10(a)中计算得到的流量过程与实测流量过程的比较中可以看到,两者并没有完全吻合。峰值流量的计算值 5943m³/s 小于实测的 6260m³/s,计算结果峰值流量出现的时刻也比实测资料要早。这主要是由于实际洪水过程中存在河漫滩现象,而在本书的单宽一维模型中并没有对其进行考虑。可以看到,图 2-10(b)中计算得到的床面形态变化与实测高程的变化之间也存在一定差异。从结果上看,一维模型的局限性十分明显,特别是当它应用到黄河下游的数值模拟中时,它不能捕捉实际河道中复杂的床面形态以及沿程的河宽等变量的变化。然而,从物理角度上说,本书中的悬移质非饱和模型至少在定性上能够很好地模拟整个高含沙洪水过程,计算得到的流量变化过程与河床冲刷过程跟实测资料比较,在量级与趋势上能够保持基本一致。而饱和模型在应用于算例 3 的数值模拟时,却以失败告终。饱和模型在处理进口边界的高来沙条件时,导致了进口的大量淤积从而产生了急流情况,这样在模拟时是缺少边界条件的。这种情况也说明了饱和模型的局限性,采用挟沙力概念的饱和模型在应用于某些含有极端水沙条件的算例时可能导致模拟失败。

考虑到上述情况,为了能够进行两种模型之间的直接比较,本书也设计了算例 4(表 2-2)。设计的算例 4 与算例 3 的基本参数条件一致,只是进口来沙量减少为算例 3 的 20%,以防止进口严重淤积导致急流条件出现。算例 4 所选断面饱和与非饱和模型计算得到的水位(上面两条线)与河床高程(下面两条线)变化如图 2-11 中所示。可以看到,除了下游比较远地方外[图 2-11(d)],两种模型的水位及河床高程结果之间的差异十分明显[图 2-11(a)~图 2-11(c)]。与此类似,饱和与非饱和模型计算得到的流速变化也有较大差异(图 2-12)。这意味着悬移质的含沙量与挟沙力之间并不一致,采用挟沙力概念的饱和模型并不能准确模拟悬移质运动(算例 4),甚至

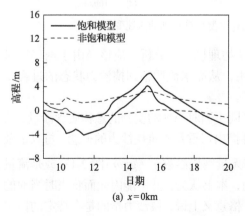

(a) $x=0$km

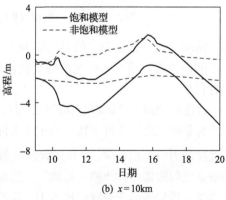

(b) $x=10$km

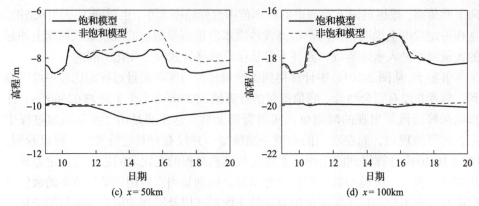

(c) $x = 50$km　　　　　　　　　　(d) $x = 100$km

图 2-11　算例 4 饱和与非饱和模型计算得到的水位与河床高程变化

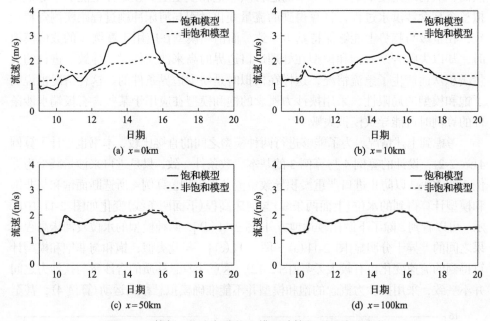

(a) $x = 0$km　　　　　　　　　　(b) $x = 10$km

(c) $x = 50$km　　　　　　　　　　(d) $x = 100$km

图 2-12　算例 4 饱和与非饱和模型计算得到的流速变化

有些情况下会导致模拟失败(算例 3)。从物理机制上分析,应该是由于悬移质对流扩散作用要大于与床面泥沙的交换作用,从而水流调整到挟沙力状态的过程要相对较长。

以往有的研究尝试将悬移质挟沙力等同于当时当地的实测的悬移质含沙量,从而针对非恒定来流条件下特定的水沙条件提出双重及多重挟沙力的概念。与双重及多重挟沙力概念相对应,悬移质含沙量与无量纲化参数 $u^3/gh\omega$ (图 2-13)或是流量等变量之间通常存在"圈套结构"。然而,本书认为,并不能因此而将当时当地的悬移质含沙量等同于悬移质挟沙力。从严格意义上说,挟沙力指的是在特定的恒定均匀饱和的水沙条件下，河床处于冲淤平衡时，水流所能够挟带起的最大含沙量。悬移质的挟沙力应该是与特定水沙条件相对应的一个特定的值。当然，由于非恒定来流水沙条件的急剧变化，水流不一定一直处于其饱和平衡输沙状态，河床可能产生相应的冲刷或淤积。因此，双重或多重挟沙力概念的提法在应用时容易产生误解。

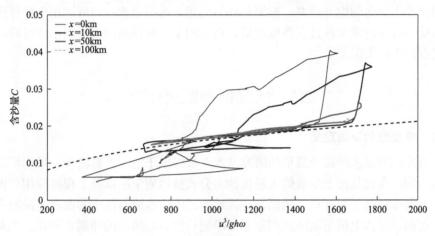

图 2-13　算例 4 非饱和模型计算得到的含沙量与无量纲参数 $u^3/gh\omega$ 的关系

虚线表示由式(2-44)计算得到的悬移质挟沙力

2.2.3　模型适用性讨论

在过去几十年中，发展了大量的水沙数学模型用于冲积河流过程水沙运动的数值模拟研究。然而，模型的终端用户通常碰到的问题是很难选择最合适的模型来准确模拟实际工程问题，而模型的开发者也容易迷失在尽可能多地在模型中考虑各种泥沙运动机制，而忽略了提升模型质量最根本的问题。本书中饱和与非饱和模型的比较研究，对水沙数学模型的发展及应用有一定的指导意义。

推移质即便在强非恒定来流条件下也能够很快调整到其挟沙力状态，为推移质饱和模型的应用提供了理论支持。这意味着今后对推移质的数值模拟研究可以更多地偏向于建立更加可靠完善的推移质输沙率计算公式来优化饱和模型，而不是通过恢复饱和时间或长度来封闭非饱和模型。更进一步，饱和模型甚至可以应用于强非恒定来流的潮汐河口推移质输移计算。当然，从算例分析中可以看到，如果对模拟结果更注重于水位及河床高程的变化，饱和模型可能产生较大偏差，此时，应该采用非饱和模型。

悬移质不能很快调整到其挟沙力状态，饱和模型在模拟悬移质运动时可能得到与非饱和模型偏离较大的结果。比如，早期在黄河三门峡水库规划阶段用初级的一维恒定平衡输沙模型对水库淤积和下游河道的河床冲刷变形进行计算[24]，计算结果显示，在桃花峪下游冲刷 9 年后河床刷深 27m，冲刷量及冲刷速度比实际夸大甚多。事实上，非饱和模型在悬移质运动的数值模拟研究中已经得到普遍应用。

在模型的分类中，还有一类全沙质模型，如Correia等[25]的研究、FLUVIAL-12[26]、GSTARS[27]、HEC-6[28]以及ISIS Sediment[29]。基本上，这些全沙质模型都可以看作采用挟沙力概念的饱和模型。根据前面的论述，这些全沙质模型适用于推移质运动占优的冲积河流水沙过程数值模拟，而运用于悬移质运动占优的水沙过程时则有可能产生较大误差。

2.3　恢复饱和距离研究

2.3.1　恢复饱和距离定义

对冲积河流水沙运动最早的研究基本上都局限于饱和平衡输沙，采用恒定均匀流假定。在此基础上发展的大量挟沙力公式被地质学家以及工程师应用于泥沙运动及河床形态变化计算。然而，在天然河道中，水流与河床的泥沙交换通常是不平衡的，泥沙上扬与沉降之间非零的净通量将引起河床的冲刷及淤积，也对水沙运动产生反作用。这种水沙运动一般称为非平衡输沙。一系列的人类工程建设及自然活动，都能引起非饱和的水沙边界条件，如大坝或水库下游的清水冲刷、卵石流的高强度推移质输移、气候变化引起降雨量变化导致的挟沙力变化等。被扰动边界下游将经历相应的冲刷和淤积过程，同时，非饱和的水沙运动状态需要一定空间和时间的调整才能达到新的饱和状态，这段调整的空间距离在本书中称为恢复饱和距离。

理论上，在恢复饱和距离内，水流含沙量并不等于挟沙力。这使得基于恒定均匀流平衡输沙假定的挟沙力概念在恢复饱和距离内的应用缺乏理论支持。然而，如果恢复饱和的过程足够快，恢复饱和距离足够短，挟沙力概念的应用对计算结果的影响也可以忽略。地质学家一般认为较粗的卵石河床调整到平衡状态的过程要比较细的沙石河床快，但也存在争论，Doyle和Harbor[30]通过平衡时间尺度的近似研究却发现较细的沙石河床向平衡状态调整的时间为较粗的卵石河床的一半。Cao等[5,6]对冲积河流过程进行多重时间尺度的理论研究，对比分析了推移质与悬移质向平衡状态调整的快慢。研究结论与Simon[31]、Simon和Thorne[32]一致，较粗的推移质能够很快调整到其挟沙力状态(饱和平衡输沙)，而较细的悬移质则需要相对较长的过程。前面对饱和与非饱和模型的比较研究也表明，由于推移质能够很快完成恢复饱和过程，采用挟沙力概念的饱和模型能够适用于推移质的泥沙运动计算，而悬移质的情形则与之相反。然而，这些研究都没有从定量上揭示冲积河流过程水沙运动(包括推移质运动占优与悬移质运动占优)的恢复饱和距离到底有多长。Van Rijn[16]采用较为简单的数学模型对恢复饱和距离做了定量的估算，但他的研究只限于悬移质，而推移质恢复饱和距离在实际工程应用中也是十分重要的(如溢洪道下游冲刷、桥墩附近冲刷等)。

本节旨在定量研究冲积河流过程水沙运动的恢复饱和距离，进一步揭示推移质及悬移质恢复饱和过程的快慢，完善挟沙力概念应用对非平衡输沙数值模拟结果影响的认识。研究对象包括了推移质和悬移质，分别设计了一系列的清水冲刷及进口来沙量变化的数值算例，采用式(2-29)～式(2-32)的非饱和耦合模型进行计算分析，并通过对比以往的试验算例进行了讨论。

在模型计算中，恢复饱和距离通过如下方法定义。

在计算时刻 $t = k\Delta t$，如果所有的计算节点满足式(2-57)的限制条件，则判定整个计算区域达到了近似的恒定状态：

$$\left| \varphi_i^k - \varphi_i^{k-1} \right| \Big/ \varphi_i^k < 10^{-4} \tag{2-57}$$

式中，φ 为各个单独变量(h、u、C、z)。从进口边界往下游，当某个节点含沙量与当时当地水流挟沙力之间的差异小于误差限 Δ 时[式(2-58)]，则通过插值得到定量的恢复饱和距离：

$$\left| C_i^k - c_{ei}^k \right| \Big/ c_{ei}^k < \Delta \tag{2-58}$$

2.3.2　量纲分析

为了更好地对恢复饱和距离进行定量分析，探寻其与水沙运动过程各变量之间的关系，首先对恢复饱和距离进行量纲分析。自然界中各种物理现象都是由有关物理量相互作用反映出来的特定的物理过程。在这个特定的物理过程中，各物理量之间常存在一定的内在联系。所谓量纲分析，实际上就是通过分析各种物理量的属性及其量度规则来寻求各物理量之间某种相互关系的方法[33]。一个物理现象可以包括多种多样的物理量，常见的物理量有长度、质量、时间、力等，表征物理量类别的标志称为量纲。量纲一般分为基本量纲和导出量纲，基本量纲是彼此独立的，不能由其他量纲或组合代替。机械运动的基本量纲有三个，即质量、长度和时间，常用符号[M]、[L]、[T]。π 定理是一种具有普遍意义的量纲分析法[34]，它不用基本物理量的基本量纲来描述其他物理量，而改用精心选定的包含全部基本量纲，而且相互独立的新的基本物理量来描述其他物理量。一般而言，与恢复饱和距离 L 相关的基本物理量包括水深 h、泥沙在静水中的沉降速度 ω、床面剪切流速 u_*、水沙之间的密度差异 $\Delta\rho = \rho_s - \rho_w$、进口来沙量 C_{in}：

$$L = f_1 \left(h, \omega, u_*, \Delta\rho, C_{in} \right) \tag{2-59}$$

运用 π 定理，选取水深 h、床面剪切流速 u_*、水沙之间的密度差异 $\Delta\rho$ 三个

物理量作为基本量。可以得到三个 π 项为

$$\pi_1 = L/h^{a_1}u_*^{b_1}\Delta\rho^{c_1},\ \pi_2 = \omega/h^{a_2}u_*^{b_2}\Delta\rho^{c_2},\ \pi_3 = C_{\text{in}}/h^{a_3}u_*^{b_3}\Delta\rho^{c_3} \quad (2\text{-}60)$$

式中，a、b、c 为指数。

根据量纲和谐原理可以得到

$$\pi_1 = L/h,\ \pi_2 = \omega/u_*,\ \pi_3 = C_{\text{in}} \quad (2\text{-}61)$$

从而有

$$L/h = f_2(\omega/u_*, C_{\text{in}}) \quad (2\text{-}62)$$

引入悬浮指标 $R_n \equiv \omega/\kappa u_*$，式(2-62)可以写成

$$L/h = f_3(R_n, C_{\text{in}}) \quad (2\text{-}63)$$

式(2-63)表明，无量纲量 L/h 只与无量纲量 R_n 和 C_{in} 有关。

2.3.3　数值算例分析

通过初始条件对恢复饱和距离进行无量纲化，定义 $L_* = L/h_0$ 为无量纲化的恢复饱和距离，其中 h_0 为初始水深。根据量纲分析可知，L_* 与 R_0 和 C_{in} 有关，其中 R_0 为初始条件的悬浮指标。为了对恢复饱和距离进行定量分析，本节设计了一系列的数值算例。算例初始条件设为恒定均匀平衡状态，但进口边界的水沙条件为非平衡来流。初始的平衡状态通过泥沙粒径 d、初始水深 h_0、初始河床底坡 J_0、初始单宽流量 q_0、初始含沙量 C_0 描述。其他相关参数包括 $\rho_w = 1000\text{kg/m}^3$、$\rho_s = 2650\text{kg/m}^3$、$g = 9.8\text{m/s}^2$、$n=0.025$、$p=0.04$、$\theta_c = 0.04$。对于推移质算例，悬浮指标一直保证大于 2.5（$R_n > 2.5$），相应地，对于悬移质算例悬浮指标一直保证小于 2.5（$R_n < 2.5$）。

1）清水来流算例恢复饱和距离

这里对进口来沙量为零的清水来流算例进行分析，算例总结如表 2-3 所示。

表 2-3　清水来流算例总结

初始条件	泥沙输移模式	
	推移质	悬移质
初始河床底坡 J_0 /‰	0.5～3	0.5～3
初始水深 h_0 /m	0.5～4	0.8～4
单宽流量 q_0 /(m²/s)	0.4～22	0.8～22
泥沙粒径 d /mm	1～12	0.05～0.7
悬浮指标 R_0	>2.5	<2.5
初始含沙量 C_0	3.6×10^{-5}～1.1×10^{-3}	4.6×10^{-5}～1.4×10^{-2}

　　图 2-14 描绘的是表 2-3 中所示清水来流算例无量纲化恢复饱和距离 L_* 与悬浮指标 R_0 之间的关系。从图 2-14 中可以看到，L_* 随着 R_0 的增加总体上表现出减小的趋势。具体而言，对于悬移质算例（$R_0 < 2.5$），L_* 随着 R_0 的减小急剧增加，甚至达到上千倍的初始水深。可以预计，随着悬浮指标的进一步减小（当水沙运动为冲泻质模式时），L_* 可能达到无穷大，意味着冲泻质可能更加难以达到其平衡输沙状态。而对于推移质算例（$R_0 > 2.5$），恢复饱和距离基本上稳定在 60 倍左右的初始水深，这说明推移质只需要较短的恢复饱和距离即可达到平衡输沙状态。

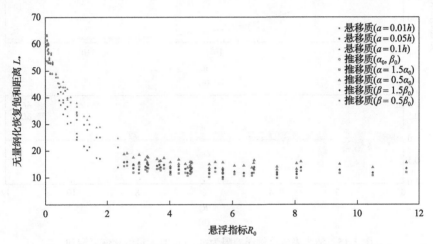

图 2-14　清水来流算例无量纲化恢复饱和距离与悬浮指标之间的关系

　　在过去的研究中，对悬移质水沙条件变化之后的恢复过程有许多的争论。深度积分模式认为这种恢复平衡过程受到水流条件和泥沙沉降速度的影响，而深度解析模式认为这种恢复平衡过程主要受到水体中泥沙扩散作用的影响而与泥沙沉降速度无关[35]。Pritchard[36]通过理论研究认为深度积分模式捕捉到了正确的物理特性。而本书的定量研究也进一步证实了悬移质的恢复饱和平衡过程受到水流条件以及泥沙特性的影响，而且进一步揭示了其恢复饱和距离随着悬浮指标的增加而减小。

　　尽管由于经验关系以及参数的引入（如参数 α、β），定量上的不确定性不可避免，但从图 2-14 中可以看到，当改变相关参数的取值时，定性上的规律是一致的。Van Rijn[37]在定义恢复饱和距离时，取的误差限是 $\Delta = 5\%$，本书的计算中取的是更为严格的 $\Delta = 1\%$，从图中可以看到，两种误差限得到的结果在定性上是一致的，恢复饱和距离随着悬浮指标的增大而增大，而 $\Delta = 1\%$ 得到的恢复饱和距离相对更长。

借助 CurveExpert 软件,可以对清水来流算例的恢复饱和距离与悬浮指标之间的关系做一个拟合。对于误差限为 $\varDelta=1\%$ 的数据点,拟合曲线如图 2-15(a) 所示,拟合公式如下:

$$L_* = 32.56 \big/ (1 - 0.96 \mathrm{e}^{-0.32R_0}) \tag{2-64}$$

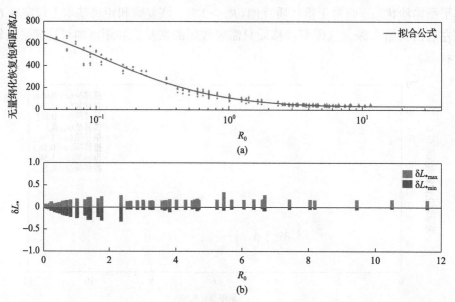

图 2-15　清水来流算例误差限为 $\varDelta=1\%$ 时无量纲化恢复饱和
距离和相对偏差与悬浮指标之间关系

图 2-15(a) 中标准差 $S=25.1516262$,相关系数 $r=0.9912028$。图 2-15(b) 描绘的是改变参数后得到的各数据点与平均值之间的相对偏差,$\delta L_{*\max} = [\max(L_*) - \mathrm{aver}(L_*)] / \mathrm{aver}(L_*)$,$\delta L_{*\min} = [\min(L_*) - \mathrm{aver}(L_*)] / \mathrm{aver}(L_*)$。从图中可以看到,在推移质与悬移质悬浮指标的临界值附近($R_0 = 2.5$),相对偏差达到最大值,这主要是由于不同参考高度取值对悬移质近底含沙量与垂线平均含沙量估算的影响。这也说明悬移质床沙交换的定量计算还需要进一步的研究。

2)进口非饱和来沙算例恢复饱和距离

这里对进口为非饱和来沙的算例进行分析,算例的进口来沙范围为 10% 到 10 倍的初始平衡含沙量,算例总结如表 2-4 所示。

在天然河道条件下,进口边界的来沙条件是非恒定的,如果来沙量超出水流挟沙力,通常引起河床的淤积,反之,如果来沙量小于水流挟沙力,则将引起河床冲刷。在水槽试验研究中也有类似情形出现。随着进口来沙量与水流挟沙力之间差异的不同,恢复平衡状态所需的恢复饱和距离也不一样。

表 2-4　非饱和来沙算例总结

运动模式	初始条件					
	初始河床底坡 J_0 /‰	初始水深 h_0 /m	单宽流量 q_0 /(m²/s)	泥沙粒径 d /mm	悬浮指标 R_0	初始含沙量 C_0
推移质	0.5	1	0.89	5.00	10.5	$3.76×10^{-5}$
悬移质	1.5	1	1.55	0.10	0.13	$3.74×10^{-3}$
	2.0	1	1.79	0.15	0.24	$2.79×10^{-3}$
	3.0	1	2.19	0.30	0.58	$1.70×10^{-3}$
	2.0	1	1.79	0.30	0.71	$8.31×10^{-4}$
	2.0	1	1.79	0.50	1.25	$3.97×10^{-4}$
	1.0	1	1.26	0.70	2.35	$6.06×10^{-5}$

图 2-16 所示为非饱和来沙算例无量纲化恢复饱和距离与相对来沙量(进口来沙量 C_{in} 与初始平衡状态含沙量 C_0 之比)之间的关系。其中图 2-16(a)由文献[38]中的数据重绘而成，图 2-16(b)为表 2-4 所示算例的计算结果。可以看到，本书中算例的计算结果与文献[38]中的结果在定性上的规律是一致的。恢复饱和距离随着进口来沙量的减小或是增加，都表现出增加的趋势。当 $C_{in}/C_0=1$ 时，表示进口来沙量不变，因此没有相应的恢复饱和距离(无量纲化恢复饱和距离为零)。当 $C_{in}/C_0<1$ 时，表示进口来沙量小于水流挟沙力，代表冲刷算例。当 $C_{in}/C_0>1$ 时，表示进口来沙量大于水流挟沙力，代表淤积算例。

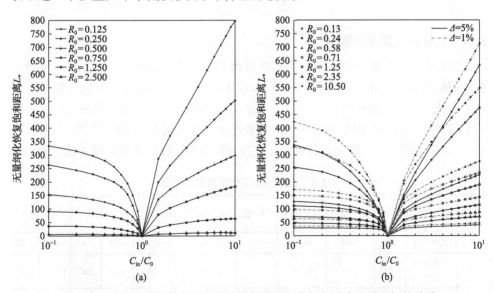

图 2-16　非饱和来沙算例无量纲化恢复饱和距离与相对来沙量之间的关系

通过与文献[38]的结果比较可以看到，更严格的误差限($\Delta=1\%$ 与 $\Delta=5\%$ 之间的比较)能够得到更为准确的恢复饱和距离。而且,Van Rijn 的研究只限于悬移质,而本书中的算例包括了推移质。从图 2-16(b) 中可以看到,推移质恢复饱和距离范围在 20～50 倍的初始水深,而悬移质则达到几百倍的初始水深。这也进一步证实了悬移质向平衡状态调整的过程要快于推移质。

对基本参数的敏感性分析结果如图 2-17 所示。可以看到,当悬浮指标足够小时($R_0 < 0.13$),几乎没有差异。

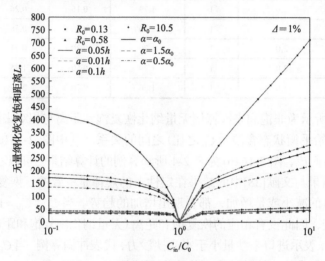

图 2-17　非饱和来沙算例敏感性分析

2.3.4　以往试验算例分析

以往有大量的试验研究非平衡输沙过程下游床沙演化情况。这些研究包括清水冲刷的算例,清水从定床($x=0$)流入动床($x>0$),动床经历冲刷过程直至达到平衡状态;或是淤积算例,进口来沙量大于挟沙力,下游经历淤积过程直至达到平衡状态。其中有四个典型算例被后来的研究者大量引用分析[39-41],本书总结如表 2-5 所示[16,42,43]。算例 1 和算例 2 代表冲刷算例,算例 3 和算例 4 代表淤积算

表 2-5　典型床沙演化试验算例总结

算例	原始文献	h /m	U /(m/s)	u_* /(m/s)	J /‰	d /mm	ω /(m/s)	$\dfrac{K_s}{h}$	$\dfrac{\rho_s}{\rho_w}$	n	M_C
1	文献[37]	0.25	0.67	0.048	–	0.230	0.022	0.04	2.65	0.018	1.50
2	文献[43] (5)	0.043	0.37	0.036	3	0.165	0.019	0.15	2.65	0.023	1.45
3	文献[43] (6)	0.043	0.37	0.036	3	0.165	0.019	0.15	2.65	0.023	1.45
4	文献[42]	0.407	0.29	0.045	0.5	0.123	0.011	0.25	2.42	0.036	0.30

例。挟沙力公式[式(2-44)]的修正系数通过与实测数据的最佳吻合率来定(表 2-5 中最右边一列)。其他相关参数见表 2-5。

图 2-18 描绘的是这四个典型算例进口边界下游悬移质输沙率沿程演化的计算值与实测值比较。可以看到,对于算例 1 和算例 2,进口边界下游输沙率沿程增加,而算例 3 和算例 4 则表现出沿程减小的趋势。同时,可以很明显地看到,对于算例 1 和算例 4,在试验的观测距离内输沙率没有达到稳定状态,而算例 2 和算例 3 则在 100 倍左右相对水深距离后基本达到稳定状态。Claudin 等[40]、Dorrell 和 Hogg[41]对这四个算例的恢复饱和距离进行了理论分析计算,本书采用他们的计算方法,换算为 Δ<1% 的误差限,得到相应的恢复饱和距离。同时,采用本书中的计算方法,取误差限 Δ<1%,也对相应的恢复饱和距离进行了定量计算。具体数值如表 2-6 所示。总体上而言,本书计算结果与以往理论分析结果在量级上基本一致,但仍存有不可避免的定量上的差异(本书中的计算采用完整耦合数学模型,考虑了水、沙、河床之间的相互作用)。特别地,可以看到,对于算例 1 和算例 4,不同方法得到的恢复饱和距离都大于试验最远观测距离,而算例 2 和算例 3 的恢复饱和距离则在最远观测距离之内。这也进一步证实了图 2-18 的计算结果,算例 1 和算例 4 在试验观测距离内还没有达到平衡状态,而算例 2 和算例 3 在试验观测距离内已经达到平衡状态。

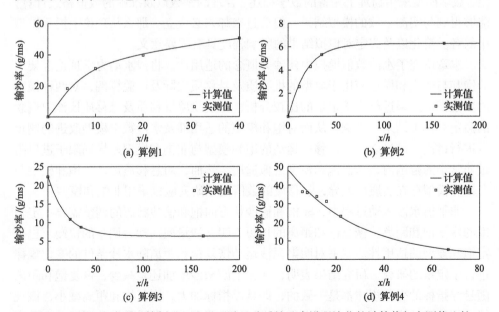

图 2-18　表 2-5 中所示算例进口边界下游悬移质输沙率沿程演化的计算值与实测值比较

表 2-6 表 2-5 中所示算例试验采用本书以及以往研究计算方法得到的
恢复饱和距离与无量纲化最远观测距离比较

算例	无量纲化最远观测距离（x/h）	恢复饱和距离		
		本书	文献[40]	文献[41]
1	40	90.63	142.88	104.06
2	163	74.14	95.09	63.23
3	163	91.73	113.30	88.33
4	67	252.38	93.27	188.61

2.4 结论与讨论

一般而言，冲积河流泥沙运动形式可以根据水沙运动特征分为推移质运动和悬移质运动。到目前为止，已经发展了大量的水沙数学模型应用于理论研究或是实际工程项目。然而，这些模型都存在一定程度的简化或是某些方面的假定，使得特定模型并不能普遍适用于各种情形的水沙问题。大量的水沙数学模型在丰富用户模型选择的同时，也给用户带来了选择的不便，阐明各类水沙数学模型的适用性和适应条件显得尤为重要。针对地球科学的数值模拟研究，Oreskes 等[44]曾指出，数学模型采用物理上完备的数学描述、合理的参数以及准确的数值格式计算，能够得到与实测一致的模拟结果，但反过来却未必成立。那么从理论上揭示模型中的各类简化以及假定对模拟结果的影响程度具有重要意义。

本章研究了水沙数值模拟中挟沙力概念的适用性。将浅水动力学理论框架下的饱和与非饱和模型应用于典型的推移质及悬移质实际及试验算例，对两种模型的数值模拟结果进行直接定量的比较分析，分别检验推移质及悬移质挟沙力概念的假定对模拟结果的影响，从而对饱和模型的适用性及水沙数学模型改进的侧重点进行讨论。结果表明，推移质运动的饱和模型与非饱和模型差异局限于进口附近非常小的范围内，从而饱和模型近似适用。然而，对悬移质运动，饱和模型与非饱和模型存在实质性差异，悬移质的数值模拟研究应该采用非饱和模型。

非平衡水沙运动过程中，非饱和输沙状态向饱和输沙状态的调整需要一定长度的恢复饱和距离，恢复饱和距离的长短表明含沙量向挟沙力调整的快慢，也决定饱和模型的适用性。本书对明渠泥沙运动恢复饱和距离随水沙条件的变化规律进行了定量的研究。研究结果表明，无论上游来沙增加还是减少，恢复饱和距离随悬浮指标的变化规律都是一致的，即悬浮指标加大，恢复饱和距离减小，该规律与泥沙运动模式无关，即所揭示的规律普遍适用于悬移质和推移质运动。而定量而言，推移质恢复饱和距离只是水深的几十倍，而悬移质恢复饱和距离则可能高达数百倍水深甚至更长。研究结果进一步证实了推移质向饱和输沙状态调整很快，饱和模型能够近似适用；而悬移质恢复饱和过程相对较长，应该采用非饱和模型。

当然，本章中研究暂时只针对均匀沙，而对于非均匀沙，由于不同颗粒组分之间的相互作用对水沙运动过程的影响，其恢复饱和机制将表现出不同的特点[45-49]，这一方面的研究还有待于进一步的扩展。

参 考 文 献

[1] 张瑞瑾. 河流动力学[M]. 北京: 中国工业出版社, 1961.

[2] 窦国仁. 泥沙运动理论[R]. 南京: 南京水利科学研究所, 1963.

[3] 钱宁, 万兆惠. 泥沙运动力学[M]. 北京: 科学出版社, 1983.

[4] 沙玉清. 泥沙运动学引论[M]. 北京: 中国工业出版社, 1996.

[5] Cao Z, Li Y, Yue Z. Multiple time scales of alluvial rivers carrying suspended sediment and their implications for mathematical modelling[J]. Advances in Water Resources, 2007, 30(4): 715-729.

[6] Cao Z, Hu P, Pender G. Multiple time scales of fluvial processes with bed load sediment and implications for mathematical modeling[J]. Journal of Hydraulic Engineering, 2011, 137(3): 267-276.

[7] Greimann B, Lai Y, Huang J C. Two-dimensional total sediment load model equations[J]. Journal of Hydraulic Engineering, 2008, 134(8): 1142-1146.

[8] Wu W M, Altinakar M, Wang S S Y. Depth-average analysis of hysteresis between flow and sediment transport under unsteady conditions[J]. International Journal of Sediment Research, 2006, 21(2): 101-112.

[9] Richardson J F, Zaki W N. Sedimentation and fluidisation: Part I [J]. Chemical Engineering Research and Design, 1997, 75(Supplement): S82-S100.

[10] Meyer-Peter E, Muller R. Formulas for bed load transport[C]. Paper No. 2, Proceedings of Second Meeting International Association for Hydraulic Research, Delft, 1948: 39-64.

[11] Guo J. Logarithmic matching and its application in computational hydraulics and sediment transport[J]. Journal of Hydraulic Research, 2002, 40(5): 555-565.

[12] Guo J, Julien P Y. Efficient algorithm for computing Einstein integrals[J]. Journal of Hydraulic Engineering, 2004, 130(12): 1198-1201.

[13] Toro E F. Shock-Capturing Methods for Free-Surface Shallow Flows[M]. Chichester: Wiley, 2001.

[14] Laronne J B, Reid I. Very high rates of bed load sediment transport by ephemeral desert rivers[J]. Nature, 1993, 366(6451): 148-150.

[15] Galappatti G, Vreugdenhil C B. A depth-integrated model for suspended sediment transport[J]. Journal of Hydraulic Research, 1985, 23(4): 359-377.

[16] Van Rijn L C. Mathematical modeling of suspended sediment in nonuniform flows[J]. Journal Hydraulic Engineering, 1986, 112(6): 433-455.

[17] Reid I, Laronne J B. Bed load sediment transport in an ephemeral stream and a comparison with seasonal and perennial counterparts[J]. Water Resources Research, 1995, 31(3): 773-781.

[18] Reid I, Laronne J B, Powell D M. The Nahal Yatir bed load database: Sediment dynamics in a gravel-bed ephemeral stream[J]. Earth Surface Processes and Landforms, 1995, 20(9): 845-857.

[19] Reid I, Laronne J B, Powell D M. Flash-flood and bed load dynamics of desert gravel-bed streams[J]. Hydrological Processes, 1998, 12(4): 543-557.

[20] Reid I, Powell D M, Laronne J B. Prediction of bed-load transport by desert flash floods[J]. Journal of Hydraulic Engineering, 1996, 122(3): 170-173.

[21] Cunge J A, Holly F M Jr, Verwey A. Practical Aspects of Computational River Hydraulics[M]. London: Pitman Advanced Publication Program, 1980.

[22] Wong M, Parker G. One-dimensional modeling of bed evolution in a gravel bed river subject to a cycled flood hydrograph[J]. Journal of Geophysical Research, 2006, 111: F03018.

[23] Guo Q C, Jin Y C. Modeling nonuniform suspended sediment transport in alluvial rivers[J]. Journal of Hydraulic Engineering, 2002, 128(9): 839-847.

[24] 麦乔威, 赵业安, 潘贤弟. 多沙河流拦洪水库下游河床演变计算方法[J]. 人民黄河, 1965, 3: 11.

[25] Correia L, Krishnappan B, Graf W. Fully coupled unsteady mobile boundary flow model[J]. Journal of Hydraulic Engineering, 1992, 118(3): 476-494.

[26] Chang H H. Generalized computer program: Users' manual for FLUVIAL-12: Mathematical model for erodible channels, Users Manual[Z]. San Diego: San Diego State University, 1998.

[27] Yang C T, Simões F J M. User's manual for GSTARS 3.0 (Generalized Sediment Transport model for Alluvial River Simulation version 3.0)[Z]. Denver: U.S. Bureau of Reclamation, Technical Service Center, 2002.

[28] U.S. Army Corps of Engineers. HEC-6 Scour and Deposition in Rivers and Reservoirs User's Manual, version 4.1[Z]. California: Hydrologic Engineering Center, 1998.

[29] Halcrow Group Ltd., HR Wallingford. ISIS Sediment User Manual[Z]. Wilts: Swindon, 1999.

[30] Doyle M W, Harbor J M. A scaling approximation of equilibrium timescales for sand-bed and gravel-bed rivers responding to base-level lowering[J]. Geomorphology, 2003, 54(3-4): 217-223.

[31] Simon A. Energy, time, and channel evolution in catastrophically disturbed fluvial systems[J]. Geomorphology, 1992, 5(3-5): 345-372.

[32] Simon A, Thorne C R. Channel adjustment of an unstable coarse-grained stream: Opposing trends of boundary and critical shear stress, and the applicability of extremal hypotheses[J]. Earth Surface Processes and Landforms, 1996, 21(2): 155-180.

[33] 谢鉴衡. 河流模拟[M]. 北京: 水利电力出版社, 1990.

[34] Buckingham E. On physically similar systems; illustrations of the use of dimensional equations[J]. Physical Review, 1914, 4(4): 345-376.

[35] Prandle D. Tidal characteristics of suspended sediment concentrations[J]. Journal of Hydraulic Engineering, 1997, 123(4): 341-350.

[36] Pritchard D. Rate of deposition of fine sediment from suspension[J]. Journal of Hydraulic Engineering, 2000, 132(5): 533-536.

[37] Van Rijn L C. Applications of sediment pick-up function[J]. Journal of Hydraulic Engineering, 1986, 112(9): 867-874.

[38] Van Rijn L C. Principles of Sediment Transport in Rivers, Estuaries and Coastal Seas[M]. Amsterdam: Aqua Publications, 1993.

[39] Celik I, Rodi W. Modeling suspended sediment transport in nonequilibrium situations[J]. Journal of Hydraulic Engineering, 1988, 114(10): 1157-1191.

[40] Claudin P, Charru F, Andreotti B. Transport relaxation time and length scales in turbulent suspensions[J]. Journal of Fluid Mechanics, 2011, 671(1): 491-506.

[41] Dorrell R M, Hogg A J. Length and time scales of response of sediment suspensions to changing flow conditions[J]. Journal of Hydraulic Engineering, 2011, 138(5): 430-439.

[42] Jobson H E, Sayre W W. Vertical transfer in open channel flow[J]. Journal of the Hydraulics Division, 1970, 96(3): 703-724.

[43] Ashida K, Okabe T. On the calculation method of the concentration of suspended sediment under non-equilibrium condition[J]. Proceedings of the Japanese Conference on Hydraulics, 1982, 26: 153-158.

[44] Oreskes N, Shrader-Frechette K, Belitz K. 1994. Verification, validation and confirmation of numerical models in the earth sciences[J]. Science, 263(5147): 641-646.

[45] 乐培九. 关于非均匀沙悬移质不平衡输沙问题[J]. 水道港口, 1996, 4: 1-8.

[46] 韩其为, 何明民. 恢复饱和系数初步研究[J]. 泥沙研究, 1997, 7(3): 32-40.

[47] 韩其为, 何明民. 论非均匀悬移质二维不平衡输沙方程及其边界条件[J]. 水利学报, 1997, 1: 1-10.

[48] 刘金梅, 王士强, 王光谦. 冲积河流长距离冲刷不平衡输沙过程初步研究[J]. 水利学报, 2002, 2: 47-53.

[49] 韩其为. 非均匀沙不平衡输沙的理论研究[J]. 水利水电技术, 2007(1): 23-32.

第3章 坝下水沙输移规律模型试验研究

3.1 模型系统与试验设计

3.1.1 试验测控系统

研究人员在水利部江湖治理与防洪重点实验室九万方模型试验大厅设计制作了概化模型试验水槽。试验系统包括试验水槽、水力要素(流量、水位、流速)测量系统、输沙率测量系统、级配分析系统、进口流量控制与测量系统等。

1. 试验水槽

水槽长40m、宽2.4m、高1.5m，试验铺沙段长12m，可铺沙厚度0.2m，在铺沙段上游是20m长的定床段，以保证来流的充分发展和稳定。在铺沙段末端，用L形挡板收束泥沙，防止河床的局部冲刷，紧接着L形挡板的是1m长的推移质集沙器。水槽结构形式为翘板式钢架镶玻璃侧壁。水流循环运行是由泵房从地下供水库中抽水到平水塔，由平水塔经管道下泄稳定流至水槽，再由水槽出水口及回水槽将水流送回地下供水库(图3-1)。

图 3-1 试验水槽照片

2. 水力要素测量系统

水槽铺沙段沿程布置4台自动水位仪以测量水位变化过程，距铺沙段进口断面分别为0m、4m、8m、12m，水位仪采用武汉大学水利水电学院研发生产的LH-1

自动水位仪(图 3-2)。试验过程中,在距铺沙段进口断面分别为 2m 和 6m 的断面布置两台由武汉大学水利水电学院研发生产的 ABF2-3 型自动地形仪,获取两个断面的实时地形变化数据,同时,在试验结束后通过移动地形仪的位置得到整个铺沙段冲刷后的最终三维地形。

图 3-2　LH-1 型自动水位仪

LH-1 型自动水位仪由武汉大学水利水电学院水沙科学教育部重点实验室设计研发生产,是能够用于各类物理模型、水槽水位测量的机电一体化智能仪器,主板集成了两个微核嵌入式网络(MKELAN)接口及软件。

ABF2-3 型自动地形仪由武汉大学水利水电学院水沙科学教育部重点实验室设计研发生产(图 3-3),能够用于河工模型的床面、沙面和水面等的高程测量,还可进行单垂线、多垂线和多段面的测量。地形测量时,仪器根据空气、水、沙、洲面(无水沙面或硬床面)电阻率的不同判别介质界面,由直线光栅尺测量高程值。

图 3-3　ABF2-3 型自动地形仪

3. 输沙率测量系统

试验过程中的输沙量观测采用长江科学院河流研究所研发的集沙装置①。该集沙装置可以实现在不中断水沙试验的条件下，对输移到集沙器断面的泥沙进行实时收集(图 3-4)。试验过程中将分时段收集好的湿泥沙做好相应的标记，最大限度排水后，放置于室外暴晒。均匀沙在晒干后可直接称量，得到输沙率数据，而非均匀沙则在晒干后再进行筛分称重，处理后得到各组分泥沙的分组输沙率及推移质级配实时变化数据。

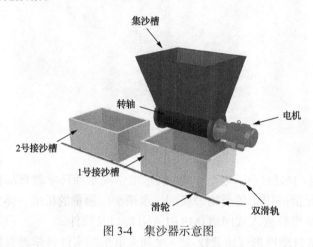

图 3-4　集沙器示意图

4. 级配分析系统

落入集沙器中的推移质级配通过晒干后筛分称重的方法得到。而对于表层床沙级配，采用的是基于颜色识别的节点计数法[1]。基于颜色识别的节点计数法就是在床沙不同粒径组分为不同颜色的条件下，通过统计网格节点落在不同颜色粒径组分上的数量，得到表层床沙级配分布。试验过程中，对固定区域的床沙表面进行影像采集，再通过 MATLAB 编程在计算机中对影像材料布置网格进行分析。通过统计网格节点落在不同的粒径组分上的数量，得到表层床沙级配分布实时变化数据。试验结束后再对整个铺沙段床沙表面进行影像采集，得到最终表层床沙级配数据(图 3-5)。

通过统计网格节点落在不同的粒径组分上的数量，得到表层床沙级配分布。Kellerhals 和 Bray[2]通过理论模型证实，理想情况下，这种节点计数法得到的级配分布结果与体积称重法得到的结果是相等的。Wilcock 和 McArdell[1]对这种方法进行了验证，提出这种方法的保守误差范围为±30%，而实际误差将远小于保守误差。

---

① 李志晶, 李大志, 黄建成, 等. 一种不对水沙试验过程产生扰动的集沙装置[P]. 中国: 2014206828374.

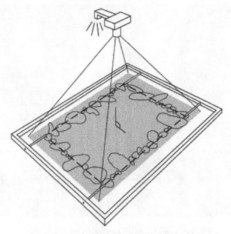

图 3-5　摄像设备采集数字图像示意图

具体操作过程如下。

(1) 采用数码相机对床沙表面拍照，然后在 Photoshop 中进行扭曲处理，使图片中的颗粒不产生拉伸或挤压，之后截取需要分析的床沙表面范围。试验中的表层级配分析丢除了靠近水槽两边 0.1m 宽范围的床沙表面，以排除水槽壁面作用对级配分布的影响 (图 3-6)。

(a) 拍摄得到的原始照片

(b) 处理后得到的需要分析的区域

图 3-6　床沙表面图像

(2) 针对得到的需要分析的照片区域，确定不同粒径组分的颜色阈值。由于拍摄条件不可能完全一致，所以每个图片的颜色阈值不会完全相同，但每个粒径组分的颜色有其 RGB(red green blue) 的最大最小值。本书试验中采用的是迷你取色器 V2.0(图 3-7)。

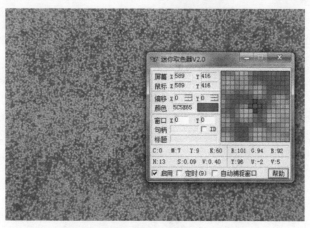

图 3-7　确定不同粒径组分颜色阈值

(3)将图片以及不同粒径组分颜色阈值输入编写好的图像识别程序，通过颜色差异界定不同粒径组分占据的计数比例，从而得到表层床沙的级配组成。

这种基于颜色识别的节点计数法可以通过拍照的手段分析试验过程中床沙表面的级配变化，同时，比以往的体积称重法更为方便快捷。本书对通过两种方法得到的级配组成也进行了比较。在试验开始前对充分混合均匀后的床沙表面拍照，得到的级配组成与实际的混合比差异较小。在试验结束后，对表面床沙级配进行拍照分析。同时，将相同区域刮取一层大概为床面最大颗粒粒径厚度的沙样，将其烘干、称重、筛分，得到体积称重法的级配组成。两种方法得到的结果也基本相同。

5. 进口流量控制与测量系统

试验过程中进口流量控制与测量采用由北京尚水信息技术股份有限公司研发的非恒定来流流量控制与测量系统(DCMS)(图 3-8)。系统通过闭环控制方式调节流量，各硬件设备由软件同步控制，以达到精确控制流量的目的。流量控制时，上位机的软件程序根据设计的流量过程发送初始流量的控制指令到综合控制箱，通过综合控制箱转换为控制信号后发送到变频器，通过变频器调节水泵的转速来控制水泵的出流，使管道中产生了一定的流量，此时电磁流量计测量管道的流量并反馈给综合控制箱，进行信号转换后发送到上位机，上位机软件根据当前流量与目标流量的差值，发出下一步的控制指令调节水泵，如此反复，通过多次闭环调节使管道中的流量达到目标流量。

3.1.2　试验设计

1)水槽布置

试验铺沙段长 12m，铺设坡度为 3∶1000。试验设定为推移质运动，在铺沙段

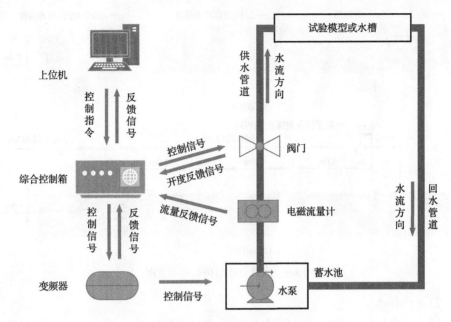

图 3-8　非恒定来流流量控制与测量系统结构图

上游紧接着铺沙段的是 20m 长的定床段，以保证来流的充分发展和稳定。在铺沙段末端，用 L 形挡板收束泥沙，防止河床的局部冲刷。紧接着 L 形挡板的是 1m 长的推移质集沙器。水槽末端接百叶式闸门(shutter gate)，作用为控制下泄流量和使试验开始前密闭水槽方便加水。

　　水槽试验段共布置了 4 台 LH-1 型自动水位仪，距离铺沙段与定床段相接断面分别为 0m、4m、8m、12m(图 3-9)。自动水位仪测针尖点位于横断面中点，试验过程中采用点测方式测量，消除了水面张力的影响。同时，试验过程中采用 2 台 ABF2-3 型自动地形仪对铺沙段全程三维地形进行实时测量，距铺沙段与定床段相接断面分别为 2m 和 6m。具体布置图 3-9 所示。

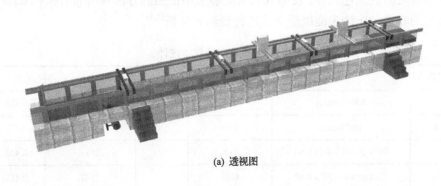

(a) 透视图

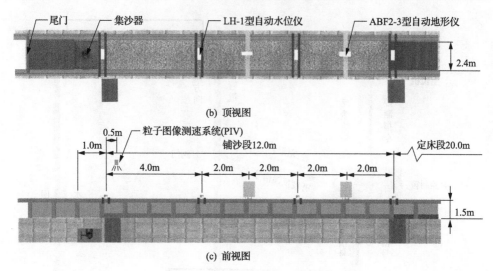

(b) 顶视图

(c) 前视图

图 3-9　水槽总体结构布置示意图

2) 泥沙样本

试验准备了筛分之后的均匀粗沙(gravel)和均匀细沙(sand)。gravel 的材质为人造瓷球，密度为 2390kg/m³，孔隙率为 0.426，外观形态基本为圆形，表面比较光滑，粒径范围在 2.0～4.0mm，中值粒径为 3.10mm。sand 的材质为天然沙，密度为 2650kg/m³，孔隙率为 0.412，粒径范围在 0.1～2.0mm，中值粒径为 0.67mm。均匀的 gravel 和 sand 按不同的体积比组合成了四种不同的床沙样本(样本 A、B、C、D)如表 3-1 所示。样本 A 完全由均匀 gravel 组成(100% gravel)，样本 B 完全由均匀 sand 组成(100% sand)，样本 C 由均匀 gravel 和均匀 sand 按质量比 1∶1 混合而成(体积含量：53% gravel，47% sand)，样本 D 由均匀 gravel 和均匀 sand 按质量比 1∶4 混合而成(体积含量：22% gravel，78% sand)(表 3-1)。四种床沙的级配曲线如图 3-10 所示。特别地，试验准备的 gravel 为白色，而 sand 为黄色，两种沙样之间的颜色差异，使研究人员能够采用拍照的方法对由 gravel 和 sand 混合而成的非均匀床沙表面级配变化进行观测和分析[3,4]。

表 3-1　试验床沙样本统计

床沙样本	沙样	中值粒径/mm	颜色	密度/(kg/m³)	孔隙率
A	100% gravel	3.10	白	2390	0.426
B	100% sand	0.67	黄	2650	0.412
C	53% gravel，47% sand	2.00	—	2513	0.420
D	22% gravel，78% sand	0.80	—	2593	0.415

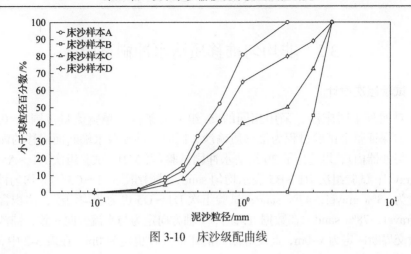

图 3-10　床沙级配曲线

3) 输沙率观测

试验过程中输移的泥沙全部落入集沙器内，每 20min 对集沙器内泥沙进行一次实时收集，处理之后得到试验实时平均输沙率。在具体操作过程中，由于输沙总量较大，考虑到经济、安全等综合因素，放弃烘干的方法；将分时段收集好的湿泥沙做好相应的标记，最大限度排水后，放置于室外暴晒。均匀沙在晒干后可直接称量，而非均匀沙则在晒干后再进行筛分称重，分别得到 gravel 和 sand 的分组输沙率。

4) 表层床沙级配观测

固定区域的表层床沙级配组成观测：试验过程中对 2.4m＜x＜3.6m 的区域通过拍照的方式(基于颜色识别的节点计数法)观测表面床沙级配组成变化。每隔 1h 观测一次。试验开始前与结束后的全铺沙段表层床沙级配观测：对铺沙段全程进行拍照(10 张连续的照片进行拼接)，由基于颜色识别的节点计数法得到试验开始前与结束后的床沙级配组成。对于部分组次，还刮取床沙表层大概为床面最大颗粒粒径厚度的沙样，处理后得到体积称重法的级配组成。

5) 试验过程

每组试验开始前，先将床沙光滑地平铺到预设坡度(3∶1000)。接着关闭尾门，从水槽末端进行壅水，等到水槽内沿程的床沙都浸泡在水中且有一个小的水深后(防止直接上游来流时床沙受到水流前锋的冲刷)，自动水位仪进行初始化，自动地形仪测量初始地形，作为地形资料处理的参照值。然后控制上游来流为恒定的小流量(此时无床沙起动)，打开尾门，并用自动水位仪观测沿程水位，当水位不再变化时，即认为在此小流量条件下，水流已经达到恒定，以此作为试验的初始条件。迅速增加流量到预设值并稳定，当铺沙段与定床段交界断面水位开始增加时，认为试验开始。

3.2　非均匀推移质清水冲刷试验

3.2.1　试验组次设计

　　针对四种不同床沙，采用相同的 5 组来流条件。单宽流量范围在 0.01～0.03m²/s（保证整个试验过程为推移质输沙，同时，铺沙段末端断面输移的泥沙全部落入集沙器内），共进行了 20 组清水冲刷试验（表 3-2）。试验组次 A1～A5 代表均匀 gravel；试验组次 B1～B5 表示均匀 sand；试验组次 C1～C5 为非均匀沙，体积含量为 53% gravel，47% sand；试验组次 D1～D5 也为非均匀沙，体积含量为 22% gravel，78% sand。在数据处理时，x 轴方向定为与水流方向一致，铺沙段与定床段交界断面定为 $x=0$m，此交界断面的床面高程也定为 0m。在表 3-2 中，q 为设计的单宽流量，h 为平均水深，q_{bi} 为 grave（q_{bg}）和 sand（q_{bs}）在整个试验过程内（7h）的平均单宽体积输沙率。

表 3-2　试验组次统计

试验组次	床沙样本	$q/(\text{m}^2/\text{s})$	h/m		$q_{bi}/(\text{m}^2/\text{s})$	
			$x=0$m	$x=12$m	q_{bg}	q_{bs}
A1	样本 A	0.010	0.025	0.026	1.04×10^{-8}	—
A2	样本 A	0.015	0.031	0.033	4.94×10^{-8}	—
A3	样本 A	0.020	0.037	0.040	3.75×10^{-7}	—
A4	样本 A	0.025	0.043	0.045	8.85×10^{-7}	—
A5	样本 A	0.030	0.048	0.050	1.34×10^{-6}	—
B1	样本 B	0.010	0.025	0.026	—	1.64×10^{-6}
B2	样本 B	0.015	0.031	0.033	—	1.80×10^{-6}
B3	样本 B	0.020	0.037	0.040	—	2.49×10^{-6}
B4	样本 B	0.025	0.043	0.045	—	3.13×10^{-6}
B5	样本 B	0.030	0.048	0.050	—	4.47×10^{-6}
C1	样本 C	0.010	0.025	0.026	1.03×10^{-7}	1.08×10^{-7}
C2	样本 C	0.015	0.031	0.033	3.14×10^{-7}	3.31×10^{-7}
C3	样本 C	0.020	0.037	0.040	7.32×10^{-7}	7.29×10^{-7}
C4	样本 C	0.025	0.043	0.045	9.41×10^{-7}	1.04×10^{-6}
C5	样本 C	0.030	0.048	0.050	1.52×10^{-6}	1.65×10^{-6}
D1	样本 D	0.010	0.025	0.026	2.00×10^{-7}	6.80×10^{-7}
D2	样本 D	0.015	0.031	0.033	2.79×10^{-7}	1.02×10^{-6}
D3	样本 D	0.020	0.037	0.040	3.97×10^{-7}	1.52×10^{-6}
D4	样本 D	0.025	0.043	0.045	5.95×10^{-7}	2.18×10^{-6}
D5	样本 D	0.030	0.048	0.050	8.04×10^{-7}	3.24×10^{-6}

3.2.2　与以往试验研究对比

Wilcock 和 Kenworthy[4]结合 Wilcock 等[5]的试验数据以及其他一些实地观测资料，建立了非均匀沙运动的输沙率计算公式：

$$W_i^* = \begin{cases} 0.002\phi^{7.5}, & \phi < 1.19 \\ 70\left(1 - \dfrac{0.908}{\phi^{0.25}}\right)^{4.5}, & \phi \geqslant 1.19 \end{cases} \tag{3-1}$$

式中，$W_i^* = [(s-1)gq_{bi}]/[F_i u_*^3]$ 为无量纲化的输沙率，s 为泥沙与水的密度之比，g 为重力加速度，下标 i=s 代表 sand，i=g 表示 gravel，F_i 为河床表面的 sand(F_s) 或 gravel(F_g) 含量，$u_* = \sqrt{\tau/\rho_w}$ 为床面剪切流速，ρ_w 为水的密度，τ 为床面剪切应力；$\phi = \tau/\tau_{ri}$，τ_{ri} 为 sand(τ_{rs}) 或 gravel(τ_{rg}) 的参考剪切应力。参考剪切应力 τ_{ri} 的定义为当 W_i^* 为一个较小的参考值时（$W_i^* = 0.002$）所对应的 τ [6]。

图 3-11 所示为 Wilcock 和 Kenworthy[4]输沙率公式、Wilcock 等[5]中分析的输沙率资料以及本书试验中的输沙率数据。由于没有足够小的输沙率（$W_i^* = 0.002$），本书试验中各组次所对应的参考剪切应力采用外插的方式确定。对于 C1～C5，τ_{rg}=0.35Pa，τ_{rs}=0.25Pa；对于 D1～D5，τ_{rg}=0.32Pa，τ_{rs}=0.2Pa。从图中可以很明显地看到，本书试验中的输沙率数据与 Wilcock 和 Kenworthy[4]输沙率公式吻合得较好，输沙率相对于 Wilcock 等[5]的试验较大。值得指出的是，本书试验组次所对应的参考剪切应力要小于 Wilcock 等[5]的试验组次所对应的参考剪切应力

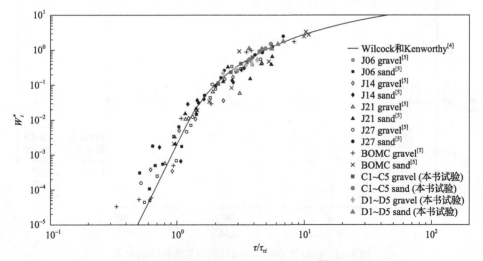

图 3-11　本书试验组次输沙率数据与 Wilcock 等[5]中试验数据比较

值。这是由于本书试验中所用的 gravel 密度相对较小，外形为圆形同时表面较
光滑，所以相对而言更容易起动。而且，本书中的试验组次床沙中的 sand 的体
积含量相对较大（C1～C5 中为 47%，D1～D5 中为 78%，而在 Wilcock 等[5]中为
6.2%～34.3%）。

　　Parker 等[7]、Parker 和 Kilingeman[6]提出了表征隐蔽效应的指数关系式，对于
相对的参考剪切应力，可以表示为如下形式：

$$\frac{\tau_{\mathrm{rg}}}{\tau_{\mathrm{rs}}} = \left(\frac{d_{\mathrm{g}}}{d_{\mathrm{s}}}\right)^{1-\gamma} \tag{3-2}$$

式中，$\gamma = 0$ 表示起动只与粒径相关，无隐蔽效应；$\gamma = 1$ 表示受到隐蔽效应的影响，
不同粒径组分有相等的起动条件。一般而言，对于非均匀沙运动，$0.6 < \gamma < 1$[8]。

　　图 3-12 表示的是本书试验组次 C1～C5 和 D1～D5 以及 Wilcock 等[5]试验组
次中 gravel 与 sand 的相对参考剪切应力与相对粒径大小之间的关系。d_{g} 和 d_{s} 分别
为 gravel 和 sand 的平均粒径。从图中可以看到，对于本书中的试验组次，γ 的范
围在 0.6～0.9，对于 Wilcock 等[5]中的试验组次，γ 在 0.9～1.0 的范围，都接近于
相等的起动条件。Parker 和 Kilingeman[6]和 Parker 和 Toro-Escobar[9]提出河床表
面必然会粗化来达到 gravel 与 sand 的等量输移。从本书的试验结果可以看到（图
3-13），床沙表面发生了明显的粗化，试验结束后的表层床沙 gravel 含量 F_{g} 相对于
初始河床有明显的增加，试验结束后的表层床沙平均粒径 d_{50} 也明显地增大了。从
图 3-13 中我们还可以看到，F_{g} 与 d_{50} 的变化随着流量的变化并不明显，而

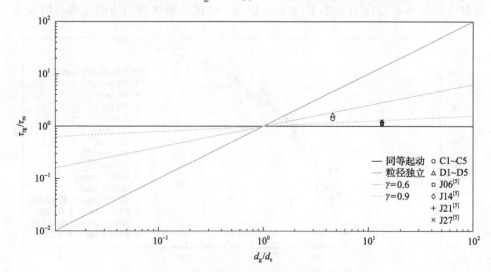

图 3-12　相对参考剪切应力与相对平均粒径的关系

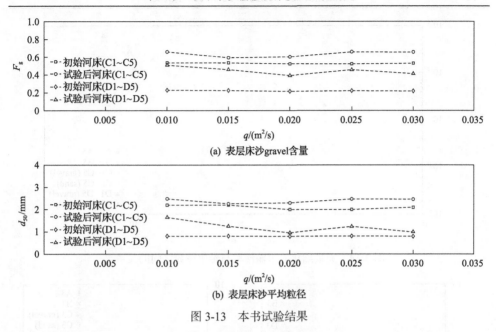

(a) 表层床沙gravel含量

(b) 表层床沙平均粒径

图 3-13　本书试验结果

是随着床沙中 gravel/sand（即沙样中两组分的体积含量）的不同差异较大。这与 Wilcock 等[5]的结论一致，这也表明，对于水沙循环的试验与清水冲刷的试验（本书试验），河床表面的粗化程度随着水流强度或是输沙强度的变化并不明显。

3.2.3　促进与抑制因子

图 3-14 表示的是除以床沙各组分初始含量后的无量纲化推移质输沙率（以下简称无量纲化分组输沙率）与希尔兹数 θ 之间的关系。其中无量纲化推移质输沙率 $\Phi = q_{bi} / \sqrt{(s-1)gd_i^3}$，$d_i$ 为 gravel(d_g) 或 sand(d_s) 的平均粒径，希尔兹数 $\theta = u_*^2 /(s-1)gd_i$，$f_i$ 为床沙中 sand(f_s) 和 gravel(f_g) 的初始含量。从图 3-14 可以很明显地看到，在相同的水力条件下（相等的希尔兹数），输沙率无量纲化分组有如下规律：对于 gravel，非均匀沙试验组次（C1～C5 和 D1～D5）中的无量纲化分组输沙率要大于均匀沙试验组次（A1～A5），而对于 sand，非均匀沙试验组次（C1～C5 和 D1～D5）中的无量纲化分组输沙率要小于均匀沙试验组次（B1～B5）；另外，对于非均匀沙试验组次而言，D1～D5 中的 gravel 和 sand 的无量纲化分组输沙率都要大于 C1～C5。

图 3-15(a) 中表示的是相同来流条件的 A3、B3、C3、D3 的总无量纲化推移质输沙率（gravel 加 sand）随时间的变化。其他相同流量组次的总无量纲化推移质输沙率变化在定性上也类似，故不再展示。从图 3-15(a) 中可以看到，C3、D3 的总无量纲化推移质输沙率在 A3、B3 之间，同时，随着初始床沙的 sand 含量的增加，

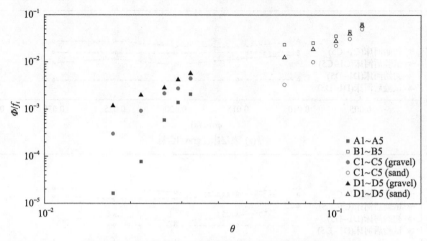

图 3-14　无量纲化分组输沙率与希尔兹数之间的关系

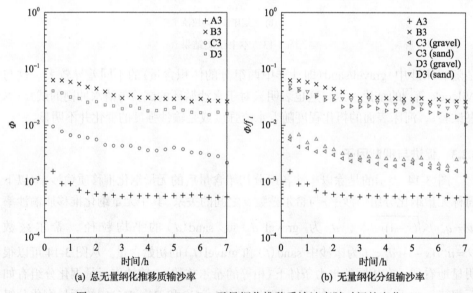

(a) 总无量纲化推移质输沙率　　　　　　(b) 无量纲化分组输沙率

图 3-15　A3、B3、C3、D3 无量纲化推移质输沙率随时间的变化

总无量纲化推移质输沙率有增加的趋势(A3＜C3＜D3＜B3)。图 3-15(b)描绘的是无量纲化分组输沙率(gravel 或 sand)随时间的变化。从图 3-15(b)中可以看到，gravel 的无量纲化分组输沙率随着初始床沙中 sand 含量的增加而增加(A3＜C3＜D3)，而 sand 的无量纲化分组输沙率则随着初始床沙中 gravel 含量的增加而减小(B3＞D3＞C3)。

从图 3-16 中也可以得到类似的结论。图 3-16 中表示的是 A3、B3、C3、D3 总的体积输沙率[图 3-16(a)]和除以初始床沙含量后的体积输沙率(以下简称体积分组输沙率)[图 3-16(b)]随时间的变化。从图中可以看到，总的体积输沙率随着

sand 含量的增加而增加（A3＜C3＜D3＜B3），同时，随着初始床沙 sand 含量的增加，gravel 的体积分组输沙率有增加的趋势（A3＜C3＜D3），而 sand 的体积分组输沙率随着初始床沙中 gravel 的增加而减小（B3＞D3＞C3）。另外，从图 3-16 中也可以看到，C3 和 D3 中的 gravel 和 sand 有着几近相等的体积分组输沙率，这样的试验数据也验证了 Parker 和 Kilingeman[6]中的"equal mobility"概念，gravel 和 sand 的体积分组输沙率几近相等，说明了推移质的级配组成与床沙的级配组成基本相等[10]。

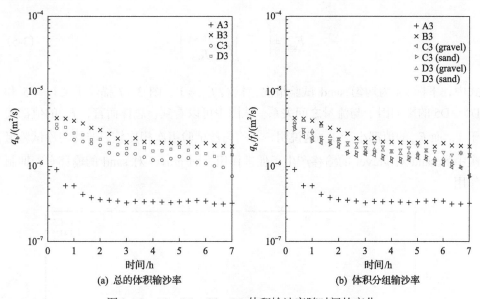

图 3-16　A3、B3、C3、D3 体积输沙率随时间的变化

从前面的分析可以得到，在相同的含量以及水流条件下，非均匀沙试验组次中 gravel 体积输沙率要大于均匀沙试验组次，这说明，sand 对 gravel 的输移有某种影响。本书中引入影响因子 F_{sg} 来表征 sand 对 gravel 输移的作用。从物理机制上讲，在相同的水力条件下，非均匀沙或是均匀沙试验组次中 gravel 的输沙率与初始床沙中 gravel 的含量成正比，同时，也受到影响因子 F_{sg} 的影响。因此，有

$$\frac{q_{bgj}}{q_{bgug}} = \frac{f_{gj}}{f_{gug}} F_{sgj} \tag{3-3}$$

由此，可以得到影响因子的表达式：

$$F_{sgj} = \left(\frac{q_{bgj}}{f_{gj}}\right) \Big/ \left(\frac{q_{bgug}}{f_{gug}}\right) \tag{3-4}$$

式中，下标 j 为初始河床中不同 gravel/sand 的非均匀沙试验组次；下标 ug 为均匀 gravel 试验组次。显然，对于均匀 gravel 的试验组次，初始床沙中 gravel 的含量 f_{gug} 为 1。

　　同样，从前面的分析也可以看出，对于 sand，在相同的含量以及水流条件下，均匀沙试验组次的体积输沙率要大于非均匀沙试验组次。这意味着非均匀沙试验组次中的 gravel 对 sand 的输移也产生了某种作用。类似地，引入影响因子 F_{gs} 来表征 gravel 对 sand 输移的影响：

$$F_{gsj} = \left(\frac{q_{bsj}}{f_{sj}} \right) \bigg/ \left(\frac{q_{bsus}}{f_{sus}} \right) \tag{3-5}$$

式中，下标 us 为均匀 sand 试验组次，显然 $f_{sus}=1$。图 3-17 描绘了 C1～C5 和 D1～D5 的影响因子与流量之间关系。从图中可以看到，总体而言，F_{sg} 的值都大于 1，而 F_{gs} 的值都小于 1。这说明，与均匀沙试验组次相比较，非均匀沙试验组次中的 sand 对 gravel 的输移产生了促进作用，而 gravel 对 sand 的输移有着抑制作用。

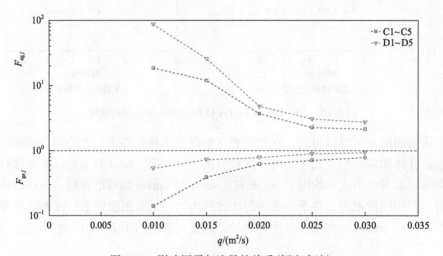

图 3-17　影响因子与流量的关系（恒定来流）

　　同时，从图 3-17 中还可以看到（图中 j 表示不同试验组次），随着流量的减小，F_{sg} 的值有增大的趋势，而 F_{gs} 的值有减小的趋势。这表示 sand 对 gravel 的促进作用以及 gravel 对 sand 的抑制作用随着流量的减小而增大，而且随着流量的减小，促进以及抑制作用的增大程度可以达到百倍数量级。另外，也注意到，对于 F_{sg} 的值，试验组次 C1～C5（47% sand）要小于试验组次 D1～D5（78% sand），这意味着促进作用随着 sand 含量的增加而增大；而对于 F_{gs} 的值，可以看到试验组次 C1～C5 (53% gravel) 要小于试验组次 D1～D5 (22% gravel)，这说明抑制作用有随着 gravel 含量的增加而增加的趋势。

3.2.4　相对影响因子

通过前面的介绍知道，Wilcock 等[5]的试验研究了 sand 对 gravel 输移的影响，他们发现随着 sand 含量的增加，gravel 的输沙率能够得到数量级的增加。这样的发现很清楚地表明非均匀推移质输移过程中存在着促进或抑制作用。然而由于 Wilcock 等[5]的试验没有包含均匀沙试验，所以无法像本书中的试验组次那样得到相应的促进或抑制作用因子。但是，通过分析不同的非均匀沙试验组次，可以得到影响因子的相对值的变化趋势。

对于促进因子，选取 sand 含量最少的试验组次 J06 (最接近均匀 gravel) 为参考组次，可以得到：

$$\frac{F_{sgj}}{F_{sgJ06}} = \left(\frac{q_{bgj}}{f_{gj}}\right) \bigg/ \left(\frac{q_{bgJ06}}{f_{gJ06}}\right) \tag{3-6}$$

同样地，对于抑制因子，选取 gravel 含量最少的试验组次 J27 (最接近均匀 sand) 为参考组次，则有

$$\frac{F_{gsj}}{F_{gsJ27}} = \left(\frac{q_{bsj}}{f_{sj}}\right) \bigg/ \left(\frac{q_{bsJ27}}{f_{sJ27}}\right) \tag{3-7}$$

值得指出的是，Wilcock 等[5]的试验中并没有来流条件完全相同的试验组次。当然，可以通过他们的观测数据进行插值。但为了尽量减小插值所带来的误差，先对输沙率数据进行拟合，然后特定流量所对应的输沙率数据就可以通过拟合公式计算出来。

图 3-18 和图 3-19 分别为 Wilcock 等[5]中不同试验组次 gravel 和 sand 的分组输沙率数据拟合结果，图中实线为拟合曲线，拟合曲线所对应的拟合公式的参数如表 3-3 和表 3-4 所示。

图 3-20 中描绘的是 Wilcock 等[5]中试验组次的相对影响因子与流量之间的关系。可以看到，对于相对促进因子 F_{sgj}/F_{sgJ06}，它的值始终是大于 1 的，这证明 J06 的促进因子小于其他试验组次，而且从图中还可以看到，相对促进因子 F_{sgj}/F_{sgJ06} 的值随着 sand 含量的增加有增大的趋势，这验证了促进因子随着 sand 含量的增加而增加 (J27＞J21＞J14＞J06)。虽然不能得到 Wilcock 等[5]中所对应的均匀 gravel 组次的促进因子 (即 J00)，但根据前面的分析可以得到对于促进因子，

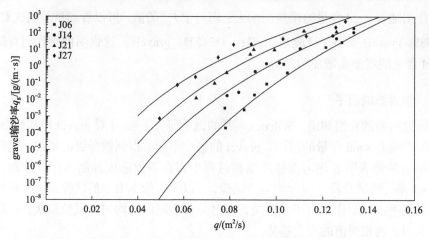

图 3-18　Wilcock 等[5]中 gravel 输沙率数据的拟合

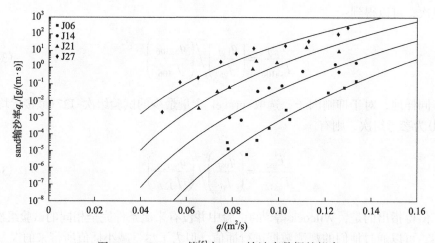

图 3-19　Wilcock 等[5]中 sand 输沙率数据的拟合

表 3-3　图 3-18 中拟合曲线所对应的拟合公式 ($q_g = a_1 q^{b_1}$) 的参数

参数	J06	J14	J21	J27
a_1	6×10^{21}	2×10^{17}	8×10^{15}	8×10^{13}
b_1	22.75	17.03	14.70	12.07

表 3-4　图 3-19 中拟合曲线所对应的拟合公式 ($q_s = a_2 q^{b_2}$) 的参数

参数	J06	J14	J21	J27
a_2	1×10^{15}	2×10^{13}	1×10^{13}	5×10^{11}
b_2	18.18	14.66	12.85	10.36

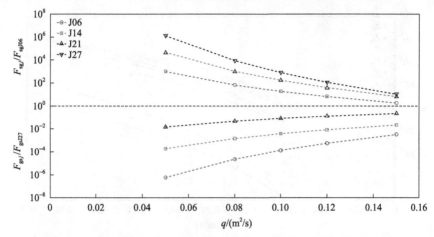

图 3-20　Wilcock 等[5]中试验组次的相对影响因子与流量之间的关系

J27＞J21＞J14＞J06＞J00（因为没有理由认为 J06～J00 促进因子的变化是非单调的）。而根据促进因子的定义，$F_{\text{sgJ00}}=1$，所以，J27、J21、J14、J06 所对应的促进因子必然大于 1。这也验证了 sand 对 gravel 的促进作用随着 sand 含量的增加而增大。同样地，从图中还可以得到，抑制作用随着 gravel 含量的增大而增大。另外，从图 3-20 中还可看出，随着流量的减小，$F_{\text{sg}j}/F_{\text{sgJ06}}$ 的值增加而 $F_{\text{gs}j}/F_{\text{gsJ27}}$ 的值减小，证实了促进和抑制作用都随着流量的减小而增大。

　　Kuhnle 等[10]通过一系列的水槽试验，研究了在不动的 gravel 河床上运动的 sand 与自身含量的关系。由于试验中 gravel 的粒径相对较大，在试验中没有输沙率，只可以由观测到的 sand 输沙率数据研究相应的抑制作用因子。同样，Kuhnle 等[10]的试验也没有均匀水沙试验组次，所以只能研究相对抑制因子的关系。对于 sand 的含量，Kuhnle 等[10]中并没有明确，而是用 sand 在床沙中的高度来表示（Z_{02}～Z_{98}），不同的下标值表示不同的高度，高度越大 sand 含量越多。因此，选取 gravel 含量最少的 Z_{98} 为参考试验组次（最接近均匀 sand），可以得到：

$$\frac{F_{\text{gs}j}}{F_{\text{gsZ98}}}=\left(\frac{q_{\text{bs}j}}{f_{\text{s}j}}\right)\bigg/\left(\frac{q_{\text{bsZ98}}}{f_{\text{sZ98}}}\right) \tag{3-8}$$

　　与 Wilcock 等[5]中输沙率数据的处理类似，先对 Kuhnle 等[10]中观测到的 sand 输沙率数据进行了拟合，如图 3-21 所示，特定流量对应的不同试验组次输沙率大小则可以由对应拟合公式计算，如表 3-5 所示。

　　图 3-22 表示的是 Kuhnle 等[10]中试验组次的相对抑制因子与流量之间的关系。通过与对图 3-20 类似的分析，可以清楚地发现，图 3-22 中的结果进一步证实了抑制作用随着 gravel 含量的增加而增加，同时，随着流量的减小而增大。

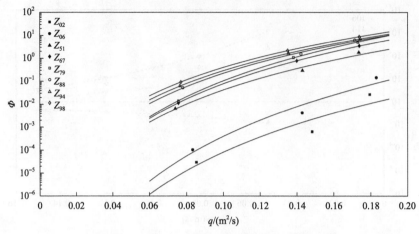

图 3-21　Kuhnle 等[10]中 sand 输沙率数据的拟合

表 3-5　图 3-21 中拟合曲线所对应的拟合公式 ($\Phi = a_3 q^{b_3}$) 的参数

参数	Z_{02}	Z_{06}	Z_{51}	Z_{67}	Z_{79}	Z_{88}	Z_{94}	Z_{98}
a_3	17287	262555	97310	554209	137690	21353	160928	157609
b_3	8.321	8.815	6.365	6.850	7.120	5.981	5.745	5.594

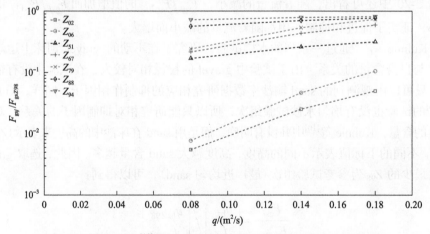

图 3-22　Kuhnle 等[10]中试验组次的相对抑制因子与流量之间的关系

3.2.5　河床粗化过程研究

从各试验组次结束后表层床沙 gravel 含量结果可以看到(图 3-23)，各非均匀沙试验组次床沙表面发生了明显的粗化，试验结束后的表层床沙 gravel 含量 F_g 相对于初始河床有明显的增加，试验结束后的表层床沙平均粒径 d_{50} 也明显地增大了。从图 3-23 中还可以看到，F_g 与 d_{50} 的变化随着流量的变化并不明显，而是随着床沙中 gravel/sand 的不同变化较大。这与 Wilcock 等[5]的结论一致，这也表明，对于水沙循环的试验与清水冲刷的试验(本次试验)，河床表面的粗化程度随着水流强度或是输沙强度的变化并不明显。

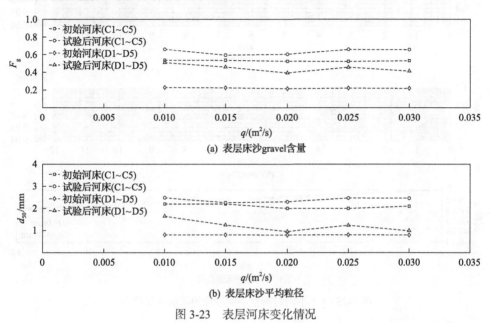

(a) 表层床沙gravel含量

(b) 表层床沙平均粒径

图 3-23　表层河床变化情况

以试验组次 C5 为例，图 3-24 表示的是初始河床与试验后河床表层 gravel 含量分布情况。从图中可以看到，试验结束后，整个试验铺沙段 gravel 的含量都增加了，河床发生了明显的粗化。从纵向上看，河床局部剧烈冲刷段[图 3-25 (c)，$x < 4$m]范围内河床粗化程度小于其他河床段。

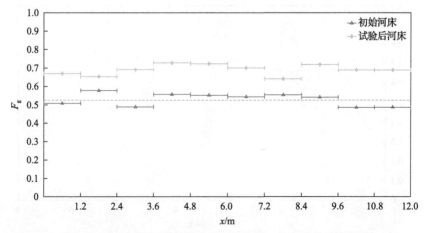

图 3-24　C5 初始河床与试验后河床表层 gravel 含量分布情况

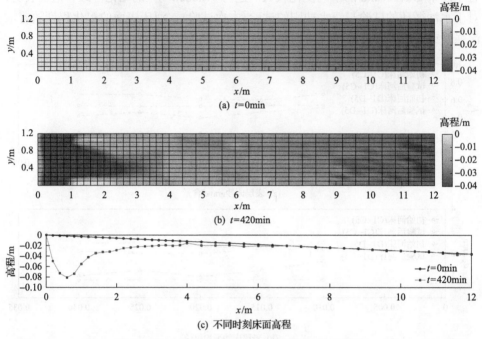

(a) $t=0\mathrm{min}$

(b) $t=420\mathrm{min}$

(c) 不同时刻床面高程

图 3-25　C5 不同时刻整个铺沙段的床面高程形态

图 3-26 表示的是 C5 在 2.4~3.6m 范围内表层床沙 gravel 含量随时间的变化情况(数据由不同时刻表层河床照片分析得来)。从图中可以看到,研究区域范围内的河床表层粗化程度随着时间有一个先持续增加再缓慢减小趋于平衡的趋势,这也与河床冲刷过程一致,同时应该与河床形态有一定关联,需要进一步的分析。

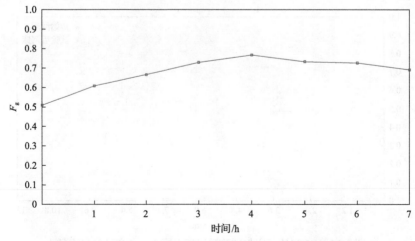

图 3-26　C5 在 2.4~3.6m 范围内表层床沙 gravel 含量随时间的变化

3.3　非恒定来流推移质清水冲刷试验

3.3.1　试验组次设计

　　针对四种不同床沙，采用二级恒定来流过程以及与之水体总量相等的非恒定来流过程进行清水冲刷试验。为使非恒定来流过程更为接近实际洪水涨落过程，更好地反映水流非恒定特性对推移质输移的影响，非恒定来流过程设计为正弦曲线。设计的两种恒定来流(S1、S2)和与之对应的水体总量相等的两种非恒定来流(U1、U2)过程如图 3-27 所示。非恒定来流过程保证试验过程中泥沙为推移质运动，且试验结束时有明显的河床变形，图中流量过程根据恒定均匀流水体总量确定。

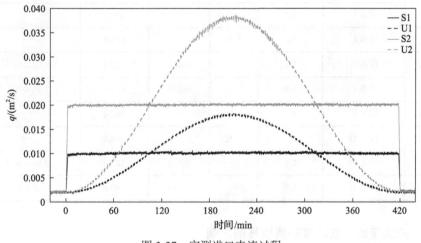

图 3-27　实测进口来流过程

　　试验组次设计如表 3-6 所示。试验组次命名时，第一个字母表征不同的沙样，第二个字母表征恒定(S)或者非恒定(U)来流条件，第三个数字表征不同的来流大小。表 3-6 中 q_{peak} 为非恒定来流的峰值流量，q 表示与非恒定来流水体总量相等的恒定来流流量，V_{total} 表示来流过程水体总量，Γ_{HG} 为表征水流非恒定性的非恒定因子[12]：

$$\Gamma_{HG} = \frac{1}{u_{*b}}\frac{\Delta H}{\Delta T} \tag{3-9}$$

式中，u_{*b} 为参考流量的摩阻流速；ΔH 为峰值流量与参考流量所对应的水深差；ΔT 为非恒定来流过程所经历的时间。

表 3-6　试验组次统计

组次	床沙样本	进口来流	$q/(\text{m}^2/\text{s})$	$q_{\text{peak}}/(\text{m}^2/\text{s})$	$V_{\text{total}}/\text{m}^3$	Γ_{HG}
AS1	样本 A	S1	0.01	—	302.4	—
AS2	样本 A	S2	0.02		604.8	
AU1	样本 A	U1	—	0.018	302.4	3.93×10^{-5}
AU2	样本 A	U2		0.038	604.8	7.36×10^{-5}
BS1	样本 B	S1	0.01	—	302.4	
BS2	样本 B	S2	0.02		604.8	
BU1	样本 B	U1	—	0.018	302.4	3.93×10^{-5}
BU2	样本 B	U2		0.038	604.8	7.36×10^{-5}
CS1	样本 C	S1	0.01	—	302.4	
CS2	样本 C	S2	0.02		604.8	
CU1	样本 C	U1	—	0.018	302.4	3.93×10^{-5}
CU2	样本 C	U2		0.038	604.8	7.36×10^{-5}
DS1	样本 D	S1	0.01	—	302.4	
DS2	样本 D	S2	0.02		604.8	
DU1	样本 D	U1	—	0.018	302.4	3.93×10^{-5}
DU2	样本 D	U2		0.038	604.8	7.36×10^{-5}

3.3.2　来流非恒定性对推移质输移的影响

表 3-7 中统计了所有试验组次的输沙情况。其中 $W_{\text{T}i}$、$W_{\text{R}i}$、$W_{\text{F}i}$ 分别为试验过程中总的、流量上升阶段和流量下降阶段 gravel 和 sand 的输沙量。根据表中的输沙情况统计，对比恒定来流和非恒定来流试验组次，可以看到，同样的水体总量，非恒定来流试验组次输沙强度(包括分组输沙强度)大于恒定来流试验组次；对于非恒定来流试验组次，涨水过程中的输沙强度(包括分组输沙强度)大于落水过程；对比均匀沙和非均匀沙试验组次中的粗沙和细沙的分组输沙强度，可以看到，排除床沙中自身含量的影响后，细沙的加入促进了粗沙的输移(非均匀沙试验组次中粗沙的相对输沙强度大于均匀粗沙试验组次，且细沙含量越多的非均匀沙试验组次，粗沙相对输沙强度越大)，粗沙的加入抑制了细沙的输移(非均匀沙试验组次中细沙的相对输沙强度小于均匀细沙试验组次，且粗沙含量越多的非均匀沙试验组次，细沙相对输沙强度越小)。

表 3-7　试验组次输沙统计

组次	W_{Ti}/kg		W_{Ri}/kg		W_{Fi}/kg		q_{bi}/(m²/s)		q_{bi}/f_i/(m²/s)	
	W_{Tg}	W_{Ts}	W_{Rg}	W_{Rs}	W_{Fg}	W_{Fs}	q_{bg}	q_{bs}	q_{bg}/f_g	q_{bs}/f_s
AS1	0.27	—	—	—	—	—	3.70×10^{-9}	—	3.70×10^{-9}	—
AS2	11.40	—	—	—	—	—	1.58×10^{-7}	—	1.58×10^{-7}	—
AU1	4.52	—	3.13	—	1.39	—	6.25×10^{-8}	—	6.25×10^{-8}	—
AU2	114.80	—	70.18	—	44.62	—	1.59×10^{-6}	—	1.59×10^{-6}	—
BS1	—	81.12	—	—	—	—	—	1.01×10^{-6}	—	1.01×10^{-6}
BS2	—	271.6	—	—	—	—	—	3.39×10^{-6}	—	3.39×10^{-6}
BU1	—	168.93	—	103.33	—	65.60	—	2.11×10^{-6}	—	2.11×10^{-6}
BU2	—	440.17	—	335.12	—	105.05	—	5.49×10^{-6}	—	5.49×10^{-6}
CS1	11.22	12.63	—	—	—	—	1.55×10^{-7}	1.58×10^{-7}	2.92×10^{-7}	3.36×10^{-7}
CS2	78.66	82.82	—	—	—	—	1.08×10^{-6}	1.03×10^{-6}	2.04×10^{-6}	2.19×10^{-6}
CU1	29.26	32.51	19.05	20.44	10.19	12.07	4.05×10^{-7}	4.06×10^{-7}	7.64×10^{-7}	8.64×10^{-7}
CU2	141.74	169.58	99.38	113.55	42.36	56.03	1.96×10^{-6}	2.12×10^{-6}	3.70×10^{-6}	4.51×10^{-6}
DS1	11.31	41.70	—	—	—	—	1.57×10^{-7}	5.20×10^{-7}	7.14×10^{-7}	6.67×10^{-7}
DS2	44.23	174.18	—	—	—	—	6.12×10^{-7}	2.17×10^{-6}	2.78×10^{-6}	2.78×10^{-6}
DU1	19.37	90.74	11.85	57.54	7.52	33.2	2.68×10^{-7}	1.13×10^{-6}	1.22×10^{-6}	1.45×10^{-6}
DU2	74.19	301.02	50.17	216.56	24.02	84.46	9.26×10^{-7}	4.17×10^{-6}	4.21×10^{-6}	5.35×10^{-6}

　　图 3-28～图 3-31 描绘的是四种床沙样本在恒定与非恒定来流条件下的试验结束后的最终地形比较。可以看到，对于四种床沙样本，在同样的水体总量条件下，非恒定来流试验组次的最大冲刷深度与沿程冲刷强度都要明显大于恒定来流试验组次。

　　图 3-32～图 3-39 描绘的是四种床沙样本在恒定与非恒定来流条件下的输沙强度比较。可以看到，对于四种床沙样本，在同样的水体总量条件下，非恒定来流试验组次的输沙强度要大于恒定来流试验组次。而从输沙率变化情况来看，恒定来流试验组次输沙率由大逐渐减小达到一个基本的稳定范围；而非恒定来流试验组次输沙率变化过程与来流过程相对应，由零逐渐增加到峰值然后再减小到零，而峰值输沙率出现的时刻基本上都要早于峰值流量时刻。

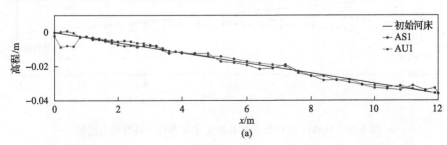

(a)

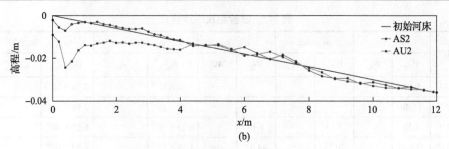

图 3-28　床沙样本 A 恒定与非恒定来流条件下最终地形比较

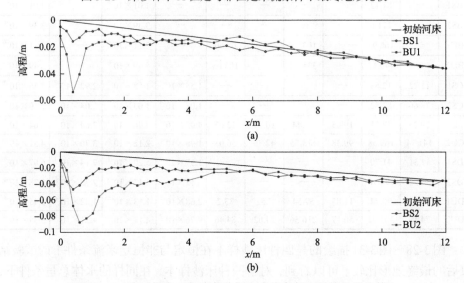

图 3-29　床沙样本 B 恒定与非恒定来流条件下最终地形比较

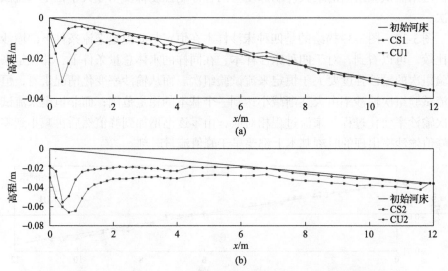

图 3-30　床沙样本 C 恒定与非恒定来流条件下最终地形比较

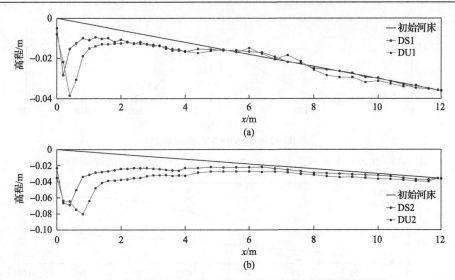

图 3-31　床沙样本 D 恒定与非恒定来流条件下最终地形比较

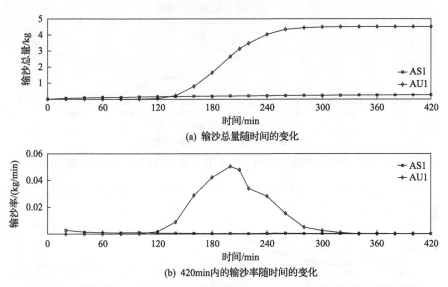

图 3-32　床沙样本 A 恒定与非恒定来流(AS1 和 AU1)条件下的输沙强度比较

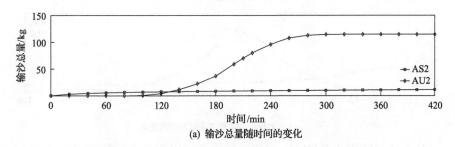

(a) 输沙总量随时间的变化

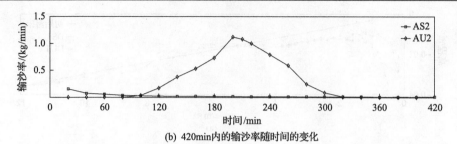

(b) 420min内的输沙率随时间的变化

图 3-33　床沙样本 A 恒定与非恒定来流（AS2 和 AU2）条件下的输沙强度比较

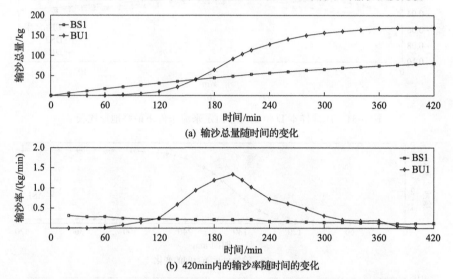

(a) 输沙总量随时间的变化

(b) 420min内的输沙率随时间的变化

图 3-34　床沙样本 B 恒定与非恒定来流（BS1 和 BU1）条件下的输沙强度比较

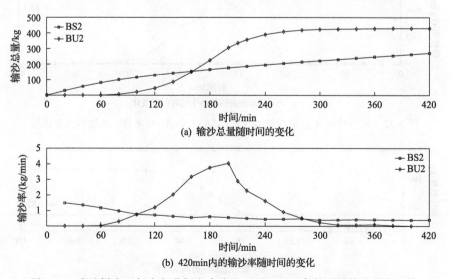

(a) 输沙总量随时间的变化

(b) 420min内的输沙率随时间的变化

图 3-35　床沙样本 B 恒定与非恒定来流（BS2 和 BU2）条件下的输沙强度比较

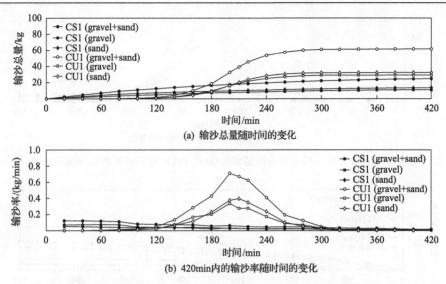

(a) 输沙总量随时间的变化

(b) 420min内的输沙率随时间的变化

图 3-36　床沙样本 C 恒定与非恒定来流(CS1 和 CU1)条件下的输沙强度比较

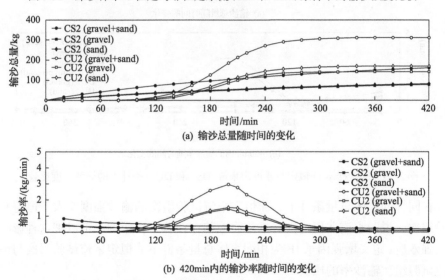

(a) 输沙总量随时间的变化

(b) 420min内的输沙率随时间的变化

图 3-37　床沙样本 C 恒定与非恒定来流(CS2 和 CU2)条件下的输沙强度比较

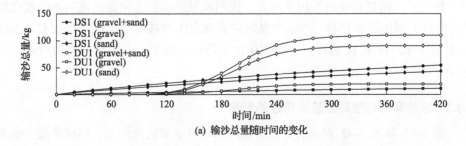

(a) 输沙总量随时间的变化

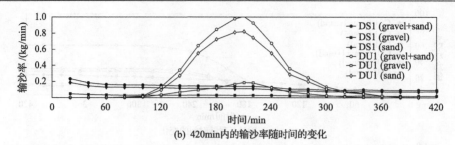

(b) 420min内的输沙率随时间的变化

图 3-38　床沙样本 D 恒定与非恒定来流(DS1 和 DU1)条件下的输沙强度比较

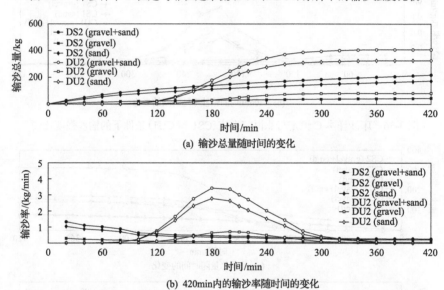

(a) 输沙总量随时间的变化

(b) 420min内的输沙率随时间的变化

图 3-39　床沙样本 D 恒定与非恒定来流(DS2 和 DU2)条件下的输沙强度比较

　　在同样的水体总量条件下，非恒定来流试验组次的输沙强度要大于恒定来流试验组次。说明水流非恒定性对推移质输移存在着某种影响。可以把这种影响称为增强效应，定义增强因子 IE 为相同水体总量条件下非恒定来流试验组次与恒定来流试验组次输沙率的比值。

　　图 3-40 所示的是不同床沙样本增强因子与流量的关系。从图中可以看到，对每一种床沙，流量越小增强因子越大。说明流量越小，非恒定来流的增强效应越大。而对不同床沙的比较发现，增强效应表现出床沙样本 A＞床沙样本 C＞床沙样本 D＞床沙样本 B 的特点。说明床沙平均粒径越小，非恒定来流的增强效应越小。

3.3.3　床沙非均匀性对推移质输移的影响

　　图 3-41 和图 3-42 表示的是恒定来流和非恒定来流条件下，同样来流大小不

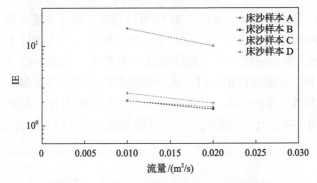

图 3-40　不同床沙样本增强因子与流量关系

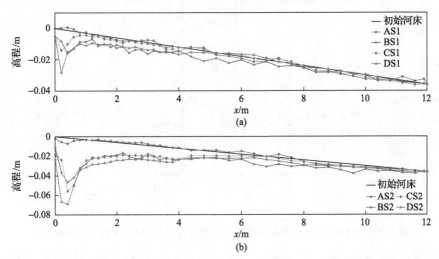

图 3-41　不同床沙样本最终地形比较(恒定来流条件)

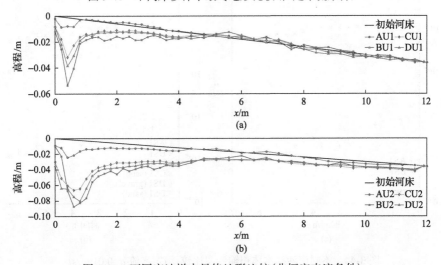

图 3-42　不同床沙样本最终地形比较(非恒定来流条件)

同床沙样本的最终地形比较。从图 3-41 中可以看到，恒定来流条件下，相同的来流过程，沿程冲刷程度表现出床沙样本 A＜床沙样本 C＜床沙样本 D＜床沙样本 B 的特点；而最大冲刷深度却并不是床沙样本 B 最大。从图 3-42 中可以看到，非恒定来流条件下，来流过程相同时，无论是沿程冲刷强度还是最大冲刷深度，都表现出床沙样本 A＜床沙样本 C＜床沙样本 D＜床沙样本 B 的特点。

图 3-43～图 3-46 表示的是恒定来流条件的相同来流过程无量纲化推移质输沙率

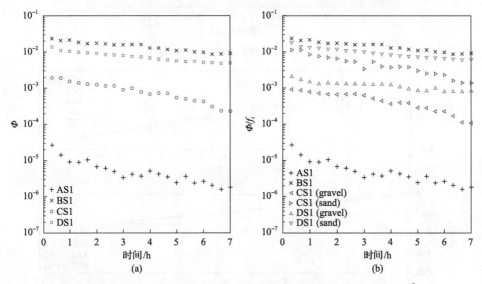

图 3-43　不同床沙样本无量纲化推移质输沙率比较(恒定来流 q=0.01m²/s)

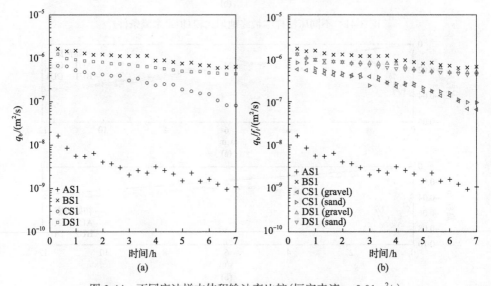

图 3-44　不同床沙样本体积输沙率比较(恒定来流 q=0.01m²/s)

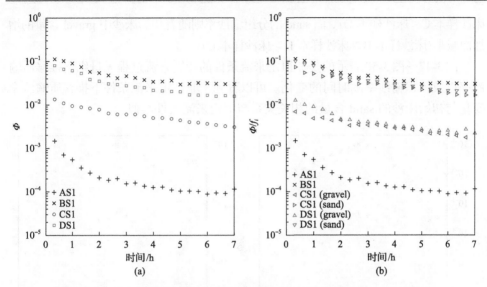

图 3-45 不同床沙样本无量纲化推移质输沙率比较（恒定来流 $q=0.02\mathrm{m}^2/\mathrm{s}$）

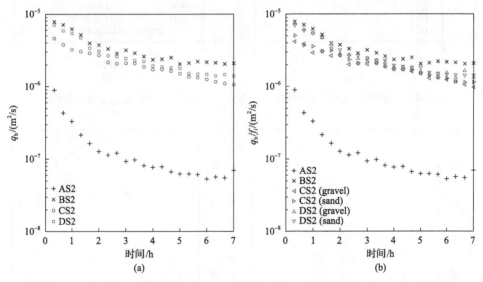

图 3-46 不同床沙样本体积输沙率比较（恒定来流 $q=0.02\mathrm{m}^2/\mathrm{s}$）

以及体积输沙率随时间的变化。从图中可以看到，床沙样本 C 和床沙样本 D 的总无量纲化推移质输沙率在床沙样本 A 和床沙样本 B 之间，同时，随着初始床沙的 sand 含量的增加，无量纲化推移质输沙率有增加的趋势（床沙样本 A＜床沙样本 C＜床沙样本 D＜床沙样本 B）。而从无量纲化分组输沙率（gravel 或 sand）随时间的变化来看，gravel 的无量纲化分组输沙率随着初始床沙中 sand 含量的增加而增加（床沙样本 A＜

床沙样本 C＜床沙样本 D），而 sand 的分组输沙率则随着初始床沙中 gravel 含量的增加而减小（床沙样本 B＞床沙样本 D＞床沙样本 C）。

图 3-47～图 3-50 表示的是非恒定来流条件的相同来流过程无量纲化推移质输沙率以及体积输沙率随时间的变化。可以看到，非恒定来流条件下推移质输沙率变化与初始床沙的 sand 含量的相关关系与恒定来流条件类似。

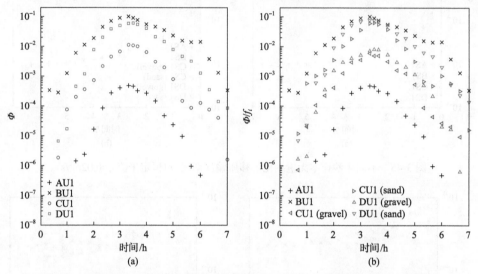

图 3-47 不同床沙样本无量纲化推移质输沙率比较（非恒定来流 q_{peak}=0.018m²/s）

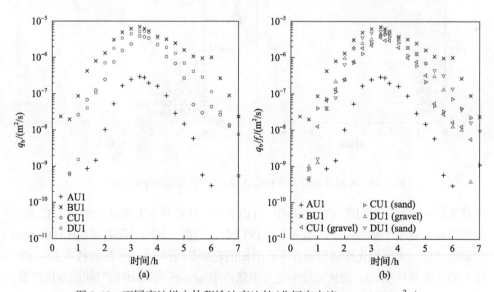

图 3-48 不同床沙样本体积输沙率比较（非恒定来流 q_{peak}=0.018m²/s）

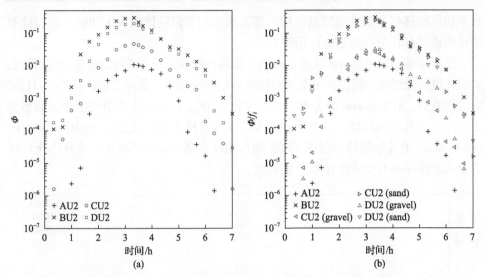

图 3-49　不同床沙样本无量纲化推移质输沙率比较(非恒定来流 q_{peak}=0.038m²/s)

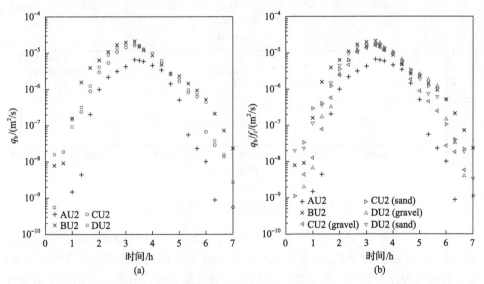

图 3-50　不同床沙样本体积输沙率比较(非恒定来流 q_{peak}=0.038m²/s)

3.3.4　来流非恒定性与床沙非均匀性的耦合作用

根据前面的分析可以得到,来流的非恒定性以及床沙的非均匀性对推移质输移都有着重要的影响。在相同的水体总量条件下,非恒定来流过程试验组次输沙强度要大于恒定来流过程试验组次,来流非恒定性对推移质输移存在增强效应。而在相同的来流条件下,非均匀沙试验组次中 gravel 输沙强度要大于均匀沙试验组次,非均匀沙试验组次中 sand 输沙强度要小于均匀沙试验组次,床沙非均匀性对推移质输移存在促进或抑制作用。那么来流的非恒定性以及床沙的非均匀性对推移质输移存在怎样的耦合作用呢？

图3-51所示的是gravel以及sand的分组输沙增强因子与流量的关系。可以看到，总的来说，分组输沙增强因子都随着流量的增大而减小。具体而言，从图 3-51（a）中可以看到，对于 gravel 的分组输沙增强因子 IE_g，其随着床沙中细沙含量的增加而减小，表现出床沙样本 A＞床沙样本 C＞床沙样本 D 的趋势。而由图 3-51（b）可知，sand 的分组输沙增强因子 IE_s 随着粗沙含量的增加而增加，表现出床沙样本 B＜床沙样本 D＜床沙样本 C 的特点。

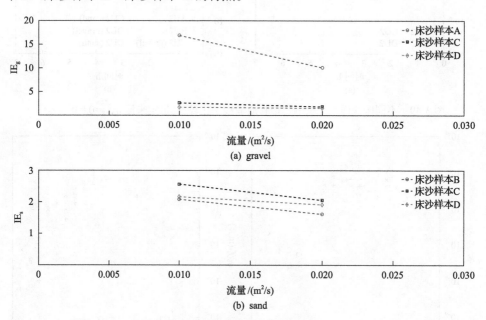

图 3-51　分组输沙增强因子与流量的关系

在 3.2 节的研究中，引入了影响因子 F_{sg} 来表征 sand 对 gravel 输移的促进作用，还引入了影响因子 F_{gs} 来表征 gravel 对 sand 输移的抑制作用。图 3-52 描绘的是非恒定来流条件试验算例影响因子与流量的关系。可以看到，与恒定来流条件组次一致，总体而言，F_{sg} 的值都大于 1，而 F_{gs} 的值都小于 1。这说明，在非恒定来流条件下，sand 对 gravel 的输移也产生了促进作用，而 gravel 对 sand 的输移也有着抑制作用。同时，从图中还可以看到，在非恒定来流条件下，促进与抑制作用也表现出与恒定来流条件相同的变化规律：sand 对 gravel 的促进作用以及 gravel 对 sand 的抑制作用随着流量的减小而增大，促进作用随着 sand 含量的增加而增大，以及抑制作用随着 gravel 含量的增加而增加。另外，对比图 3-17 及图 3-52 中相同水体总量算例的影响因子可以得到，非恒定来流算例的促进因子要小于恒定来流算例，而非恒定来流算例的抑制因子要大于恒定来流算例。说明促进和抑制作用在来流非恒定的影响下都变小了。

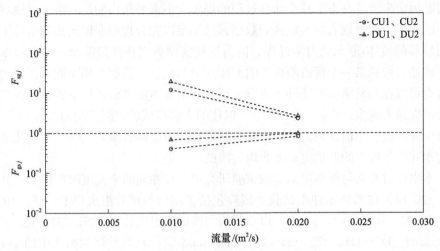

图 3-52　影响因子与流量的关系（非恒定来流）

3.4　结论与讨论

对于非均匀推移质的输沙率计算，以往的研究建议[11,12]或是尝试[13]将 sand 与
gravel 分开来进行计算，单独计算时采用对应的均匀沙公式进行一定的修正。由
于 sand 与 gravel 的含量不仅影响各自的输沙量大小，还对对方的输移有着重大的
影响[5]，所以并不能把 sand 和 gravel 当作两个完全独立的组分来考虑。然而，人
们对 sand 与 gravel 两种不同粒径组分之间的相互作用机制还不清楚。这使得以往
的输沙率计算公式通常通过改变与 sand 和 gravel 对应的参考剪切应力或是临界起
动希尔兹数来吻合实测数据[4,13]。从物理机制上来说，sand 与 gravel 之间的相互
影响并不仅仅局限于各自的起动条件，而是对整个滚动、滑动或跳跃的输移过程
产生相互作用。以往的试验研究[5,10,14-17]往往只包含非均匀沙的试验组次，缺少相
同试验条件下与之相对应的均匀沙试验组次的比较，因而并不能很好地揭示非均
匀沙相对于同等条件的均匀沙输移到底存在怎样的特殊机制。

在最近几十年里，针对非恒定来流洪水条件下的推移质输移，也有了一些珍
贵的实地观测资料。例如，Kuhnle[18]监测了两条小溪上的推移质运动，发现在大
流量条件下，洪水过程的流量上升阶段推移质输沙率高于洪水过程的流量下降阶
段，而对于小流量条件，则出现了相反的现象。Laronne 和 Reid 观察到在季节性
沙漠河流（Nahal Yatir）中，洪水过程的推移质输沙率非常高，达到常年性湿润地区
河流（Oak Creek）的 400 倍[19,20]。其他实地观测侧重于细沙对粗沙输移的影响、推

移质输移的脉冲现象和推移质输移的测量效率等。这些观测和发现大大提高了人们对非恒定来流条件下推移质输移过程的理解。但需要指出的是，由于实地观测固有的困难，通过现有的实地观测数据远远不足以充分理解非恒定来流条件下推移质输移的流体-形态动力学过程，因为这些实测数据往往只涉及一两个洪水过程，或是只包括某一个河道断面上的河床变形与输沙率数据。相对而言，室内试验研究可以在实验室受控条件下进行，因此，对非恒定来流条件下推移质输移的试验研究越来越多。然而，迄今为止，以往的大多数试验仅限于均匀沙情形[21-27]。部分学者开展了非恒定来流条件下的非均匀推移质输移试验研究[8,28,29]，但几乎没有清水冲刷条件下的非恒定来流非均匀沙试验成果。

本书针对非均匀推移质运动的试验研究中，在相同的来流范围条件下，共进行了 20 组推移质清水冲刷试验。试验包括了均匀沙试验组次（A1～A5，100% gravel；B1～B5，100% sand），以及非均匀沙试验组次（C1～C5，53% gravel 和 47% sand；D1～D5，22% gravel 和 78% sand）。非均匀沙试验组次中的 gravel 和 sand 的分组输沙率与相对应的均匀沙试验组次输沙率进行了直接的比较。通过分析相同含量及相同水力条件下的输沙率数据发现，sand 对 gravel 的输移有促进作用，而 gravel 对 sand 的输移有抑制作用。这种 sand 对 gravel 的促进作用随着 sand 含量的增加而增加，且 gravel 对 sand 的抑制作用随着 gravel 含量的增加而增加。同时，促进和抑制作用在低流量条件下特别明显（随着流量的减小而增大）。通过分析 Wilcock 等[5]和 Kuhnle 等[10]试验中的输沙率数据，证实了促进及抑制作用的存在，也验证了促进与抑制作用随着 gravel/sand 以及流量大小的变化趋势。这一发现为非均匀推移质输沙率及地貌形态变化的计算提供了新的理论基础，有助于新的计算模式的建立及现有计算模式的改进[4,12,13]。

针对四种不同床沙，本书设计了 8 组与恒定来流条件下水体总量相等的非恒定来流过程进行清水冲刷试验。试验结果表明，来流非恒定性对推移质输移具有增强效应，并提出了输沙增强因子表征水流非恒定性对输沙的增强效应；通过比较分析恒定来流和非恒定来流试验组次中粗沙和细沙的分组输沙率，揭示了来流非恒定性对粗沙输移的增强效应随着细沙含量的增加而减小，来流非恒定性对细沙输移的增强效应随着粗沙含量的增加而增大，以及来流非恒定性对粗沙和细沙的增强效应都随着流量的增大而减小的特点。同时，通过比较分析恒定与非恒定来流条件下的促进与抑制作用，揭示了非恒定来流条件下非均匀推移质输移过程中的促进及抑制作用都受来流非恒定性影响而减小的特点。

本书的发现对宽级配区域的泥沙输移、河床形态演化、水文水资源的管理有一定的指导意义。一系列的人类及自然活动，如火灾、砍伐、城市和农村的发展、水利工程的建设以及气候条件变化[30]都可能引发河流上游来水来沙条件的变化。如果这些河流的河床非均匀性较强，由于非均匀沙输移中存在的促进及抑制作用，某一粒径组分的来沙条件变化可能使河床发生正常估计之外的冲刷或者淤积，而这种情况在低流量条件下将更为严重。国外一个典型的例子就是一条卵石河流 Goodwin Creek 的输沙量变化，耕地活动的减少直接减小了河流上游细沙的供给，但同时，细沙供给的减少也使得粗沙以及总的输沙急剧减小[31]。近几十年中，黄河的输沙量也减小了几乎 85%[32]。研究人员对输沙量减小的原因也有过大量的研究，然而由于黄河流域地质地貌的复杂性、气候变化的多样性以及密布的各类水利水电工程的影响，输沙量减小的具体原因一直存在争议。从本书的研究可以推断，其中一个原因可能就是黄土高原水土保持的作用以及农耕活动的减少导致黄河中细颗粒来沙量的减小，从而减小了较粗颗粒的输移和总的输沙量。

参 考 文 献

[1] Wilcock P R, McArdell B W. Surface-based fractional transport rates: Mobilization thresholds and partial transport of a sand-gravel sediment[J]. Water Resources Research, 1993, 29(4): 1297-1312.

[2] Kellerhals R, Bray D I. Sampling procedures for coarse fluvial sediments[J]. Journal of the Hydraulics Division, 1971, 97(8): 1165-1180.

[3] Adams J. Gravel size analysis from photographs[J]. Journal of the Hydraulic Division, 1979, 105(10): 1247-1255.

[4] Wilcock P R, Kenworthy S T. A two-fraction model for the transport of sand/gravel mixtures[J]. Water Resources Research, 2002, 38(10): 1194.

[5] Wilcock P R, Kenworthy S T, Crowe J C. Experimental study of the transport of mixed sand and gravel[J]. Water Resources Research, 2001, 37(12): 3349-3358.

[6] Parker G, Kilingeman P C. On why gravel bed streams are paved[J]. Water Resources and Research, 1982, 18(5): 1409-1423.

[7] Parker G, Kilingeman P C, Mclean D G. Bed load and size distribution in paved gravel-bed streams [J]. Journal of Hydraulic Division, ASCE, 1982, 108(4): 544-571.

[8] Parker G. Transport of gravel and sediment mixtures[J]. Sedimentation Engineering: Processes, Measurements, Modeling, and Practice, ASCE, 2008, 110: 165-251.

[9] Parker G, Toro-Escobar C M. Equal mobility of gravel in streams: The remains of the day[J]. Water Resources Research, 2002, 38(11): 1264.

[10] Kuhnle R A, Wren D G, Langendoen E J, et al. Sand transport over an immobile gravel substrate[J]. Journal of Hydraulic Engineering, 2013, 139(2): 167-176.

[11] Galappatti G, Vreugdenhil C B. A depth-integrated model for suspended sediment transport[J]. Journal of Hydraulic Research, 1985, 23(4): 359-377.

[12] Bagnold R A. Bed load transport by natural rivers[J]. Water Resources Research, 1977, 13(2): 303-312.

[13] Almedeij J H, Diplas P, Al-Ruwaih F. Approach to separate sand from gravel for bed-load transport calculations in streams with bimodal sediment[J]. Journal of Hydraulic Engineering, 2006, 132(11): 1176-1185.

[14] Iseya F, Ikeda H. Pulsations in bedload transport rates induced by a longitudinal sediment sorting: A flume study using sand and gravel mixtures[J]. Geografiska Annaler, 1987, 69(1): 15-27.

[15] Kuhnle R A. Incipient motion of sand-gravel sediment mixtures[J]. Journal of Hydraulic Engineering, 1993, 119(12): 1400-1415.

[16] Kuhnle R A. Fluvial transport of sand and gravel mixtures with bimodal size distributions[J]. Sedimentary Geology, 1993, 85(1): 17-24.

[17] Curran J C, Wilcock P R. Effect of sand supply on transport rates in a gravel-bed channel[J]. Journal of Hydraulic Engineering, 2005, 131(11): 961-967.

[18] Kuhnle R A. Bed load transport during rising and falling stages on two small streams[J]. Earth Surface Processes and Landforms, 1992, 17(2): 191-197.

[19] Laronne J B, Reid I. Very high rates of bed load sediment transport by ephemeral desert rivers[J]. Nature, 1993, 366(6451): 148-150.

[20] Reid I, Laronne J B. Bed load sediment transport in an ephemeral stream and a comparison with seasonal and perennial counterparts[J]. Water Resources Research, 1995, 31(3): 773-781.

[21] Griffiths G A, Sutherland A J. Bedload transport by translation waves[J]. Journal of the Hydraulics Division, 1977, 103(11): 1279-1291.

[22] Graf W H, Suszka L. Sediment transport in steep channel[J]. Journal of the Hydroscience and Hydraulic Engineering, JSCE, 1987, 5(1): 11-26.

[23] Phillips B C, Sutherland A J. Temporal lag effect in bed load sediment transport[J]. Journal of Hydraulic Research, 1990, 28(1): 5-23.

[24] Song T, Graf W H. Experimental study of bedload transport in unsteady open-channel flow[J]. International Journal of Sediment Research, 1997, 12(3): 63-71.

[25] Lee K T, Liu Y L, Cheng K H. Experimental investigation of bed-load transport processes under unsteady flow conditions[J]. Hydrological Processes, 2004, 18(13): 2439-2454.

[26] 刘春晶. 明渠非恒定来流运动规律及推移质输沙特性的试验研究[D]. 北京: 清华大学, 2005.

[27] Bombar G, Elçi Ş, Tayfur G, et al. Experimental and numerical investigation of bed-load transport under unsteady flows[J]. Journal of Hydraulic Engineering, 2011, 137(10): 1276-1282.

[28] 杨胜发, 曾施雨, 胡江, 等. 基于图像识别的非恒定来流卵砾石输移试验研究[J]. 泥沙研究, 2017, 42(4): 9-14.

[29] Wang L. Bed-load sediment transport and bed evolution in steady and unsteady flows[D]. Edinburgh: Heriot-Watt University, 2016.

[30] Lane S N, Tayefi V, Reid S C, et al. Interactions between sediment delivery, channel change, climate change and flood risk in a temperate upland environment[J]. Earth Surface Processes and Landforms, 2007, 32(3): 429-446.

[31] Kuhnle R A, Bingner R L, Foster G R, et al. Effect of land use changes on sediment transport in Goodwin Creek[J]. Water Resources Research, 1992, 32(10): 3189-3196.

[32] Wang H, Bi N, Saito Y, et al. Recent changes in sediment delivery by the Huanghe(Yellow River) to the sea: Causes and environmental implications in its estuary[J]. Journal of Hydrology, 2010, 391(3): 302-313.

第4章 坝下河床冲刷特性模型试验研究

4.1 模型系统与试验设计

4.1.1 试验设备

模型所采用的水槽系统平面布置如图 4-1 所示。

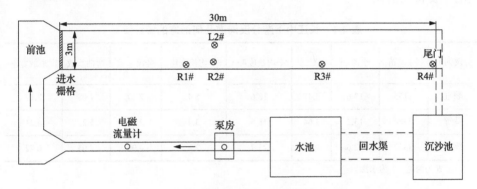

图 4-1 水槽系统平面布置图

本试验在水资源与水电工程科学国家重点实验室(武汉大学)的 30m×3m×0.6m(长×宽×深,宽度随河型不同而有所差别,最大宽度为 3m)的水槽内进行,模型进口流量采用最大误差为±0.5%的电磁流量计控制,最大供水能力为 800m³/h,尾门为翻板式,采用人工控制的方式调节出口水位,在水槽头部设置前池及进水栅格用于稳定进口水流,在水槽尾部设置沉沙池收集泥沙,整个系统循环使用[1]。

水位测量采用水位测针,精度为 0.01cm,每组试验沿程均布置有 4~5 组水位测针量测水位,其中设有分左右岸布置的测针,用于断面横比降的测量。

流速测量采用光电式旋桨流速仪。

水下地形的测量亦采用常规方式,即将测量区域网格化,然后由水准仪进行逐点高程观测。

4.1.2 试验设计

试验采用概化模型水槽试验方法,通过进口流量大小、河型及出口水位变化来分别反映河床演变三要素对河床冲淤及阻力变化的影响。试验共建立了三个概化水槽模型，涵盖顺直、弯曲、分汊三种河型；共设置了从洪至枯五级流量以及相应的两套出口水位方案，试验就河型与出口水位方案分为四个大组。每组试验中其河道基本几何尺寸以及水位——流量关系均需符合概化模型的设计要求。分别建立三种河型的概化模型水槽，其具体设计如下。

1）分汊河道概化模型试验设计

由于长江中下游发育有大量的分汊河段，故在进行分汊河道概化模型设计时，为突出其一般性，首先对长江中下游分汊河道的平面几何特征值进行统计（表 4-1），以便于选择模型的几何尺度和水力参数。统计表明，长江中下游分汊河道的主要特征值如下[2]。

表 4-1　长江中下游分汊河道几何形态的统计值

分汊河型	河宽/m	水深/m	$\dfrac{\sqrt{B}}{h}$	平均长度/km	平均长宽比	分汊系数	弯曲系数	汊道放宽率
顺直	2155	13.6	3.41	18.6	5.4	2.17	1.08	2.17
微弯	2304	13.2	3.64	18.8	3.4	2.60	1.27	4.21
鹅头	3332	12.6	4.58	23.7	2.8	4.09	2.04	6.72

注：B 为河宽；h 为水深。

(1) 两汊宽度之和与未分汊前河段宽度之比 $\dfrac{B_左 + B_右}{B_主}$ 的范围为 1.0～1.9，平均约 1.3。

(2) 分汊系数 $\dfrac{L_左 + L_右}{L_直}$（L 为长度）一般为 1.7～2.8，平均约 2.6。

(3) 江心洲的长宽比值范围为 1.5～6.5，平均约 3.5。

(4) 江心洲洲头及洲尾处的分流角及合流角一般范围为 25°～70°。

综合考虑长江中下游汊道的普遍情况，本节主要研究的是两岸约束条件较强、双股分汊的分汊河道，并希望其主流能随流量大小不同而在两汊内交替（如关洲汊道段和芦家河分汊段等），据此设计概化模型的原型河段特征值如表 4-2 所示。汊道放宽率为 3.15，弯曲系数 1.24，分汊系数 2.2，江心洲的长宽比为 3.84，未分汊前单一段河宽为 800m，分汊段最大宽度为 2600m，江心洲长 7300m、宽为 1900m、高 15m，左右汊宽度相同，左汊较弯曲，比降较小，右汊较顺直，比降较大，在右汊进口处坎高 2.5m。

考虑实验场地大小等因素，所以模型的水平比尺为 λ_l=1000，垂直比尺 λ_h=50，其他主要比尺如表 4-3 所示。

表 4-2 概化河段特征值

参数	数值	参数	数值
汊道放宽率	3.15	江心洲长度/m	7300
弯曲系数	1.24	江心洲宽度/m	1900
分汊系数	2.2	江心洲高度/m	15
单一段河宽/m	800	右汊底宽/m	350
分汊段最大宽度/m	2600	右汊长度/m	8000
左汊底宽/m	350	右汊进口处坎高/m	2.5
左汊长度/m	9550		

表 4-3 概化模型比尺表

比尺名称	比尺数值	比尺名称	比尺数值
水平比尺 λ_l	1000	沉速比尺 λ_ω	1.581
垂直比尺 λ_h	50	起动比尺 λ_{V0}	7.071
流速比尺 λ_V	7.071	粒径比尺 λ_{d_1}	0.579~0.531
流量比尺 λ_Q	353553	河床变形时间比尺 λ_{t_2}	2985

由于本试验主要是研究床面形态调整对河道阻力，尤其是形态阻力的影响，为简化试验，模型进口不加沙，床沙的选择则是根据长江中游河段的床沙粒径计算所得，选择粒径为 0.3~0.5mm 的煤粉为模型沙，不均匀系数为 1.3，可以考虑为均匀沙，即在试验中可以不考虑床沙粗化的影响。整个试验设计为清水造床的动床试验，河岸为固定边界。概化模型的初始形态及尺寸如图 4-2 所示。

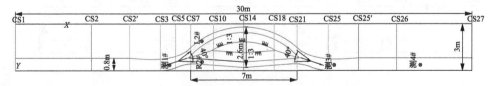

图 4-2 分汊河道概化模型初始形态及尺寸

模型长 30m，整体比降为 0.53‰，其中进水段(进水口—CS5)和出水段(CS25—出水口)均为长 10m 的定床段，使水流通过长距离的消能和调整，平稳地流入和流出分汊河道，比降均为 0.4‰。CS5—CS25 长 10m，为分汊段，顺直一汊比降为 0.8‰，分汊段断面间距均为 0.5m。分汊河道上下游单一段主槽宽 0.8m，两汊道底宽均为 0.35m。江心洲长 7.3m、宽 2.3m，江心洲岸边与汊道河床以 1:3 的坡度相接，江心洲高 0.3m。

测量范围为 CS7 至 CS21，设计为动床，河长为 7.7m(沿弯曲一汊)。

2) 顺直河道概化模型试验设计

在分汊河道概化模型设计的基础上，本试验进行了顺直河道概化模型设计。顺直河道概化模型初始形态及尺寸见图 4-3，为保证河长的一致性，其试验段长度设为 7.75m，位置依然位于 30m 水槽中段，起于 CS6+、止于 CS22 断面，模型概化为矩形断面，槽宽为 1.0m，其上下游均有一个宽度渐变衔接段与 0.8m 宽的进、出口段相连，以保证试验段内的水流流态的平稳。试验布置的其余部分，包括断面划分、整体比降与分汊河道概化模型基本相同。

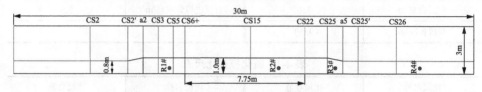

图 4-3　顺直河道概化模型初始形态及尺寸

3) 弯曲河道概化模型试验设计

弯曲河道概化模型的进、出口段和断面布置等亦与分汊河道概化模型相同，即模型进、出口段槽宽仍为 0.8m，试验段位于整体水槽中段，起于 CS8、止于 CS22，弯道中心线长为 7.76m，河道弯曲系数为 1.11，弯道中心角为 91°，弯曲半径为 4.9m，河道底坡为 0.67‰，模型概化为矩形断面，槽宽为 1m，其上下游亦均有一个宽度渐变衔接段与 0.8m 宽的进、出口段相连，以保证试验段内的水流流态的平稳。试验布置的其余部分，包括断面划分与上述模型基本相同，初始形态及尺寸见图 4-4。

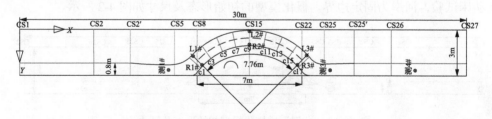

图 4-4　弯曲河道概化模型初始形态及尺寸

综上，三种河型概化模型设计几何参数对比而言，其进、出口河段尺寸、试验段河长、整体比降均是基本相同的，顺直河道及弯曲河道的试验段槽宽均为 1m，与分汊河道的中水河宽亦基本一致，所不同的只是试验段的平面几何形态，以体现出河型的差异。

4.1.3　试验方案及观测内容

本章的试验目的是通过试验研究床面形态调整对河道阻力的影响，而影响河床冲淤的主要因素又可概括为进口流量大小、河型以及出口水位变化等三个条件，故试验研究的内容主要包括以下两个方面。

(1)变化条件下河床形态冲刷调整的过程及特点。

(2)河流冲刷调整过程中阻力的变化。

相关试验方案及观测内容需围绕以上内容进行。

1)试验方案

试验按照三种河型(分汊、顺直、弯曲)与两套水位(水深)-流量关系(初始方案及下降方案)组合为四个基本组，即分汊河型初始水位概化模型(A 组)、顺直河型初始水位概化模型(B 组)、顺直河型下降水位概化模型(C 组)及弯曲河型下降水位概化模型(D 组)。各组基本模型均需按照流量大小进行分次试验，共设有五级流量。其中，试验组次 1 为小流量，对应天然河道的枯水流量或小水年；试验组次 2、试验组次 3 代表中流量，对应天然河道的中水流量或中水年；试验组次 4 为平滩流量，对应天然河道的洪水流量或大水年；试验组次 5 为大流量，对应天然河道特大洪水流量。

具体各级流量所对应的初始水位(水深)均以分汊概化模型设计为准，而分汊概化模型的各"水位(水深)-流量"则均由长江中游一般统计数据经模型比尺换算得来，各组概化模型试验参数见表 4-4~表 4-7。

表 4-4　分汊河型初始水位概化模型试验参数表

试验组次	流量/(m³/h)	水深/m	床沙粒径/mm	时间/h	比降/‰		过水面积/m²	
					左汊	右汊	左汊	右汊
A-1	35.00	0.10	0.3~0.5	16	0.67	0.8	0.050	0.023
A-2	53.46	0.14	0.3~0.5	16	0.67	0.8	0.078	0.048
A-3	71.27	0.18	0.3~0.5	16	0.67	0.8	0.112	0.079
A-4	102.00	0.23	0.3~0.5	16	0.67	0.8	0.168	0.136
A-5	161.00	0.29	0.3~0.5	16	0.67	0.8	0.244	0.212

表 4-5　顺直河型初始水位概化模型试验参数表

试验组次	流量/(m³/h)	水深/m	床沙粒径/mm	时间/h	比降/‰	槽宽/m
B-1	35.00	0.10	0.3~0.5	16	0.8	1.0
B-2	53.46	0.14	0.3~0.5	16	0.8	1.0
B-3	71.27	0.18	0.3~0.5	16	0.8	1.0
B-4	102.00	0.23	0.3~0.5	16	0.8	1.0
B-5	161.00	0.29	0.3~0.5	16	0.8	1.0

表 4-6　顺直河型下降水位概化模型试验参数表

试验组次	流量/(m³/h)	水深/m	床沙粒径/mm	时间/h	比降/‰	槽宽/m
C-1	35.00	0.080	0.3～0.5	16	0.8	1.0
C-2	53.46	0.112	0.3～0.5	16	0.8	1.0
C-3	71.27	0.144	0.3～0.5	16	0.8	1.0
C-4	102.00	0.185	0.3～0.5	16	0.8	1.0
C-5	161.00	0.234	0.3～0.5	16	0.8	1.0

表 4-7　弯曲河型下降水位概化模型试验参数表

试验组次	流量/(m³/h)	水深/m	床沙粒径/mm	时间/h	比降/‰	槽宽/m	弯道中心角/(°)	曲率半径/m
D-1	35.00	0.080	0.3～0.5	16	0.67	1.0	91	4.9
D-2	53.46	0.112	0.3～0.5	16	0.67	1.0	91	4.9
D-3	71.27	0.144	0.3～0.5	16	0.67	1.0	91	4.9
D-4	102.00	0.185	0.3～0.5	16	0.67	1.0	91	4.9
D-5	161.00	0.234	0.3～0.5	16	0.67	1.0	91	4.9

　　根据前人的相关研究经验[3]，各组模型冲刷调整的时间一般都设为 16h，但个别试验组次中因河床变形较慢，故对其测量时间进行了延长。

　　2) 观测内容

　　(1) 水位观测。为计算水面比降变化，需在试验段进、出口处设置测针同步读取水位。

　　(2) 流速观测。为计算水流的动能损失，需在试验段进、出口断面读取流速，间隔 10cm 一个垂线，采用三点法读取垂线流速。

　　(3) 床面形态观测。为获取床面高程数据并计算床面形态分形维数，通过水准仪测量试验段的初始地形和冲淤变化后的地形，断面间距为 0.5m，每个断面上测点密度为每 10cm 一个测点。

　　值得指出的是，每一组次试验，一般都要进行 5 次地形观测，且每次均需保证水位、流速和地形的观测同步进行。

4.2　河道冲刷调整过程的分形度量

　　河床表面分形维数是从整体上刻画河床形态的复杂程度的，而以往观察床面形态时则多从二维角度进行，如纵向形态、横向形态及平面形态等，这两者存在着内在联系：其所量化的对象是一致的，都是河床形态，理论的出发点亦具有相似性，二维形态的量化指标，如深泓线均方差、滩槽高程差、曲折系数等，就是量化纵向起伏程度、横向形态的窄深程度、河道平面的曲折程度，而基于统计分形得来的河床表面分形维数(BSD)则主要用于刻画对象的复杂程度，两者的出发点具有相似性。

为进一步论证 BSD 与床面形态复杂程度的关系，以及其是否能体现河床形态冲刷调整的特点。本章基于概化模型试验及实测资料分析，首先，从直观上对 BSD 与床面复杂程度之间的关系形成定性认识；其次，对本书试验中的三类河型的河床形态冲刷调整均从纵向、横向及平面形态三个方面进行量化表达，同时，采用改进的投影覆盖法对其河床表面分形维数进行计算，以对强约束条件下不同河型河床形态的冲刷调整特点进行分析，并对床面分形维数与二维形态这两种刻画方法的内在联系进行论证；再次，基于实测资料分析，对实际河段冲刷调整与 BSD 变化之间的关系进行分析，并讨论 BSD 的尺度性；最后，在试验及实测资料分析的基础上，探讨 BSD 与河型划分之间的联系。

4.2.1　河床表面分形维数的变化过程

本节通过对比分析各类河型冲刷调整过程中 BSD 的变化及床面形态的变化，来进一步论证 BSD 与河床形态的关系。

图 4-5 给出了顺直河型下降水位概化模型各个测次的床面影像图。从图中直观地可以看出，从 C-1-0 至 C-1-4 测次，沙波从无到有，从进口逐渐发展到出口，整个床面形态的复杂程度显然在逐渐增加。表 4-8 给出其相应的 BSD 值。

从表 4-8 中可以看出，自 C-1-0 至 C-1-4，其 BSD 呈增大趋势，而后又有所减小，与图 4-5 的直观反映是基本相符的，这可从直观角度说明 BSD 可反映床面形态的复杂程度。

4.2.2　不同河型河床形态冲刷调整及其河床表面分形维数变化

本节通过试验对不同河型河床形态的冲刷调整及其 BSD 变化进行简要分析，以探讨有一定边界约束情况下不同河型的河床形态冲刷调整特点。

1. 分汊河型河床形态冲刷调整特点及其河床表面分形维数变化

本书分汊河道概化模型为水流动力轴线年内交替型分汊河型，即其水流动力轴线随流量大小的不同在两汊内交替，根据试验研究，在中、小流量时，试验中水流动力轴线位于左汊；大水流量时，水流动力轴线则摆动至右汊，因此本节选取 A-1(小流量)、A-4(大流量)两组试验分析分汊河型冲刷调整中河床形态的变化。

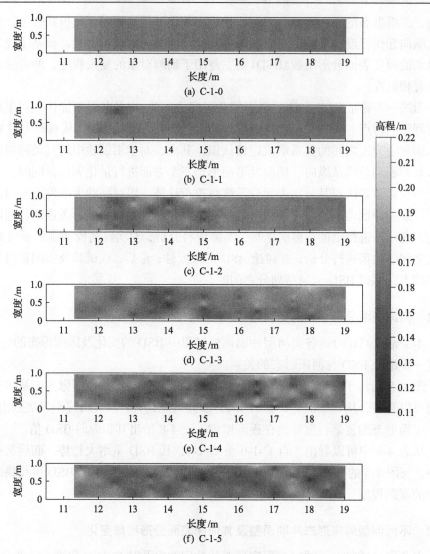

图 4-5　C-1 组次各测次中床面形态发展过程(下降水位方案)

表 4-8　C-1 组试验各测次 BSD

测次	C-1-0	C-1-1	C-1-2	C-1-3	C-1-4	C-1-5
BSD	2.000022	2.000088	2.000758	2.000921	2.001583	2.001093

1)纵向形态

图 4-6 分别给出了两级流量左、右两汊的深泓纵剖面形态变化。从图中可以得出以下结论。

(1)小流量对汊道的冲刷幅度大于大水流量。

（2）小流量时，左汊冲刷大于右汊，大水流量时，则是右汊冲刷大于左汊，尤其体现在进口处的冲刷上，两者的共性就是水流动力轴线所在一汊冲刷幅度较大。

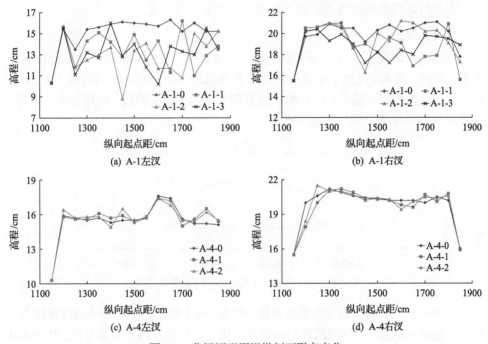

图 4-6　分汊河型深泓纵剖面形态变化

2）横向形态

这里选取汊道中间断面（CS15 断面），分别给出了两级流量的横断面形态变化，如图 4-7 所示，从图中可以得出以下结论。

（1）小流量时整体冲刷幅度大于大流量。

（2）小流量左汊冲刷大于右汊，大流量则是右汊冲刷较大，这与纵剖面变化相符。

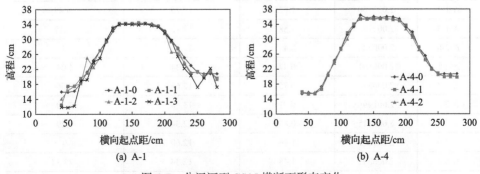

图 4-7　分汊河型 CS15 横断面形态变化

(3)小流量江心洲洲顶几乎没有变化，大流量则有一定幅度的冲刷，这显然与该模型河段为中、低水分汊河型有关，小水时，江心洲出露，洲顶自然无法被冲刷，大水时，江心洲被淹没，洲顶则可能被冲刷。

3) 平面形态

冲刷调整情况下，江心洲平面形态变化通常以洲头冲刷后退、洲尾淤长下挫为主要形式，图 4-8 仅给了小流量下（A-1 组次）江心洲平面形态（等高线为 0.23m）的变化，从图中可以看出：江心洲平面形态变化除了洲头冲刷、洲尾有所下挫外，其两侧亦有所冲刷，整体呈减小态势。

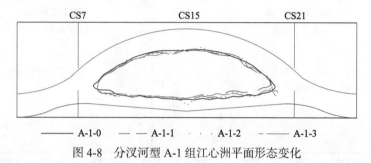

图 4-8　分汊河型 A-1 组江心洲平面形态变化

表 4-9 给出了相关的二维形态量化指标及 BSD 变化。参考其冲刷调整特点，对其量化指标的选择为：深泓纵剖面形态起伏程度以深泓线均方差反映，其中 A-4 组次采用的是右汊数据，其余则是左汊数据，即均采用主汊；横向取滩槽高程差平均值；平面形态则以江心洲洲头冲刷后退幅度为指标（不同流量对应着不同水深，因此，A-1 选用 0.23m 等高线；A-2 用 0.24m 等高线；A-4 用 0.28m 等高线）。

表 4-9　分汊河型 BSD 与各二维形态量化指标对比

组次	BSD	深泓线均方差/cm	滩槽高程差平均值/cm	江心洲洲头后退幅度/cm
A-1-0	2.000570	0.66	14.94	0
A-1-1	2.002605	1.55	16.67	12.22
A-1-2	2.003100	1.82	17.25	14.42
A-1-3	2.002793	1.58	17.12	14.12
A-2-0	2.000530	0.48	12.16	0
A-2-1	2.000891	0.47	12.34	1.04
A-2-2	2.000875	0.75	12.66	0.66
A-2-3	2.001496	0.91	13.38	3.70
A-2-4	2.002115	0.87	12.34	0.29
A-4-0	2.001300	1.16	12.60	0
A-4-1	2.000891	1.48	12.34	−23.32
A-4-2	2.001143	1.27	12.16	−15.00

结合图、表，可以对有约束条件下交替型分汊河型河床形态的冲刷调整特点总结如下。

(1) 就整体冲刷分布而言，小流量以汊道冲刷为主，与水流覆盖范围有关，大流量则是汊道内冲刷幅度减小，江心洲冲刷幅度加大。

(2) 两汊对比，水流动力轴线所在一汊冲刷相对较大。

(3) 冲刷调整以后，因不同流量冲刷的主要部位不同，小流量的床面复杂程度一般大于大流量。

2. 顺直河型河床形态冲刷调整特点及其河床表面分形维数变化

同样选取了两个流量级，即 C-1、C-4 两组试验，对顺直河型河床形态的冲刷调整特点进行分析。

1) 纵向形态

图 4-9 分别给出了两级流量深泓纵剖面的形态变化。从图中可以得出以下结论。

(1) 与分汊河型一样，小流量时深泓变化幅度较大，大流量反而较小，且小流量时深泓锯齿状程度大于大流量。

(2) 无论流量大小，冲刷均有一个向下游逐渐发展的过程。

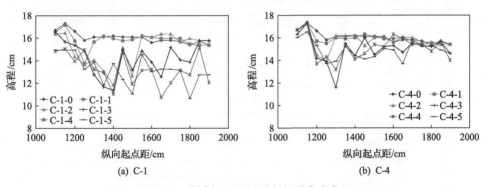

(a) C-1　　　　　　　　　　　　　　(b) C-4

图 4-9　顺直河型深泓纵剖面形态变化

2) 横向形态

这里选取河段中间断面 (CS16 断面)，分别给出了两级流量的横断面形态变化，如图 4-10 所示，从图中可以得出如下结论。

(1) 小流量时整体冲刷幅度大于大流量，这与纵剖面变化相符。

(2) 小流量冲刷后，断面形态略呈 U 形，滩槽基本分明，而大流量冲刷后，滩、槽不甚明显，其断面形态的共性是均有一定程度的起伏，这除了反映滩槽形态以外，还反映了沙波的影响。

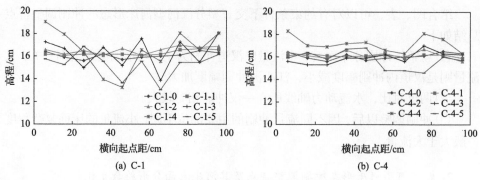

(a) C-1　　　　　　　　　　　　(b) C-4

图 4-10　顺直河型 CS16 横断面形态变化

3) 平面形态

从图 4-10 中可以看出，顺直河型冲刷调整过程中，边滩很难发育，因此平面形态难以用边滩的形态变化来表示，考虑到顺直河型的流路亦会曲折前行，则可以深泓线平面摆动来代替主流线，图 4-11 给出了其不同流量级的深泓线平面摆动情况。

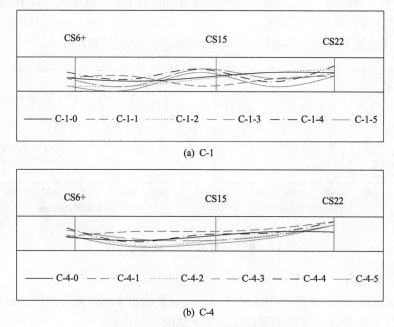

(a) C-1

(b) C-4

图 4-11　顺直河型深泓线平面摆动变化

由图 4-11 可以看出：在床沙组成均匀的情况下，顺直河道概化模型在冲刷调整过程中其深泓线的平面摆动随机性较大，整体而言，小水时摆动幅度、变化略大，流路更为弯曲，大水时摆动相对较小，流路较直，基本有"小水走弯，大水趋直"的特点。

表 4-10 则给出了 C 组试验的 BSD 及相关二维形态量化指标变化。与前述分汊河型相似，深泓纵剖面形态起伏程度以深泓线均方差反映，横向取滩槽高程差指标，平面形态则以深泓线平面曲折系数来反映。

表 4-10　顺直河型 BSD 与各二维形态量化指标对比

试验组次	BSD	深泓线均方差/cm	滩槽高程差/cm	深泓线平面曲折系数
C-1-0	2.000022	0.005000	0.003	1.002000
C-1-1	2.000088	0.006492	0.006	1.004075
C-1-2	2.000758	0.014155	0.038	1.002963
C-1-3	2.000921	0.015667	0.055	1.013188
C-1-4	2.001583	0.014108	0.067	1.018688
C-1-5	2.001093	0.013771	0.040	1.020188
C-2-0	2.000009	0.004300	0.001	1.000700
C-2-1	2.000018	0.004607	0.002	1.004863
C-2-2	2.000076	0.009255	0.006	1.015000
C-2-3	2.000328	0.008092	0.049	1.003113
C-2-4	2.000513	0.014773	0.044	1.022075
C-2-5	2.001003	0.015923	0.068	1.020488
C-3-0	2.000009	0.003000	0.003	1.000000
C-3-1	2.000013	0.004017	0.008	1.006375
C-3-2	2.000020	0.004149	0.011	1.009500
C-3-3	2.000013	0.004336	0.006	1.006250
C-3-4	2.000014	0.004614	0.007	1.007500
C-3-5	2.000014	0.004370	0.005	1.008125
C-4-0	2.000010	0.003000	0.003	1.002000
C -4-1	2.000023	0.004662	0.010	1.006275
C-4-2	2.000117	0.007668	0.004	1.013113
C-4-3	2.000404	0.011622	0.025	1.007738
C-4-4	2.000553	0.012209	0.037	1.011238
C-4-5	2.000547	0.008031	0.035	1.010150
C-5-0	2.000040	0.005000	0.005	1.002000
C-5-1	2.000434	0.011487	0.010	1.009613
C-5-2	2.000648	0.008889	0.043	1.005125
C-5-3	2.001792	0.012823	0.042	1.007650
C-5-4	2.001305	0.013853	0.051	1.017375
C-5-5	2.001305	0.012396	0.042	1.017325

结合图、表可以对顺直河型河床形态冲刷调整特点总结如下。

(1)顺直河型的冲刷调整首先反映在纵向的冲刷下切上，纵向冲刷下切会带来两方面的后果，一方面沿程不均匀的冲刷下切将使深泓起伏程度加大；另一方面纵向的冲刷，将会使滩槽高程差加大，断面变得窄深，前者可能随冲刷而反复变化，后者则可能有持续加大的趋势，相对而言，其平面变化在两岸有约束且无成型洲滩的情况下则较不明显，仅仅是其流路随流量大小而流路的弯曲程度有所差异。

(2)其床面复杂程度随流量大小呈现非线性的变化，小流量与大流量冲刷后，其复杂程度均较大，而中流量复杂程度则较小。

3. 弯曲河型河床形态冲刷调整特点及其河床表面分形维数变化

1)纵向形态

图 4-12 给出了两级流量的深泓纵剖面形态变化，通过对不同流量的弯曲河型纵向形态对比可以发现：大小流量级的深泓冲刷下切程度不同，大流量的冲刷幅度大于小流量，这显然与分汊河型、顺直河型是不相同的。其小流量的冲刷幅度与同是单一段的顺直河型相比差别不大，但其大流量的冲刷幅度不但大于小流量，更是远远大于顺直河型同流量级的冲刷幅度。

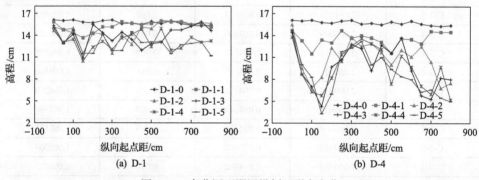

(a) D-1　　　　　　　　　　　(b) D-4

图 4-12　弯曲河型深泓纵剖面形态变化

2)横向形态

这里选取弯道中间断面(C9 断面)，分别给出了两级流量的横断面形态变化，如图 4-13 所示，从图中可以得出以下结论。

(1)小流量时冲刷发展慢于大流量，小流量时本断面在冲刷开始 6h(即 D-1-2 测次)后始有明显变化，大流量时本断面则在冲刷开始 3h(即 D-4-1 测次)后即有明显变化。

(2)小流量时，断面冲刷较为均衡，"左槽右滩"并不十分明显；而大流量时，则是较为明显的"凹冲凸淤"，偏 V 形断面形态较为明显。

可见，弯曲河型大流量下的河床横向发展的速度与幅度均大于小流量。

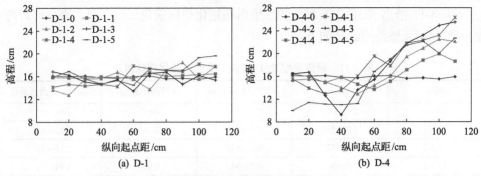

(a) D-1　　　　　　　　　(b) D-4

图 4-13　弯曲河型 C9 横断面形态变化

3) 平面形态

弯曲河型平面演变以其主流蜿蜒蠕动为主要特征，由于本试验两岸有约束，故其平面演变受到一定程度的限制，尤其当大流量调整较为剧烈时，其平面变化发展到一定程度后则变化较小。两级流量的深泓平面线摆动变化图如图 4-14 所示。

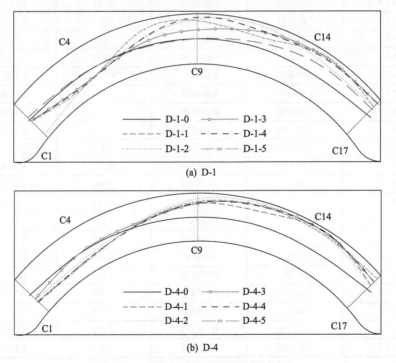

(a) D-1

(b) D-4

图 4-14　弯曲河型深泓平面线摆动变化

从图 4-14 中可以得出如下结论。

(1) 小流量时，随着冲刷调整的发展，其平面深泓线有一个逐渐弯曲的过程。

(2) 大流量时，其深泓线开始弯曲变化较快，然后基本稳定，甚至有所顺直。

　　表 4-11 给出了 BSD 及相关的二维形态量化指标变化。结合图、表，可对弯曲河型冲刷调整特点总结如下。

表 4-11　弯曲河型 BSD 与各二维形态量化指标对比

组次	BSD	深泓线均方差/cm	滩槽高程差/cm	深泓线平面曲折系数
D-1-0	2.000019	0.010781	0.008	1.113083
D-1-1	2.000583	0.026703	0.010	1.123686
D-1-2	2.000527	0.057587	0.051	1.139812
D-1-3	2.000929	0.053942	0.034	1.140764
D-1-4	2.001552	0.046893	0.040	1.153311
D-1-5	2.001398	0.047562	0.051	1.157668
D-2-0	2.000019	0.010781	0.008	1.115979
D-2-1	2.000285	0.030688	0.024	1.133043
D-2-2	2.000740	0.041940	0.064	1.152708
D-2-3	2.001404	0.070171	0.071	1.136756
D-2-4	2.001658	0.053947	0.061	1.149343
D-2-5	2.001621	0.064282	0.083	1.142815
D-3-0	2.000441	0.010781	0.008	1.117708
D-3-1	2.000730	0.071896	0.031	1.153767
D-3-2	2.000824	0.101172	0.066	1.139330
D-3-3	2.001379	0.091511	0.077	1.132453
D-3-4	2.001096	0.090478	0.122	1.145268
D-3-5	2.001206	0.108221	0.111	1.145000
D-4-0	2.000021	0.010781	0.008	1.122332
D-4-1	2.001023	0.038500	0.062	1.135617
D-4-2	2.001825	0.098780	0.096	1.146461
D-4-3	2.002245	0.120459	0.163	1.145080
D-4-4	2.001203	0.117037	0.134	1.146917
D-4-5	2.001206	0.126118	0.127	1.141153
D-5-0	2.000121	0.010781	0.008	1.116957
D-5-1	2.001788	0.119541	0.129	1.124759
D-5-2	2.001632	0.167420	0.077	1.131005
D-5-3	2.000653	0.160263	0.081	1.138767
D-5-4	2.000586	0.166353	0.065	1.142641
D-5-5	2.000443	0.127373	0.062	1.115845

　　(1) 随着流量的加大，其纵向冲刷幅度越来越大，这一点与顺直单一段不同。

　　(2) 横向偏 V 形断面，在小流量至平滩流量(D-4 级)范围内，随流量增加而越来越明显，但大流量冲刷后的断面其偏 V 形程度有所减小，这说明弯曲河型在大流量冲刷过程中，很容易使断面形态偏 V 形消失，出现突变。

(3)在有约束的情况下,平面形态的摆动幅度并不大,同样是流量越大,发展速度越快,且大流量时,因水流趋直,相应其深泓平面曲折系数在增大后亦会有所减小。

(4)床面复杂程度普遍较顺直河型为大,但较分汊河型为小,且在由初始逐渐增加后,亦会有所减小,这一点在大流量情况下更为明显。

显然,就形态变化而言,弯曲河型的冲刷调整主要表现在平面形态或横向形态上,一是一般演变中凹岸冲刷的加大,二是突变中切滩撇弯的频发,由于弯曲河段除了平面上具有弯曲外形以外,其横断面的偏 V 形形态是其最大标志,所以,当其平面受到约束时,其横向变化是最为剧烈和明显的。

4. 河床表面分形维数与床面二维形态的关系

本节第一部分~第三部分同时给出了不同河型河床形态冲刷调整过程中二维形态量化指标及 BSD 的变化,下面将依据表 4-9~表 4-11 中的数据分析 BSD 与床面二维形态量化指标的相关关系,将 BSD 与河床形态的冲刷调整结合起来。

表 4-12 给出了不同河型 BSD 与各二维形态量化指标间的相关关系。

表 4-12　不同河型 BSD 与各二维形态量化指标间的相关关系表

形态	分汊河型	顺直河型	弯曲河型
纵向形态	0.757964	0.848928	0.475092
横向形态	0.776245	0.861712	0.740984
平面形态	0.671293	0.471338	0.577323

从表 4-12 中可以得出以下结论。

(1)因同样是对河床形态进行量化表达,BSD 与各二维形态量化指标均有一定的相关关系。

(2)不同河型中,各二维形态量化指标与 BSD 相关程度是不同的,分汊河型中的相关度排序从大到小为横向、纵向、平面形态;顺直河型的排序与之相同;弯曲河型从大到小则是横向、平面、纵向形态,三类河型中与 BSD 相关性最好的都是横向形态——滩槽高程差,这显然与各河型河床形态的调整特点及边界约束有关。

分汊河型:两岸有较强的约束,水流动力轴线可交替,其河床形态的冲刷调整三维性极强,且随流量不同可致滩、槽冲刷幅度不同以及两汊出现不均衡冲刷,可使得滩槽高程差以及横断面的"马鞍形"形态出现较明显的变化,平面变化则以江心洲洲头的冲刷后退为主,而主汊(因水流动力轴线随洪枯交替,故不同流量下主汊所指不同)深泓形态的变化亦比较明显,因此,三个方面对 BSD 均有一定影响。

顺直河型:两岸约束较强,且上下游亦无弯曲、分汊等较复杂河势影响,其变化首先体现在纵向形态上，纵向的下切，亦必将导致平面 U 形断面的塑造，故横向滩槽高程差的变化亦较明显，二者对 BSD 的变化的影响都较大。在河床组成沿程均匀的情况下，纵向形态起伏发展到一定程度则可能趋于稳定，而横向滩槽高程差则可能随滩槽冲刷的不平衡而持续变化，故其对 BSD 影响程度更大。

弯曲河型：由于两岸有约束，平面摆动受到一定程度的限制，故其纵向变化以冲刷幅度加大为主，而横向上则以偏 V 形形态的变化为主，因此，就形态变化而言，其横向形态的变化占河床形态调整的主要部分，其与 BSD 变化的相关度也最高。

应该说明的是，本书试验中边界约束较强，因此各河型的平面变化均受到了一定程度的限制。

如表 4-13 所示，弯曲河型平面形态与 BSD 的相关度随着流量的增加有减小的趋势，这正是因为随着流量增大，其深泓摆幅更为迅速地到达凹岸边界，其后变化则渐不明显，而与此同时，深泓线均方差、滩槽高程差则在持续变化。故与 BSD 相关度最大的因素要根据实际情况来确定。

表 4-13　不同流量下弯曲河型 BSD 与各二维形态量化指标间的相关关系表

形态	D-1	D-2	D-3	D-4	D-5
纵向形态	0.618634	0.923329	0.782462	0.766400	0.457041
横向形态	0.647093	0.897271	0.808303	0.840738	0.821653
平面形态	0.927653	0.668664	0.331858	0.349791	0.166677

4.2.3　典型河段床面形态冲淤调整的分形度量

本节对宜昌至杨家垴河段中各河段 BSD 的变化进行研究，分析实际河段中 BSD 与床面形态调整的关系。

1. 各河段 BSD 变化分析

根据各河段各年枯水期实测水下地形图，采用改进的表面积-尺度法，计算出各河段蓄水后的 BSD，如表 4-14 所示。

表 4-14　各典型河段历年 BSD 统计表

分汊段	2003年3月	2004年3月	2005年3月	2006年3月	2007年3月	2008年3月	河型亚类
宜昌分汊段	2.000201	2.000215	2.000243	2.000256	2.000262	2.000274	顺直中水分汊
宜都分汊段	2.000188	2.000217	2.000253	2.000301	2.000289	2.000303	弯曲低水分汊
关洲分汊段	2.000367	2.000315	2.000371	2.000330	2.000379	2.000393	微弯高水分汊
芦家河分汊段	2.000117	2.000055	2.000077	2.000072	2.000094	2.000081	微弯低水分汊

由表 4-14 可以得出以下结论。

（1）同一时期不同分汊河段的 BSD 不同，作为微弯高水分汊河型的关洲分汊段 BSD 最大，而弯曲低水分汊河型的宜都分汊段及顺直中水分汊河型的宜昌分汊段次之，微弯低水分汊河型的芦家河分汊段最小，因此，BSD 在一定程度上能体现同一河型不同亚类的差异。

（2）各河段蓄水后不同年份 BSD 发生变化，其必然与河道冲淤调整有关。

2. 各河段 BSD 变化与河床冲淤调整的内在联系

仍采用平面形态、横断面形态及深泓纵剖面形态等二维剖面的变化分析的方法，然后对各剖面形态进行量化，最后通过各河段 BSD 大小与典型剖面变化的相关分析，来探讨实际河段中 BSD 与床面形态的内在联系。

1）各剖面形态的量化方法

由于四个河段均为分汊河段，所以横断面形态变化以（心）滩槽高差来作为量化指标，所取断面均为各河段冲淤变化较为剧烈的部位，如宜昌分汊段为宜枝 46 断面；宜都分汊段为弯顶对应断面，该断面横断南阳碛；关洲分汊段则为左汊关洲夹中心滩（出没）所处断面；芦家河分汊段为碛坝尾部断面。

在河段整体比降不太大的情况下，各河段深泓纵剖面起伏程度的变化可以以河段深泓标准差为量化指标。

而河段平面形态变化的量化方法则难以统一，鉴于各河段近年河势稳定，平面变化仅表现为局部边（心）滩的淤长蚀退，其量化指标也以某一边（心）滩的冲淤变化来大致反映，如宜昌分汊段以胭脂坝洲头（0m 等深线，下同）后退幅度为指标；宜都分汊段则取沙坝湾边滩后退幅度；关洲分汊段以汊道进口处的沙集坪边滩后退幅度为量化指标；芦家河分汊段由于羊家老边滩形态变化无常，0m 线此进彼退，难以单纯以某一处冲淤来反映整个边滩变化，故只能以整个洲滩面积（0m 等深线以上范围）变化来作为量化指标。

由于上述指标的数量级或单位有所不同，为了便于对各量化指标做相关分析图，因此有必要对其进行如下归一化处理：

$$\overline{X_{ik}} = 0.1 + 0.8 \frac{X_{ik} - X_{i\min}}{X_{i\max} - X_{i\min}} \tag{4-1}$$

式中，$X_{i\min}$、$X_{i\max}$ 为各河段某一量化指标集合的最小值和最大值；$\overline{X_{ik}}$ 为标准化后的量化指标；X_{ik} 为各河段某一量化指标的具体数值。

2）各剖面形态量化指标与 BSD 的关系

各河段 BSD 与各二维剖面形态量化指标的对应关系如图 4-15 所示。将 BSD

与各二维剖面形态量化指标进行相关性分析，可以得到表 4-15。

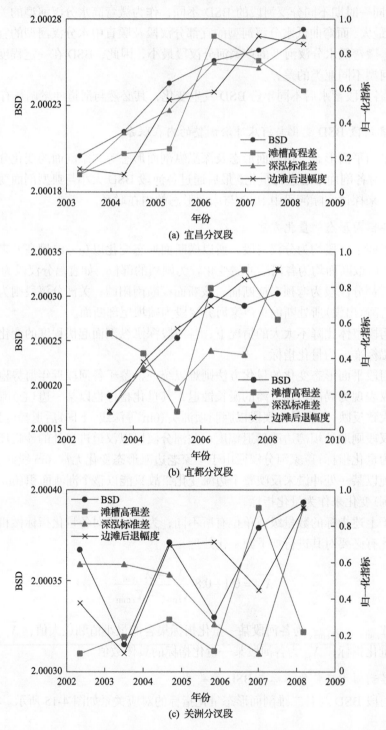

(a) 宜昌分汊段

(b) 宜都分汊段

(c) 关洲分汊段

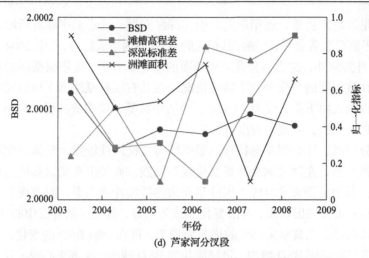

(d) 芦家河分汊段

图 4-15 各河段 BSD 与相应二维剖面形态量化指标对应关系图

表 4-15 各河段 BSD 与相应二维剖面形态量化指标相关系数

二维剖面	宜昌分汊段	宜都分汊段	关洲分汊段	芦家河分汊段
典型横断面	0.804679	0.474744	0.38802	0.539331
深泓纵剖面	0.979463	0.750902	0.228787	−0.23399
平面(0m 线)	0.953041	0.960252	0.586106	0.213673

由图 4-15、表 4-15 可以看出,各个河段的 BSD 均会与其某些二维剖面形态量化指标存在一定的相关性,且可能与某一个剖面形态量化指标具有较好的相关性,如宜昌分汊段与其 BSD 相关性较好的剖面形态量化指标是其深泓标准差,宜都分汊段为沙坝湾边滩后退幅度,关洲分汊段与芦家河分汊段 BSD 与其二维剖面形态相关性不如以上两河段,但仍可以看出关洲分汊段与其 BSD 相关性较好的剖面形态量化指标为沙集坪边滩后退幅度,芦家河分汊段为碛坝尾部滩槽高程差。

结合前述河演分析结果,不难看出上述四个相关性较好的指标均出自各河段冲淤变化较为剧烈的部位。

宜昌分汊段胭脂坝多年洲面高程变化不大,而三峡蓄水以来,深泓下切明显且部位集中,其深泓的集中下切使得其深泓标准差有所加大,这表示着其深泓纵剖面曲折程度的加大,同时其 BSD 亦随之加大。从图 4-15 可以看出:宜昌分汊段 BSD 与深泓标准差呈明显的正相关关系,而 2006 年 3 月~2007 年 3 月略有例外,其原因有二:一是当年深泓下降程度极小,仅为 0.046m;二是 2006 年 3 月~2007 年 3 月,胭脂坝洲头高程降幅较大,甚至形成横向串沟,在一定程度上抵消了该年深泓下降而产生的滩槽高程差距。

宜都分汊段主要的冲淤调整体现在汊道段冲刷以及南阳碛和沙坝湾边滩的崩

退，尤其是沙坝湾边滩，逐年崩退，引起深泓左摆，河道曲率亦有所增大，对整个河段的平面形态造成明显影响，其相应的 BSD 亦为增大趋势，其中 2004 年 2 月～2005 年 4 月为例外，这要结合典型横断面的变化来分析，南阳碛横断面位于汊道中部，其在该年度的变化出现了特殊情况：在其右汊石泓冲刷下切的同时，南阳碛洲面高程也大幅下降，仅为 34.37m，为历年最低，使滩槽高程差减小，整个横断面形态趋于平缓，不规则程度有所减小。

关洲分汊段，江心洲头部特殊的形态使得其抗冲性较强，整体变化不大，两汊对比，则显然是左汊关洲夹冲淤变化较为剧烈，而关洲夹又以其进出口段变化最为明显：其中关洲夹进口段，因沙集坪边滩持续冲刷崩退，而表现为一定幅度的冲刷展宽；关洲夹出口段，冲淤变化亦较为明显，甚至伴随着汊中心滩的出没，改变着河段局部，尤其是关洲夹的横断面形态，进而影响 BSD 的变化，其大体表现为汊道进口冲刷则 BSD 增加，进口淤长则 BSD 减小，关洲夹心滩淤长、断面滩槽高程差加大则 BSD 增加，反之，心滩冲刷、断面滩槽高程差减小则 BSD 减小。

芦家河分汊段 BSD 变化幅度较小，主要与其河段抗冲性较好、整体冲淤变化不大有关。芦家河河段冲淤变化较为剧烈的部位发生于石泓尾部，其具体表现以羊家老边滩滩缘向碛坝尾部方向淤长、崩退为主，影响石泓尾部枯水河槽河宽（0m 等深线宽度）的变化，改变着局部的断面形态，BSD 亦随着滩槽高程差的加大而有所增大，同时其羊家老边滩面积加大，BSD 加大，反之，则 BSD 减小。

通过以上对 BSD 与各传统二维剖面形态量化指标的相关性分析，可看出当河床某部冲淤变化剧烈，引起其剖面形态变化时，其 BSD 亦会发生相应改变，当然仅一个剖面的变化是不能完全体现整个河段河床表面形态及其 BSD 变化的，BSD 在整体上刻画着河床的表面形态，与各二维剖面之间是整体与部分的关系，当在某一特定时期，河段 BSD 与一个（甚至不止一个）剖面形态量化指标存在较好的相关关系时，其变化往往表现为：该剖面形态的复杂程度越大，则整体 BSD 值越大，即 BSD 反映着河床表面形态冲淤起伏的剧烈程度。

3. BSD 的尺度性分析

对比试验所得 BSD 数据与根据河道实测地形资料所得的 BSD 大小及其与床面二维形态量化指标的关系可以发现：

(1) 概化模型所得 BSD 多大于实际河段的 BSD。

(2) 概化试验中不同河型 BSD 多与横断面形态有较好的相关性，而实际河段 BSD 与二维形态的相关性均较好，但二者均表现出与河段冲刷特性有关。

模型与原型 BSD 数值大小的差异，显然与尺度有关。产生这个问题的原因主要有以下两个方面。

(1) 模型比尺，概化模型为变态模型，其平面比尺为 1000，垂直比尺为 50，在垂向上其尺度相对有所放大,因此,其床面起伏必然大于原型河段,相应的 BSD 计算结果必然偏大。

(2)统计分形的无标度区,因测量精度的差异,在模型与原型中,很难保证无标度区的一致性,故其亦会对 BSD 计算结果产生影响。

正是由于上述原因,原型 BSD 与模型 BSD 是有区别的。在统一测量精度及无标度区设置时,BSD 方具有定量性,如本节对四个原型河段的对比,以及 4.2.2 节对不同河型试验 BSD 的对比,都是在统一无标度区及相同的测量精度下进行的。

4.2.4　河床表面分形维数与河型关系的讨论

河型划分的一个主要方法就是依据河床形态,尤其是平面形态及其演变特性进行统计分析,前面的分析表明 BSD 可用来量化表达河床形态,且能反映不同河型的演变特性,因此,BSD 与河型之间存在着必然联系[4]。

1. 河型判别与河床形态的关系

河型研究亦为河流动力学学科的一个基础问题,主要涉及两方面的内容:河型成因及河型判别。河型成因是了解事物的原因,而河型判别则是对结果的认识,这两方面的内容既有区别、又有联系,同时又可能涉及多个学科,如地质、地理及水利等学科,而不同学科的出发点亦不同,因此,河型问题研究十分复杂,且标准不一[5]。

因出发点和侧重点的不同,河型的判别依据有很多,如河床、河岸的可动性,河流的能耗性,输沙特性以及河床形态等,总体而言,无论哪种判据,河床形态都是其中必不可少的一个组成。以下对基于河床形态的河型判别进行概述。

2. 包含纵向形态指标的判别依据

判据包括文献[5]中所列"河谷比降-输沙率、曲率"关系,文献[6]"流量-河谷比降"关系、"河谷相对宽度-河谷相对比降"关系,文献[7]"年均洪峰流量-河谷比降"关系等。

3. 包含横向形态指标的判别依据

判据包括文献[4]所列"宽深比-比降/Fr"关系、文献[6]"河宽不稳定系数-单位水流能耗率-滩槽高差-纵向稳定系数-断面横向流速分布"关系、文献[7]"宽深比-弯曲系数"关系、文献[8]宽深比、"宽深比-无量纲切力"[9]和"河宽-比降"[10]等。

4. 包含平面形态指标的判别依据

判据包括文献[5]所列弯曲系数、分汊程度、游荡程度、河漫滩相对(河宽)宽度，文献[7] "曲率-黏土含量百分数"等。

5. 基于河床表面分形维数的河型划分方法初步研究

4.2.3 节通过实际河段的 BSD 对比，发现 BSD 可以区分出同一河型不同亚类之间的差异，而这里则将利用模型试验数据对不同河型之间的 BSD 大小进行对比。本书共进行了顺直、弯曲与分汊三个不同河型的造床试验，其中顺直、弯曲河型概化模型试验的初始床面均为平床，其初始河床形态显然不能完全体现出河型的差异。因此，选取每组试验后三个测次所得的 BSD 值，即假设在冲刷开始第9h 以后，认为各组试验地形已经具有各自河型的特点，将此后的 BSD 值与流量级点绘成图，如图 4-16 所示。

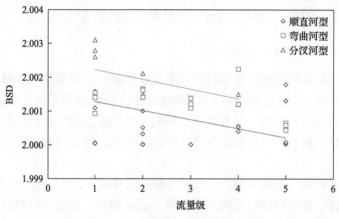

图 4-16　不同河型 BSD 的差异图

从图 4-16 中可以看出，在本试验范围内，不同河型的 BSD 呈明显的分区特征，即通过 BSD 可以区分出不同河型。三个河型对比，在一定流量情况下，分汊河型的 BSD 最大、弯曲河型次之、顺直河型最小，即说明就河床形态复杂程度而言，分汊河型、弯曲河型、顺直河型依次减小，这与传统认识基本一致。

需要说明的是，图 4-16 由本书概化模型试验得来，一方面模型为变态，纵向尺度相对较大，因此床面复杂程度一般较原型为大，因此计算出的 BSD 值一般亦较原型大，因此此图具有定性作用，定量则不合适；另一方面，BSD 存在于一定尺度范围内，不同的无标度区范围，其值可能不同，故在实际 BSD 划分河型时，需要统一无标度区及分形计算方法[11]。

同时，一个成熟、科学的河型判据需要大量的数据，尤其是原型河段的支持，本书试验提供了一个方法和思路，但还需要收集更多的实际河段样本资料，才能确立采用床面形态分形维数区分河型的方法。

4.3　河床调整对河道阻力的影响

影响河床冲淤变化的因素主要包括来水来沙条件、河床边界条件以及下游侵蚀基准面等三个方面[12]，以上任何一个因素的改变都将使河段发生相应的冲淤调整，床面形态将会发生变化，这就相当于边界粗糙度不断地发生变化，其结果必然引起河道阻力，尤其是形态阻力的变化。

本节依据概化模型水槽清水造床试验结果，研究不同河型、不同流量、不同尾门水位(侵蚀基准面)等情况下河床冲淤调整过程阻力的变化，并分析床面形态调整(以河床表面分形维数反映)与河床(形态)阻力的关系。

4.3.1　流量对河道阻力的影响规律

选用曼宁糙率 n 作为河道阻力的表达方式，并通过如下方式来计算 n 的大小：

$$n = \frac{\overline{A}}{\overline{Q}}\overline{R}^{2/3}J^{1/2} \tag{4-2}$$

式中，$\overline{A}$ 为计算河段进、出口断面过水面积的平均值；$\overline{Q}$ 为河段进、出口处流量的平均值；$\overline{R}$ 为计算河段进、出口断面水力半径的平均值；J 为水面比降。

式(4-2)为由实测资料反算河道曼宁糙率的计算公式，图 4-17 给出了 C 组试验中各级流量下的曼宁糙率 n 的变化过程。

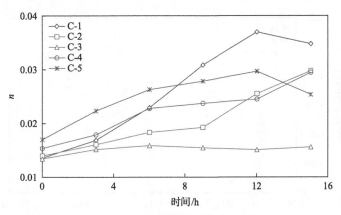

图 4-17　C 组试验曼宁糙率变化过程

从图 4-17 中可以得出以下结论。

(1)各级流量下，曼宁糙率均大于初始值。

(2)不同流量下，阻力的调整过程有所不同，在本书的试验范围内，有的流量级曼宁糙率随冲刷调整历时呈一致增大的趋势，而有的流量级曼宁糙率随着冲刷历时的变化有先增大，后略有减小的过程。

同流量下阻力的变化首先与床面形态的调整过程有关。以 C-1 组次为例，可以看出其阻力的增大与床面形态的发展息息相关，如图 4-17 所示。

由图 4-17 可以看出：C-1 组次中床面形态呈现出明显的随时间逐渐发展的过程，尤其是 C-1-0 至 C-1-4，沙波由上至下逐渐发展，直至遍布河槽，故在此期间曼宁糙率亦呈一个明显的增大趋势。

需要说明的是，随着流量的增大、水深的增加，其淹没岸壁的范围增加，相应的初始曼宁糙率有所增大。

不同来流条件下的阻力变化过程并不相同。在 C 组试验中，阻力的变化过程分为两大类：即先增大后减小以及逐渐增大，其与流量的关系并不明显，这是因为水流强度(可用 Fr 表达)并不随流量的加大而逐渐增强。经计算，各级流量初始状态下进口处的 Fr 分别为 0.158、0.141、0.129、0.124、0.133，可以大致看出，Fr 较大时，其阻力表现为先增大后减小；Fr 较小时，其阻力则表现为逐渐增大。显然，阻力变化过程与来流的水流强度有一定的关系，水流强度较强时，床面形态发展较快，阻力亦相应较快地达到相对平衡，而水流强度较弱时，床面形态发展较慢，在测量时间内阻力尚不能达到相对平衡，表现为逐渐增大的趋势。

从图 4-17 可以看出，对于不同来流流量，其阻力大小是不同的，不同组次中的最大阻力与来流的 Fr 有一定的相关关系。图 4-18 给出了 A～D 四组试验中各级流量下(初始状态下)来流 Fr 与其曼宁糙率变化幅度的关系图。

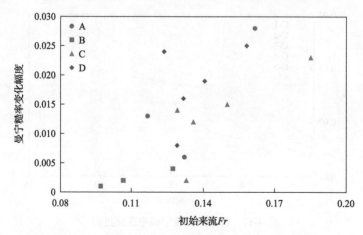

图 4-18　曼宁糙率变化幅度与初始来流 Fr 的关系图

从图 4-18 可以看出：曼宁糙率的变化幅度与初始来流 Fr 存在较好的相关关系，其基本上随着初始来流 Fr 的增加而增大。这是因为初始来流 Fr 越大，则水流强度越大，相应床沙更亦起动、床面形态的变化幅度也将越大，这自然会使得床面曼宁糙率的变化幅度加大。

总体来看，因不同来流条件下的河床形态调整过程、幅度不同，相应河道阻力的变化过程及大小均不同，且与来流条件存在明显的相关关系。

(1)水流强度越强，其曼宁糙率增大的幅度将越大。

(2)曼宁糙率 n 随冲刷历时的变化应该是先增大而后逐渐稳定的过程，水流强度越强，这一过程完成得越快，水流强度较弱时，床面形态发展较慢，则这一过程需要更长的时间来完成。

4.3.2　侵蚀基准面对河道阻力的影响规律

1. 侵蚀基准面对河道阻力调整过程的影响

图 4-19 给出了顺直河型出口水位(侵蚀基准面)下降前后阻力系数调整过程对比。

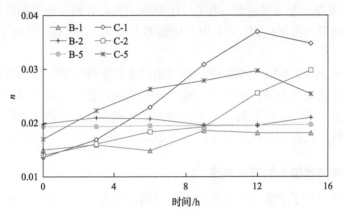

图 4-19　出口水位下降前后的阻力系数调整过程对比

从图 4-19 中可以得出以下结论。

(1)无论出口水位下降与否，清水冲刷条件下，整体上河道阻力均会较初始状态有所增加。

(2)大、中水来流条件下，出口水位下降前，其曼宁糙率变化很小，相对稳定，而出口水位下降以后，曼宁糙率明显有增加的趋势；小水来流条件下，出口水位下降前，曼宁糙率变化基本上逐渐增大，出口水位下降后，其变化则为先增加而后减小，说明其变化进程快于出口水位下降以前。

2. 侵蚀基准面对河道阻力调整幅度的影响

出口水位(侵蚀基准面)的下降，除了使河道阻力的调整进程加快，亦会对其调整幅度产生影响，表 4-16 给出了出口水位下降前后，其曼宁糙率的调整幅度。

表 4-16　出口水位下降前后曼宁糙率调整幅度的对比

流量/(m³/h)	尾门水深/m		曼宁糙率变化幅度	
	初始水位方案	下降水位方案	初始水位方案	下降水位方案
35.00	0.10	0.080	0.004	0.023
53.46	0.14	0.112	0.002	0.015
161.00	0.18	0.144	0.001	0.012

由表 4-16 可见，出口水位下降以后，曼宁糙率 n 的变化幅度明显加大，在出口水深相对降幅基本相同的情况下，其阻力系数变幅加大这一现象在中小流量时更为明显。

总体而言，出口水位的下降，能加剧河道阻力的调整，一方面表现在变化进程的加快上，另一方面则体现在变化幅度的增加上。这一现象显然与出口水位下降前后相应河床冲淤调整的不同有关，图 4-5 给出了出口水位下降后小流量(即 C-1 组次)的床面形态发展过程，为了对比分析，图 4-20 则给出了同样流量初始水位方案的床面形态发展过程。为突出其床面形态变化，将高程刻度缩小为 0.135～0.195m。

对比图 4-5、图 4-20 不难发现：相对出口水位下降以后，初始水位方案时，其床面形态变化是很小的，故其曼宁糙率 n 变化幅度较小。可以说，清水冲刷条件下，出口水深减小，将使得河床形态冲淤变化幅度加大，这才加剧了河道阻力的调整，使其变化进程加快，幅度亦有所加大。

4.3.3　河型对河道阻力的影响规律

前面已经分析了来水条件及出口水位对河道阻力调整的影响规律，本节将对河道边界条件变化情况下河道阻力的调整规律进行研究。在本章各试验中，由于水槽初始地形均为略有坡度的近平整床面，所用床沙亦为级配相同的均匀沙，故对河道边界的改变主要通过河型来反映。

1. 不同河型河道阻力大小的对比分析

不同的河型具有不同的阻力特性[13]，前人对此有过研究，但所得结论并不完全一致，故本节基于本书试验，对不同河型的河道阻力进行对比，因对比时需保持水位-流量关系的一致性，故对分汊与顺直河型、弯曲与顺直河型进行了分别对比。

1)分汊与顺直河型河道阻力大小的对比

表 4-17 给出了基于 A、B 两组试验所得分汊河型与顺直河型曼宁糙率大小及变化情况的对比。从表中可以得出以下结论。

(1)分汊河型河道曼宁糙率的平均值明显大于顺直河型。

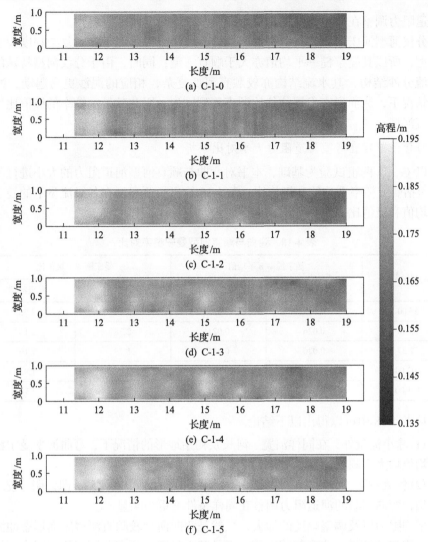

图 4-20 C-1 组次各测次中床面形态发展过程(初始水位方案)

表 4-17 初始水位两河型曼宁糙率大小对比

流量/(m³/h)	曼宁糙率 n 平均值		曼宁糙率 n 极值比	
	分汊河型	顺直河型	分汊河型	顺直河型
35.00	0.048	0.017	1.95	1.24
53.46	0.033	0.020	1.27	1.08
102.00	0.028		1.60	
161.00		0.023		1.02

(2)分汊河型曼宁糙率的极值比亦大于顺直河型,即较之顺直河型,分汊河型

的河道阻力调整在同样条件下将更为剧烈，变化幅度亦可能更大。

分汊河型河床形态具有极强的三维性，故在一般情况下，其复杂程度大于顺直河型，所以其曼宁糙率平均值亦大于顺直河型；同时，由于分汊河型特殊的汊道分流分沙结构，其水流结构亦较顺直河型复杂，相应的泥沙更易起动，冲刷调整情况下，床面形态发展往往比顺直河型剧烈，因此其曼宁糙率的极值比均大于顺直河型。

2)弯曲与顺直河型河道阻力大小对比分析

以 C、D 两组试验为基础，本书对弯曲与顺直河型河道阻力的大小进行了对比，包括曼宁糙率平均值和极值比。表 4-18 给出了两河型在各级流量下的曼宁糙率平均值和极值比。

表 4-18　弯曲与顺直河型曼宁糙率对比

流量/(m³/h)	曼宁糙率 n 平均值		曼宁糙率 n 极值比	
	弯曲河型	顺直河型	弯曲河型	顺直河型
35.00	0.025	0.025	3.10	2.95
53.46	0.026	0.021	2.38	2.13
72.27	0.026	0.015	1.39	1.16
102.00	0.028	0.022	2.45	1.92
161.00	0.031	0.025	1.84	1.75

从表 4-18 中可以得出以下结论。

(1)除小流量外，在同样河宽、河长及初始地形的情况下，弯曲河型曼宁糙率的平均值均大于顺直河型。

(2)各流量下，弯曲河型曼宁糙率的极值比均大于顺直河型，即说明，较之顺直河型，弯曲河型的河道阻力调整在同样条件下更为明显。

平均阻力以及调整幅度的加大，显然是弯曲河型较顺直河型床面形态冲淤发展更为剧烈的结果，这亦与前人的认识是基本相同的，弯曲河型往往因水流结构更为复杂，如弯道环流等，使得其较顺直河型的泥沙更易起动，输沙能力较强，断面形态多呈偏 V 形，整体床面形态也往往更为复杂。

2. 不同河型河道阻力调整过程的对比分析

1)分汊与顺直河型河道阻力调整过程对比分析

在 A、B 两组试验基础上，图 4-21 给出了三个不同流量下弯曲与顺直河型曼宁糙率变化过程的对比。从图中可以得出以下结论。

(1)与表 4-17 结论一致，分汊河型的曼宁糙率大小及变化幅度均大于顺直河型，且小流量的糙率变化幅度大于大、中流量。

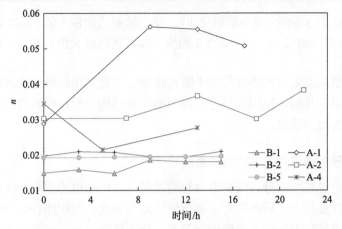

图 4-21　分汊与顺直河型曼宁糙率变化过程对比

(2)两个河型的河道阻力过程总体具有一定相似性，中、小流量均大致表现为先增大而后略减小，大流量顺直河型变化不甚明显，而分汊河型则为先减小而后增大。

(3)两个河型的初始曼宁糙率同时表现出了随流量的增加而增大的现象，其中在分汊河型中表现得更为明显。

2)弯曲与顺直河型河道阻力调整过程对比分析

在 C、D 两组试验基础上，图 4-22 给出了出口水位下降后，三个不同流量级下弯曲与顺直河型曼宁糙率的变化过程对比，从图中可以得出以下结论。

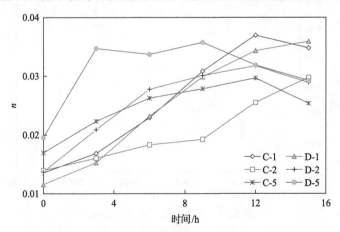

图 4-22　弯曲与顺直河型曼宁糙率变化过程对比

(1)两个河型的河道阻力过程总体是相似的，中、小流量均为增大态势，或先增大而后略减小，大流量则为先增大而后减小幅度亦大。

(2)在大、中流量级时，弯曲河型曼宁糙率 n 的调整进程快于顺直河型，顺直河型一般是在第 5 测次(即冲刷后 12h),曼宁糙率达到最大值,而弯曲河型往往在第 4 测次(即冲刷后 9h),甚至第 2 测次,即可达到最大值,其后会再出现减小或小幅波动。

弯曲河型河道阻力调整进程快于顺直河型,正是其床面形态发展进程快于顺直河型的结果,其根本原因亦是弯曲河型的水流结构一般较顺直河型复杂,泥沙更易起动、搬运和输移。

4.3.4　河床形态调整对河道阻力的影响

河道阻力包括两部分:沿程阻力和局部阻力。沿程阻力主要指床面阻力,即沙粒阻力和沙波阻力;局部阻力主要指河势阻力和成型淤积体(洲、滩、岛等)阻力以及人工建筑物附加阻力。而床面形态变化主要包括沙波形态变化、成型淤积体的变化,甚至包括河势的变化,这些都将直接影响沙波阻力、成型淤积体阻力及河势阻力的大小,故 BSD 与以上阻力单元存在必然的联系。本节以概化模型试验为基础,分析河床表面分形维数与曼宁糙率的关系。

1. 河床表面分形维数对河道阻力的影响

图 4-23 给出了 BSD 与曼宁糙率的关系。从图中可以看出,BSD 与曼宁糙率关系较好,基本上呈 BSD 越大,曼宁糙率越大的态势,这与两者物理意义的内在联系是分不开的。

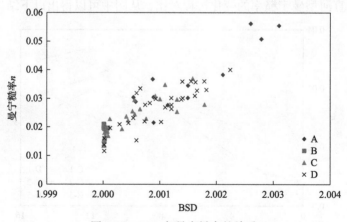

图 4-23　BSD 与曼宁糙率的关系

河道水流运动过程中,为了克服河道阻力的作用,将会消耗能量。河道水流能量消耗的最主要方式是部分机械能转化为紊动能量,紊动能量最终转化为热量消耗。换句话说,水流的紊动能量来自时均流动的机械能,一个河段水流流动阻力的实质,就是部分机械能转化为紊动能量而耗散,而紊动起源往往是流动边界上的边壁粗糙和肤面摩擦，或为不规则的边界形状，如沙波、成型淤积体等[12]。本书采用 BSD 来表征河床的复杂、粗糙程度，当 BSD 增加时，河床表面的不规则程度增加，水流的紊动增强，能量损失增加，曼宁糙率亦增大。

2. 河道曼宁糙率的估算方法

在本试验范围内，床沙采用的是均匀沙，冲刷过程中可不考虑粗化的影响，因此在来流条件变化不大的情况下，沙粒阻力可以认为是一个定值；而河岸两侧均为水泥抹面，河岸曼宁糙率亦可认为是一个定值。显然，河道床面形态变化导致的曼宁糙率的变化值主要由沙波及成型淤积体形态、河势变化所产生的，即曼宁糙率的变化可由 BSD 变化来表达。

在每组试验初始状态下，床面为平床，河势亦无明显的放宽或缩窄，曼宁糙率可设为 n_0，床面形态发生变化后曼宁糙率变化值为 $n{-}n_0$，BSD 的变化则用 $D{-}D_0$ 表示。

将 $n{-}n_0$、$D{-}D_0$ 点绘成图，如图 4-24 所示。

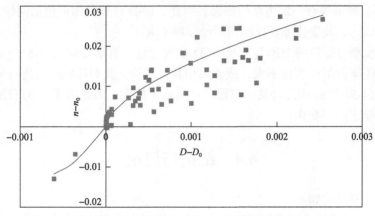

图 4-24　BSD 变化与曼宁糙率变化值的关系

从图 4-24 可以看出，BSD 变化与曼宁糙率变化值有明显的正相关关系，且不是一个线性关系，故首先将图 4-24 中 $n{-}n_0$、$D{-}D_0$ 数据中横轴大于 0 的部分进行指数回归，所得公式如下：

$$n = (D - D_0)^{0.6} + n_0 \tag{4-3}$$

考虑到当 $D{-}D_0 < 0$ 时，其经式(4-3)运算将得到复数，为保证运算结果一定为实数，故在考虑 $D{-}D_0 < 0$ 情况下将式(4-3)改写如下：

$$n = \frac{D - D_0}{|D - D_0|} |D - D_0|^{0.6} + n_0 \tag{4-4}$$

式中，$\dfrac{D-D_0}{|D-D_0|}$ 仅起到判断正负的作用，可将式(4-4)简化如下：

$$n = (D-D_0)\left|D-D_0\right|^{-0.4} + n_0 \tag{4-5}$$

式中，D 为 BSD 值；D_0 为河道起始 BSD；n_0 为起始状态下的曼宁糙率，由式(4-5)计算所得曲线如图 4-24 所示，计算值与试验值的相关系数 $R=0.90$。

式(4-5)由概化模型试验数据得来，其在机理上具有一般意义。然而其与原型河道尚有以下差异。

(1)床沙组成的非均匀程度。原型河道床沙多为非均匀沙，故在冲刷调整过程中进行曼宁糙率估算，需考虑床沙粗化的影响。

(2)床面平整程度。原型河道的床面多为不平整的，因此在原型河道中，起始 BSD 一般大于 2，起始曼宁糙率 n_0 亦不仅指沙粒阻力、小尺度沙波阻力及河岸阻力，而是指起始状态下的综合曼宁糙率。

(3)河岸范围。原型河道中的河岸一般极少为立壁，其初始断面不为矩形，一般为 U 形、梯形等有一定边坡的形态，因此，BSD 计算范围可包括河岸、岸坡，即可初步认为，其变化亦能反映河岸曼宁糙率大小。

鉴于模型与原型的上述差异及 BSD 的尺度性，有必要对式(4-5)的适用性进行交代：①床沙组成变化不大，或者采用其他经验公式对沙粒阻力进行另外的估算；②式(4-5)中 n_0 指的是某一河段的初始曼宁糙率，因此用式(4-5)只能估算同一河段的曼宁糙率变化。

4.4　结论与讨论

本章主要结论如下。

(1)分汊河型的冲刷调整过程中，三个二维剖面形态的变化都比较明显，对于两岸有较强约束的交替型分汊河道而言，除了江心洲洲头变化以外，随流量变化而导致的滩、槽冲刷幅度的差异以及汊道的不均衡冲刷都是其主要的冲刷调整特点。

(2)顺直河型的冲刷调整首先反映在纵向的冲刷下切上，纵向冲刷下切会带来两方面的后果，一方面沿程不均匀的冲刷下切将使深泓起伏程度加大；另一方面纵向的冲刷，将会使滩槽高程差加大，断面变得窄深。

(3)弯曲河型纵向冲刷幅度大，横向形态变化剧烈，平面变化相对较小，但具有突变可能。

(4)河床表面分形维数可从整体上描述河床表面形态冲淤起伏的剧烈程度，其与河段平面形态、横断面形态及深泓纵剖面形态之间是整体与部分的关系，相比河床表面分形维数,各二维剖面仅是从不同的侧面或局部来反映床面形态的变化。

(5)概化模型试验及实测资料分析均表明河床形态变化较大的剖面,对河床表面分形维数的影响亦较大，这说明河床表面分形维数能较好地反映河床形态的调整。

(6)河床表面分形维数可在一定程度上体现河型,甚至河型亚类之间的差异,在本书试验范围内,一定流量下,分汊河型的床面分形维数最大、弯曲河型次之、顺直河型最小,实际河段比较中,则是微弯高水分汊床面分形维数最大、弯曲低水分汊及顺直中水分汊次之、微弯低水分汊最小,在收集更多实测河段资料并统一算法后,河床表面分形维数可作为河型的判据之一。

(7)来流条件可以用 Fr 来反映, Fr 较大时,其阻力表现为先增大后减小,且这情况多发生在大洪水及小水情况下； Fr 较小时,其阻力则表现为逐渐增大,同时, Fr 的大小与其阻力调整的幅度呈较明显的正相关关系。

(8)侵蚀基准面或者出口水位的下降,使得河床形态冲淤变化幅度加大,能加剧河道阻力的调整,或使原本相对稳定的情况发生变化,或使正在变化的情况加速调整,调整幅度亦有所加大。

(9)不同河型的阻力调整过程基本是相似的,都有一个先增大而后减小的基本过程,较之顺直河型,分汊河型和弯曲河型因水流结构复杂以及河床变形迅速,其综合阻力调整进程较快,变化幅度较大,尤其在大流量时,表现得更为明显,其较快发展到减小过程,且减小幅度往往较大。在本书试验情况下,分汊河型、弯曲河型阻力均大于顺直河型。

(10)河床表面分形维数越大,则河床曼宁糙率越大,存在较好的正相关关系,且本书给出了河床表面分形维数与曼宁糙率之间的量化关系,该量化关系可适用于同一河段曼宁糙率的估算。

研究展望：①河床形态冲刷调整的研究,主要是通过归纳总结前人成果、实测资料分析和概化模型试验研究三个手段来完成,而实测资料分析和概化模型试验均是在河岸边界约束较强的情况下进行的,而对弱约束条件的情况没有进行针对性的研究,此外,模型试验的原型为长江中下游,而未考虑游荡河型的冲刷调整规律,因此,对河岸边界约束较弱河道及游荡河型的河床形态冲刷调整规律需要进一步的针对性研究；②本章基于分形理论,对河床形态量化进行了研究,并在此基础上对河床表面分形维数与曼宁糙率的关系及其变化与河型的关系进行了分析和讨论,但限于原型资料收集得不够多,所以形态阻力量化方法及基于床面分形维数的河型划分尚不够成熟,应进一步收集原型资料,使本书研究理论得到完善。

参 考 文 献

[1] 周银军. 河床冲刷调整过程中阻力变化初步研究[D]. 武汉: 武汉大学, 2010.

[2] 钱宁, 张仁, 周志德. 河床演变学[M]. 北京: 科学出版社, 1987.

[3] 冯源. 年内交替型分汊河道冲刷调整规律与机理的初步研究[D]. 武汉: 武汉大学, 2009.

[4] Zhou Y J, Lu J Y, Chen L, et al. Bed roughness adjustments determined from fractal measurements of river-bed morphology[J]. Journal of Hydrodynamics, 2018, 30(5): 882-889.

[5] 王兴奎, 邵学军, 王光谦. 河流动力学[M]. 北京: 科学出版社, 2004.

[6] 倪晋仁, 马蔼乃. 河流动力地貌学[M]. 北京: 北京大学出版社, 1998.

[7] 沈玉昌, 龚国元. 河流地貌学概论[M]. 北京: 科学出版社, 1986.

[8] 叶青超, 陆中臣, 杨毅芬. 黄河下游河流地貌[M]. 北京: 科学出版社, 1990.

[9] 许炯心. 砂质河床与砾石河床的河型判别研究[J]. 水利学报, 2002, 10: 14-20.

[10] 陈文磊, 魏加华, 李美姣, 等. 河床表面分形度量及其在河型判别中的应用[J]. 中国科学(E 辑. 技术科学), 2015, 45(10): 1073-1079.

[11] 许炯心. 基于对 Leoplod-Wolman 关系修正的河床河型判别[J]. 地理学报, 2004, 59(3): 462-467.

[12] 陈立, 明宗富. 河流动力学[M]. 武汉: 武汉大学出版社, 2001.

[13] 周银军, 王军, 徐育平, 等. 长江黄陵庙至南津关河段河势分析[J]. 水利水运工程学报, 2015(1): 38-46.

第5章 葛洲坝下游水沙运动及河床演变分析

葛洲坝水利枢纽位于高山峡谷向平原冲积河流转折区上首，枢纽下游为宜昌至枝城河段(以下简称宜枝河段)，两岸为低山丘陵地区，长约59km。天然情况下该河段河势稳定，河道形态变化十分缓慢。葛洲坝及三峡枢纽的兴建，改变了上游河道来水来沙过程，河床发生了冲刷—回淤—再冲刷—再回淤的过程，河床呈现冲刷趋势。

葛洲坝水利枢纽是径流式电站，水库拦截的泥沙有限，下游河道冲淤平衡相对较快，但三峡水库蓄水后，枢纽下泄的泥沙大幅减少，坝下河段河床在进一步冲刷下切，且冲刷向下游发展。目前，长江中下游两岸的防洪护岸工程已成规模，河床的边界稳定性已经得到明显提高，但宜枝河段河床演变对长江中下游河道冲刷研究仍具有实际意义。

5.1 河流地貌特征

5.1.1 河道概况

宜枝河段上起宜昌市镇江阁，下迄枝城长江大桥，全长59km，是长江由山区河流向平原河流转变的过渡段，两岸岸坡较为稳固。按照河段特点通常将其分为宜昌河段和宜都河段，其中宜昌河段为镇江阁—虎牙滩(长19.4km)，宜都河段为虎牙滩—枝城水文站(长39.6km)，见图5-1。

该河段河道蜿蜒曲折，河段内泥沙堆积特征明显，洲滩较为发育，弯道、洲滩节点与深槽并存。河道属于宽谷微弯河床，其中云池以上河道基本顺直，云池以下则弯道众多，河向多变[1]，红花套至枝城河道呈连续的S形。

其中，弯道从上至下沿程依次有宜都、白洋、枝城等，宜都、白洋弯道曲率半径较小，河槽控制水流的作用较强，因此河床的变化较剧烈；沿程洲碛、边滩节点依次有胭脂坝、临江坪、三马溪、向家溪、南阳碛、大石坝等；河段深槽沿程有卷桥河深槽、胭脂坝深槽、艾家镇深槽、红花套深槽、云池深槽及白洋弯道深槽等深槽。

5.1.2 河岸构造

长江中下游的主要地质构造单元为江汉凹陷的扬子准地台，新构造运动以来江汉凹陷为沉降区，江汉盆地连接洞庭湖盆地，外围山地抬升，中部下降，地势低洼，水系发育，形成复杂的江湖吞吐关系。

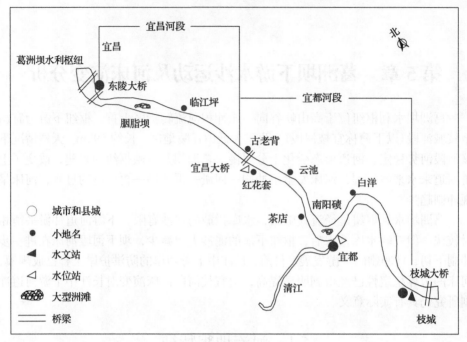

图 5-1　宜枝河段概貌图

长江中下游位于长江流域自西向东地势第三级阶梯，地貌形态为堆积平原、低山丘陵、河流阶地和河床洲滩。枝城以上低山丘陵较多，石首、岳阳附近还有少数低丘，鄂州至武穴段低山丘陵沿两岸分布，湖口以下沿江南岸山丘断续分布。河道两岸有反映其演变过程的多级阶地，其级数越往下游越少，宜昌附近有 5 级阶地，荆江河段有两级阶地发育，城陵矶以下沿江丘陵有三级阶地发育。长江中下游洲滩较多，两岸滩地一般在长江高水位以下，易发生冲淤变化，江心洲多发育上下节点间的河道宽阔段。

宜枝河段处于山区河流向平原河流的过渡段，河道两岸有丘陵山体，岸坡主要由基岩质、土石质和硬土质组成，局部河岸由软土质和砂土质构成。再加上河道两岸护岸工程的实施，总体而言，工程河段岸坡抗冲能力较强。本河段洲滩组成多为晚更新世河床砂卵石，卵石粗大且含量高，充填物为含泥的砂土，结构紧密，抗冲性强。河段床面组成以沙质为主。宜枝河段枯水河床床底多为砂-砾-岩三层结构，上部砂层厚度大多小于 5m，局部可达 15m，夹砂层厚度一般小于 3m，最厚超过 12m。砾层厚度一般小于 21m。

1) 葛洲坝—虎牙滩

葛洲坝—虎牙滩河道右岸是低山丘陵，山顶高程约 200m；左岸是长江一、二级堆积阶地，地势平缓，临江沿线地面高程为 50～60m，洪枯水之间岸坡地质结构分为白垩纪碎屑岩、第四纪更新世黏性土和砾石层、全新世黏土及新淤黏性土、沙性土四种类型。

本段河床为基岩或卵石夹砂,床沙粒径范围较广,其中细沙中值粒径为 0.23mm,沙砾石中值粒径为 23.0mm,卵石中值粒径为 50mm。镇川门至胭脂坝头段,右半江为基岩、卵石,左半江为沙质河床,江心部分为卵石夹砂,砂砾层厚 5~11m;胭脂坝段左、左汊河床均由沙、砾石组成,其厚度约 10m,胭脂坝洲体由卵石、沙和壤土组成,抗冲性强,胭脂坝表层沙石粒径自洲头向洲尾变细;胭脂坝尾至虎牙滩段,河床组成为沙、砾石,其上覆盖的细沙平均厚度为 3~5m。

万寿桥溪沟口以上分布少量河漫滩地,临江岸一带一般为一级阶地,后缘为二级阶地。一级阶地高程为 53~57m(黄海高程,下同),阶地宽 200~100m。二级阶地高程为 60~70m,宽 100~1000m,二级阶地地层主要为第四纪更新世沉积物,分布不规律,主要土层有亚黏土、黏土(厚度 1.2~2.5m)、亚砂土、粉细砂、卵石、砂卵石。

临江坪段系长江高河漫滩,平面上呈狭长的三角形,最宽处 360m,标高在 50m 左右,后方为基岩组成的剥蚀丘陵,自然坡度为 45°左右,最陡坡度处大于 75°。港区地层也分为三层,上部是由亚黏土、黏土组成的软土层,层厚由上游的 14m 至下游逐渐加厚到 21m,水下缺少土层。中层由密实或稍密实的卵石和卵砾层组成,下层是由砾岩组成的硬层(标高由 31m 向下游微倾至 20m)

2)虎牙滩—枝城大桥河段

两岸由砂-砾-岩三层构成,左岸基本由第四纪全新世黏性土构成,右岸由第四纪更新世黏性土和砾石层构成的土砾质和硬土质组成,该区自第四纪以来,地壳长期间歇性上升,形成五级阶地,地层发育齐全,受阶地节点控制岸线稳定,河岸抗冲能力较强。

该河段沙质床沙中值粒径绝大部分都在 0.15~0.3mm 范围内;局部地方存在砂卵石堆,左右岸有些地方存在胶结砾石层。根据 1999 年红花套输气管道穿江工程(云池斜对岸上游约 1km,可基本反映该河段河床组成)床沙实测资料,本河段床沙中值粒径为 0.2mm,1999 年 2 月份涵管断面沙质床沙中值粒径为 0.19mm。由涵管断面地质剖面图及其附近钻孔资料可知,涵管断面附近砂卵石中值粒径约为 28.0mm,涵管断面深泓区与右岸河床基本由砂卵石组成,局部存在胶结砾石;而左岸存在 2~8m 的沙质覆盖层,下为砂卵石层。从云池港区钻探资料看,该港区内工程地质条件良好,土层为耕土层、粉土层、粉质黏土、砂砾石、圆砾石、淤泥质砾砂、圆砾砂、砂卵石、淤泥质粉细砂(含少量卵石)、砂卵石层、砾岩[2]。

5.1.3　河道边界条件

葛洲坝下游的地貌总体格局是由山地向宜昌东部丘陵，再到松滋口以东的江汉平原，阶地由高阶至低阶，再至埋藏阶地，地势也几经拗折，由高至低。在长江演变的历史过程中，不连续的山体基岩限制着河道因科里奥利力作用向南迁徙，成为许多河段右岸的直接边界，而左岸部分是伴随着江心洲不断并岸，河道逐步束窄而形成的冲积物边界，从而形成了长江中下游沿岸的不连续节点地貌。葛洲坝下游河道特殊的地质地貌特征，使河道具有宽窄相间的形态特征，河床与水沙过程相互作用，使葛洲坝下游呈现单一微弯过渡到弯曲蜿蜒，再到分汊的特征；控制河道纵剖面呈波状起伏，横断面宽浅型与束窄型交替出现。

"宽窄相间"是长江中下游最主要的平面特征，宽浅段多为分汊河型，束窄段多为单一河段，越靠下游，河道放宽系数越大，江心洲越发育，宽窄相间的特征越明显[3]。宽浅河段断面形态多表现为滩槽分布较为明显的复式断面或 W 形断面，宽深比相对较大，束窄河段多表现为单一的 U 形或 V 形断面，宽深比相对较小。与平面形态紧密相关，长江中下游的宽深比沿程大小相间，且越靠下游，宽深比的波动越大。从深泓高程变化来看，纵剖面整体沿程降低，局部高低起伏，纵剖面"高低起伏"与河宽"宽窄相间"对应出现，深泓在起伏中呈明显下降趋势。宜枝河段河床覆盖薄，深泓沿程下降受到限制，但仍出现沿程下降趋势。其最低深泓高程由近坝段的 5m 左右下降到下段枝城段(梅子溪)的–3.4m 左右。

1) 河床组成

长江在宜枝河段由山区性河流过渡为冲积平原河流，河床表层组成从上游至下游逐渐变细，由卵石夹砂或砂夹卵石河段过渡到以中沙为主夹少数砂卵石河段，以下过渡到以粉细砂、细砂为主的河段。杨家垴以上河段床面以下发育了埋藏卵石层，随着水库修建后河床冲刷的进行，下伏卵石层逐步暴露，河床组成在杨家垴上下游变化较大，上游为砂卵石河床、下游为沙质河床。宜昌至杨家垴砂卵石河段床沙粒径呈下降趋势(表 5-1)，床沙较粗的昌门溪以上除了局部基岩出露，床面组成主要为砾卵石夹砂或砂夹卵石，但河段内一些边滩、心滩以及汊道支汊仍有一定厚度的中细沙覆盖，砾卵石或砾卵石夹砂河床一般分布在宜都和芦家河水道的石泓，中细沙主要分布在宜都弯道左岸边滩、龙窝弯道李家溪边滩、关洲左汊及关洲洲体表面等位置，床沙组成在沿程细化的同时，局部粗细不均现象也十分明显。杨家垴以下沙质河床卵石层埋深较大，覆盖层泥沙以粉细砂、细砂为主。沙质河床的河床组成特征延续了砂卵石河床"整体细化、平面差异沿程减小"的规律，由于河流冲积特性沿程增强，泥沙沿程分选沉积，位于下游的沙质河床床沙普遍较细,河床抗冲性在纵向、横向上差异不大。三峡水库蓄水后,随着宜枝河段逐年冲刷,河床组成明显粗化,目前砂砾质河床逐步演变为砾卵质河床。床沙组成逐年粗化和沿程粗化的趋势明显,河床抗冲性增强,河床下切抑制作用明显增加。

表 5-1 宜昌—杨家垴河段床沙中值粒径 D_{50} 变化统计表 (单位:mm)

河段	范围	1988 年 3 月	1995 年 4 月	1998 年 11 月	2000 年 1 月	2001 年 9 月	2003 年 10 月	2011 年 10 月
宜昌段	宜 34～宜 45	0.219	0.250	0.260	0.355	0.171	0.241	25.4
古老背段	宜 45～宜 60	0.209	0.222	0.256	0.269	0.249	0.232	15.5
宜都段	宜 60～枝 2	0.282	0.228	0.198	0.225	0.217	0.262	16.1
枝城段	枝 2～董 3	0.218	0.209	0.248	0.156	0.207	0.237	4.6
枝江段	董 3～荆 18	0.220	0.271	0.225	0.267	0.214	0.182	16.2
全段均值	宜 34～荆 18	0.230	0.236	0.222	0.253	0.211	0.222	15.8

注:2011 年 10 月数值为各断面简单平均值。

2)岸坡地质组成[4,5]

该河段洪枯水位之间的河床岸坡地质结构主要是基岩质、土砾质和硬土质三种类型,局部为软土质和砂土质岸坡。基岩质岸坡由碎石岩构成,抗冲能力较强,岸坡比较稳定。主要分布:右岸五龙口段(宜 34～宜 35)、虎牙滩段(宜 47～宜 52)。土砾质岸坡由第四纪更新世黏性土和砾石构成,局部出露基岩。此类黏土和砾石层紧实干硬,抗冲能力亦较强,多形成阶梯状岸坡。主要分布在宜昌宝塔河、罗镜滩、古老背等河段。硬土质岸坡一般为第一级阶地和高河漫滩阶地前沿,由下部晚更新世黏性土和上部全新世黏性土两层构成,下部较硬实而上部较松软。但一般洪水位以下的岸坡由下部土层组成,故具有一定的抗冲刷强度,冲崩速度亦不是很快。主要分布:左岸宜昌段长 4km(宜 34～宜 39)、左岸临江坪段(宜 43～宜 47)等。软土质岸坡是由新淤黏性土构成,抗冲能力较弱,稳定时限取决于主流线的变化,一旦受冲则迅速崩退。主要分布:左岸宜昌段长 4km(宜 34～宜 39),右岸长 1.5km(宜 51)。砂土质岸坡是由新淤砂性土构成,主要分布在下游松滋口下边滩。基岩质、土砾质、硬土质、软土质和砂土质五类岸坡长度(宜昌—江口段)所占百分比分别为 21.1%、22.5%、44.6%、9.8%、2.0%,可见该河段以硬土质岸坡为主,土砾质岸坡和基岩质岸坡次之,软土质岸坡和砂土质岸坡很少。

　　基岩质、土砾质和硬土质三类岸坡所占两岸百分比在左右岸分别是 82.2%和
94.2%，总的看来该河段的右岸抗冲刷强度大于左岸。

5.1.4　河道整治情况

　　1) 堤防护岸

　　堤防：该河段的堤防工程主要在宜都以下河段，宜昌河段仅在临江溪以下有
长约 6.2km 的堤防，宜都、枝江段的堤防工程长约 43.3km。

　　护岸：葛洲坝水利枢纽兴建前，宜昌河段仅在局部有少量的护岸，在葛洲坝
工程兴建以及运行期(1970～2000 年)，由于宜昌河段处于水流的顶冲段，因此河
段的左右岸不同部位先后修建了多处护岸，万寿桥以上左岸河段基本实施了护岸
工程，右岸局部区域实施护岸工程，左右岸护岸共计长约 12.43km。近年来，根
据宜昌市防洪规划，宝塔河附近河段逐步实施护岸工程，其中左岸白沙脑段(宜
43～宜 45)护岸长 2.43km，右岸红光港机厂码头段及其上下游护岸长 1.24km。近
期胭脂坝段左岸正在逐步实施护岸工程，上下游护岸工程将连成一个整体。目前
已经完成宜昌铁路大桥—热电厂的护岸工程 2.58km，另外宜港临江坪码头及附近
码头等实施了护岸工程，防护长度约为 990m。

　　另外，宜都港区码头、驳岸等建筑物组成护岸，重点崩岸地段的护岸工程在
宜都弯道与白洋弯道之间的孙家河段。

　　2) 护底与航道整治工程

　　葛洲坝枢纽下游胭脂坝护底工程：为遏制河床继续下切和枯水位下降，中国
长江三峡工程开发总公司于 2004 年初组织实施了长江葛洲坝水利枢纽下游胭脂
坝尾护底加糙试验工程，采用沉排结构材料。三个护底区分别位于胭脂坝头、胭
脂坝主槽和胭脂坝尾。

　　宜枝河段航道整治主要以航道疏浚为手段，辅以小区域的工程航道治理措
施。目前在胭脂坝上、中、尾部进行了小区域的河床护底工程；另外，在浅滩
洲碛河段等发生严重的泥沙淤积时，则会对局部进行航道疏浚，如临江溪边滩、
宜昌港口码头以及南阳碛白洋镇港口区域进行过小区域的航道疏浚，以保证通
航安全。

5.1.5　航道概况

　　长江中游宜昌—枝城共有 9 个水道(表 5-2)，目前各水道航道基本情况如下[4]。

表 5-2　宜昌—枝城各水道航道情况

序号	水道名称	全长/km	平面形态	航道情况	序号	水道名称	全长/km	平面形态	航道情况
1	宜昌港水道	4.5	微弯	优良	6	宜都水道	8.0	弯曲分汊	一般碍航
2	白沙老水道	10.0	顺直分汊	优良	7	白洋水道	8.4	弯曲型	优良
3	虎牙峡水道	5.0	顺直型	优良	8	龙窝水道	8.6	单一微弯	优良
4	古老背水道	5.0	顺直型	优良	9	枝城水道	6.0	单一微弯	优良
5	云池水道	8.0	顺直型	优良					

1. 宜昌—古老背（宜昌河段）

该河段基本是两岸山体控制的顺直河道，两岸多山岩矶石，河岸形态稳定少变。河床由砂卵石组成，主流摆动较小，枯水期水深足够。河段内的宜昌港水道、白沙老水道、虎牙峡水道、古老背水道，航道条件稳定，均为优良水道。

2. 古老背—枝城（宜都河段）

该河段为弯曲型河道，弯道凹岸受到濒临江边的山体控制，凸岸均有长条形边滩。河床由砂卵石组成，主流变化不大，只是在宜都弯道岸下部受清江入汇的影响，迫使主流偏向凸岸，形成主流在弯道段靠向凸岸的特殊情况。宜都河段由云池水道、宜都水道、白洋水道、龙窝水道、枝城水道组成。其中，宜都水道在蓄水前为一般碍航水道，蓄水后航道水深有所改善，但水流流态仍较差；其他水道主流稳定少变，航道水深较好，属优良水道。

三峡水库蓄水以来，该河段总体呈现冲刷态势，且由于紧邻葛洲坝，是冲刷最为剧烈的河段。这一冲刷特性在宜昌至昌门溪河段内导致了两方面的航道问题。

一是沿程冲刷引起了枯水期水位流量关系的调整，枯水期同流量下水位不断下降，大幅削弱了枯水流量补偿效应，而局部卵石浅滩河床抗冲性强，下切幅度有限，浅区水深日益紧张。

二是河道冲刷以及水位下降引起了水流条件的调整，继而导致流态变差、航槽缓流区淤积等问题，例如，芦家河水道受上游关洲支汊发展、水道内石泓发展以及碛坝冲刷的影响，沙泓进口区域缓流区域范围增大，并且出现了累积性淤积的现象，沙泓中段还存在"坡陡流急"等不利流态；又如，宜都水道因滩体冲刷，水流流向与航槽走向的交角有增大的趋势，不利于通航安全。

不仅如此，宜昌站枯水同流量下水位的持续下降已明显增加了三峡水库的枯水期流量补偿压力。进入 175m 试验性蓄水阶段后，每年枯水期三峡水库与葛洲坝枢纽的联合调节维持葛洲坝三江下引航道枯水位(庙咀水位)不低于 39.0m，以确保满足葛洲坝枢纽船闸及引航道的水深条件。三峡工程蓄水以来，由于枯水同流量下宜昌水位累计下降约 0.6m，当前宜昌站最小流量已提升至 6000m³/s 左右，这样才能维持庙咀水位不低于 39.0m。若宜昌站枯水位进一步下降，则三峡水库需进一步加大枯水期下泄流量。

5.2　水文泥沙特征

5.2.1　径流特征

长江水量丰沛，三峡防洪库容相对径流量有限，葛洲坝枢纽对水流径流调节较小，蓄水前后宜昌站的年平均径流量变化不大。三峡蓄水前，宜昌站 1950～2002 年多年平均流量为 13800m³/s，径流量为 4367 亿 m³，枝城站 1992～2002 年多年平均流量为 13700m³/s，径流量为 4325 亿 m³；三峡蓄水后 2003～2019 年，宜昌站多年平均流量为 12800m³/s，径流量为 4092 亿 m³，枝城站多年平均流量为13000m³/s，径流量为 4110 亿 m³。

年内分配上，三峡蓄水前和蓄水后宜枝河段径流均主要集中在汛期，其中宜昌站蓄水期 5～10 月的径流量分别约占全年径流量的 79.1%和 75.2%，枝城站分别为 78.2%和 74.5%。三峡水库蓄水前后宜昌站各月月均流量对比见图 5-2，汛后三峡蓄水 9 月、10 月、11 月流量减小，其中 10 月减幅最大，由蓄水前的 18000m³/s减小至蓄水后的 12100m³/s，减幅 32.8%，退水加快的现象较为明显；汛前枯水期1～4 月，在三峡水库的补偿作用下，平均流量均有增加。

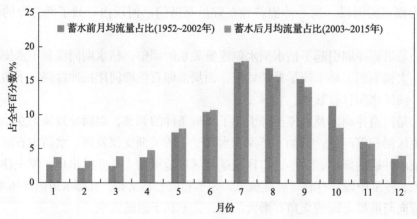

图 5-2　三峡蓄水前后宜昌站多年平均月均流量对比图

5.2.2 泥沙特征

三峡水库蓄水前 1950～2002 年，宜枝河段宜昌、枝城站的输沙变化特征与长江上游干流寸滩、朱沱等控制站水沙变化特征是基本一致的，在 1990 年以前的年平均输沙量较稳定，由于 20 世纪 90 年代以后，长江上游的水土保持及水库工程的建设，开始出现来沙量减少的现象，进入宜枝河段的沙量也相应减少。其中，宜昌站 1992～2002 年年均输沙量为 3.77 亿 t，年均含沙量为 0.872kg/m³；1992～2002 年年均输沙量较多年平均值减小了 23%（表 5-3）。枝城站 1992～2002 年年均输沙量为 3.77 亿 t（表 5-4），也有一定幅度的减少。

表 5-3 宜昌站流量、泥沙特征值统计表

项目	最大值		最小值		多年平均值	统计年份
	数值	出现时间	数值	出现时间		
流量 /(m³/s)	69500	1981 年 7 月 19 日	2770	1979 年 3 月 9 日	13800	1950～2002 年
	61100	2004 年 9 月 9 日	2890	2003 年 9 月 4 日	12800	2003～2018 年
年径流量 /亿 m³	5749	1954 年	3475	1994 年	4367	1950～2002 年
	4649	2012 年	2848	2006 年	4092	2003～2018 年
年均输沙率 /(t/s)	23.89	1954 年	6.67	1994 年	15.58	1950～2002 年
	3.49	2005 年	0.20	2011 年	1.14	2003～2018 年
年均输沙量 /亿 t	7.53	1954 年	2.10	1994 年	4.92	1950～2002 年
	1.10	2005 年	0.06	2011 年	0.36	2003～2018 年
年均含沙量 /(kg/m³)	10.500	1959 年 7 月 26 日	0.004	1995 年 03 月 21 日	1.118	1950～2002 年
	1.660	2004 年 9 月 10 日	0.001		0.088	2003～2018 年

表 5-4 枝城站流量、泥沙特征值统计表

项目	最大值		最小值		多年平均值	统计年份
	数值	出现时间	数值	出现时间		
流量/(m³/s)	68800	1998 年 8 月 17 日	3660	1994 年 2 年 15 日	13700	1992～2002 年
	58000	2004 年 9 月 9 日	3200	2003 年 2 月 9 日	12900	2003～2018 年
年径流量 /亿 m³	5363	1998 年	3433	1994 年	4325	1992～2002 年
	4724	2012 年	2928	2006 年	4069	2003～2018 年

续表

项目	最大值		最小值		多年平均值	统计年份
	数值	出现时间	数值	出现时间		
年均输沙率 /(t/s)	22.2	1998 年	7.39	1994 年	11.9	1992~2002 年
	4.15	2003 年	0.309	2011 年	1.75	2003~2018 年
年均输沙量 /亿 t	7.01	1998 年	2.33	1994 年	3.77	1992~2002 年
	1.31	2003 年	0.10	2011 年	0.56	2003~2018 年
年均含沙量 /(kg/m³)	4.360	1995 年 8 月 17 日	0.010	1998 年 3 月 1 日	0.872	1992~2002 年
	1.730	2004 年 9 月 10 日	0.002		0.137	2003~2018 年

　　三峡水库蓄水初期，进入库区的泥沙大量淤积，宜昌站和枝城站输沙量出现大幅度减小，宜昌站 2003~2018 年年均输沙量为 0.358 亿 t，较蓄水前多年均值减少 93%，含沙量也减小至 0.088kg/m³；枝城站 2003~2018 年年均输沙量为 0.56 亿 t，较蓄水前多年平均值减少 85%，年均含沙量减小至 0.137kg/m³。蓄水后宜昌站汛期 5~10 月输沙量占全年的 99%，枝城站汛期 5~10 月输沙量占全年的 98.3%，年内输沙更集中在汛期，分配的不均匀性十分明显，见表 5-5、表 5-6。

　　葛洲坝为径流式电站，主要拦截部分推移质卵石泥沙，悬移质泥沙拦截量较小，葛洲坝蓄水运用后，宜昌站泥沙颗粒粒径变化不大。三峡水库蓄水后，大部分粗颗粒泥沙被拦截在库内，宜昌站悬沙粒径细化明显[6]。2003~2005 年，三峡坝前 135m 水位运行期间，宜昌站悬沙平均中值粒径为 0.005~0.007mm，2006~2008 年坝前 156m 水位运行期间，宜昌站悬沙平均中值粒径减小至 0.003mm，2008 年以后坝前水位虽有升高，但汛期水位变化不大，宜昌站泥沙中值粒径从 2010 年开始增大，到 2018 年已基本恢复至多年平均水平，说明三峡水库汛期 145m 低水位运行稳定后，对悬移质中细颗粒的拦截作用已经减弱。

　　宜昌站悬移质颗粒分组上，粒径大于 0.125mm 的粗颗粒泥沙含量由蓄水前的 9% 减至 2010 年的 6.5%。2011 年粗颗粒泥沙含量进一步减少，仅为 1.1%，2014 年，该组粒径的泥沙含量均不超过 3%，三峡水库蓄水运用 15 年后，粗颗粒泥沙含量仅恢复到蓄水前的 1/2（表 5-7）。

表 5-5 三峡蓄水前后宜昌站多年月平均流量、径流量、输沙量及年内分配表

时期	项目	1月	2月	3月	4月	5月	6月	7月	8月	9月	10月	11月	12月	年内	统计年份
蓄水前	流量/(m³/s)	4270	3840	4310	6610	11600	18000	30000	27400	25300	18000	10000	5870	13767	1950~2002 年
	径流量/亿 m³	114.5	93.6	115.5	171.3	310.8	466.6	804.2	734.1	656.8	483.2	259.7	157.2	4367.5	
	占年内径流量百分比/%	2.6	2.1	2.6	3.9	7.1	10.7	18.4	16.8	15.0	11.1	5.9	3.6		
蓄水后	流量/(m³/s)	5350	5200	5600	7260	11900	16700	27400	23900	21800	12100	8880	5870	12663	2003~2014 年
	径流量/亿 m³	143	127	150	188	318	432	734	641	565	325	230	157	4010	
	占年内径流量百分比/%	3.6	3.2	3.7	4.7	7.9	10.8	18.3	16.0	14.1	8.1	5.7	3.9		
蓄水前	输沙量/万 t	55.3	29.1	80.0	442.4	2090.4	5218.5	15416.5	12469.5	8741.8	3450.0	969.8	199.7	49163	1950~2002 年
	占年内径流量百分比/%	0.1	0.1	0.2	0.9	4.3	10.6	31.4	25.4	17.8	7.0	2.0	0.4		
蓄水后	输沙量/万 t	5.6	4.4	5.4	10.3	38.8	133.8	1658.0	1346.0	1038.0	86.0	13.8	6.5	4346.6	2003~2014 年
	占年内径流量百分比/%	0.1	0.1	0.1	0.2	0.9	3.1	38.1	31.0	23.9	2.0	0.3	0.1		

注：占年内径流量百分比行相加不为 100%是四舍五入引起的。

表 5-6 枝城站多年月平均流量、径流量、输沙量及年内分配表

时期	项目	1月	2月	3月	4月	5月	6月	7月	8月	9月	10月	11月	12月	年内	统计年份
蓄水前	流量/(m³/s)	4600	4250	4840	6990	11600	19000	31300	27500	22000	16300	9580	5830	13649	1992~2002年
	径流量/亿m³	123	104	130	181	310	493	838	736	570	436	248	156	4325	
	占年内径流量百分比/%	2.8	2.4	3.0	4.2	7.2	11.4	19.4	17.0	13.2	10.1	5.7	3.6		
蓄水后	流量/(m³/s)	5710	5530	5940	7690	12200	17100	27600	24100	22100	12400	9140	6210	12977	2003~2014年
	径流量/亿m³	153	135	159	199	328	443	739	646	573	333	237	166	4111	
	占年内径流量百分比/%	3.7	3.3	3.9	4.8	8.0	10.8	18.0	15.7	13.9	8.1	5.8	4.0		
蓄水前	输沙量/万t	40	32	52	272	1090	4140	12810	9980	5804	2569	727	111	32762	1992~2002年
	占年内径流量百分比/%	0.1	0.1	0.1	0.7	2.9	11.0	34.0	26.5	15.4	6.8	1.9	0.3		
蓄水后	输沙量/万t	8	7	10	25	86	278	1919	1521	1205	143	28	9	5239	2003~2014年
	占年内径流量百分比/%	0.2	0.1	0.2	0.5	1.6	5.3	36.6	29.0	23.0	2.7	0.5	0.2		

注：占年内径流量百分比行相加不为100%是四舍五入引起的。

表 5-7 宜昌站和枝城站泥沙中值粒径对比 （单位：mm）

年份	宜昌	枝城	年份	宜昌	枝城
2003	0.007	0.011	2011	0.007	0.008
2004	0.005	0.009	2012	0.007	0.009
2005	0.005	0.007	2013	0.009	0.010
2006	0.003	0.006	2014	0.008	
2007	0.003	0.009	2015	0.009	
2008	0.003	0.008	2016	0.008	
2009	0.003	0.005	2017	0.010	
2010	0.006	0.007	蓄水前平均	0.009	0.009

5.2.3 水位及水面比降

葛洲坝及三峡水利枢纽工程蓄水后，葛洲坝枢纽下游主河槽发生长河段冲刷，宜枝河段相同流量下，水位逐渐下降，其中，枯水河道水位下降相对明显，汛期洪水水位变化相对较小。

宜昌站在 1973 年葛洲坝兴建以前，水位流量关系较稳定，葛洲坝兴建以后，宜昌河段水位枯水期呈现下降趋势，并随河床冲淤出现波动过程。1998 年长江发生大洪水，葛洲坝库区泥沙冲刷下泄，宜枝河段淤积，宜昌水文站的枯水位出现回升现象。在葛洲坝一期工程建设期间（1975～1981 年），胭脂坝、虎牙滩等区域开采江沙，5000m³/s 流量下宜昌站水位下降 0.31m，葛洲坝蓄水运用初期（1981～1987 年），同流量下宜昌站水位降低了 0.56m，葛洲坝建成后至三峡水库蓄水前（1987～2002 年），宜昌站水位继续下降 0.38m。三峡水库蓄水运用以后，宜昌站枯水位保持下降趋势，在三峡水库 135m 运用期间（2003～2006 年），宜昌站水位又下降约 0.12m，三峡 156m 运用期间（2007～2009 年），水位下降约 0.06m。2009 年以后，宜昌站水位仍处于缓慢下降过程。

三峡蓄水运用前宜昌站洪水水位下降较小，三峡蓄水运用后洪水水位也呈下降趋势，当发生 30000m³/s 洪水时，2009 年宜昌站水位约为 49m（冻结），较 2003 年水位下降 0.4m 左右。

葛洲坝蓄水运用期间，宜枝河段沿程枯水均有不同程度下降，下降程度沿程减小，枝城站以下已不大明显。三峡蓄水运用后，由于河道的冲刷，枝城站枯水位下降得也较明显。同时下游河段水位降低也造成枝城以上河段枯水位进一步下降。根据三峡 175m 试验性蓄水初期沿程水位统计，当下游芦家河水位下降 1.00m 时，枝城站和宜昌站水位将下降 0.74m 和 0.37m，见表 5-8。

表 5-8　　宜枝河段沿程水位下降的关系(5000m³/s)　　　　　　(单位：m)

芦家河水位下降	上游沿程水位下降值				
	陈二口	枝城	宜都	云池	宜昌
0.20	0.20	0.15	0.13	0.11	0.07
0.50	0.49	0.38	0.34	0.28	0.19
0.80	0.78	0.60	0.55	0.45	0.30
1.00	0.96	0.74	0.67	0.55	0.37

目前，宜枝河段河床粗化较明显，岩石及沉积的粗颗粒卵石出露，其河床底板侵蚀基准面将限制河床冲刷，枯水位下降速率将十分缓慢。

长江中下游河段一般 7～9 月为高水期，各站历年最高水位主要在该段时期内出现；1～3 月为枯水期，各站历年最低水位主要在该段时期内出现。三峡水库蓄水前后，水位年内变化规律未有大的改变(图 5-3)，但 9～11 月主要受三峡水库蓄水影响，月均水位较蓄水前明显降低；在枯季，宜昌、沙市站因三峡清水下泄引起的河床下切明显，枯水补偿效应对水位的影响相对较弱，最低水位较蓄水前抬升幅度相对较小，而城陵矶以下河段枯水位流量关系调整尚不明显，主要受枯水补偿效应影响，主要水文站的最低水位均较蓄水前有所抬高。

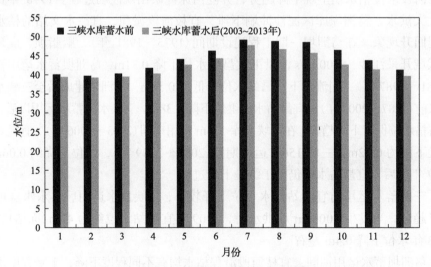

图 5-3　三峡水库蓄水前后月均水位变化情况图

根据枝城站实际月平均水位统计，三峡水库蓄水后枝城站 1～3 月实际月均水位变化不明显，主要是枯水期补水调度，月平均流量有所增大，但汛末三峡水库蓄水，枝城站月平均流量大幅度减小，9、10 月月平均水位下降明显，见图 5-4。

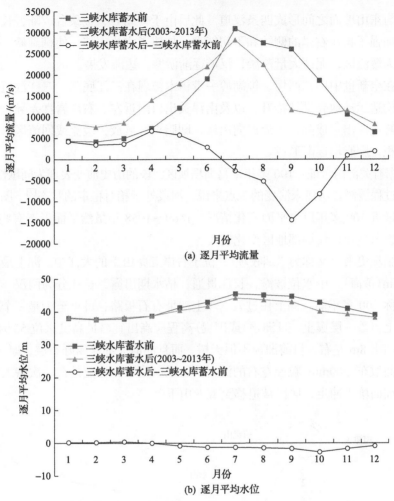

(a) 逐月平均流量

(b) 逐月平均水位

图 5-4　枝城站三峡水库蓄水前后多年平均逐月平均流量和水位变化

5.3　河道演变主要特点

5.3.1　历史演变

约在晚更新世前，长江出南津关后，进入山前低山丘陵地带，河谷开阔，宜昌河段主流从南津关至大公桥以下过渡到右岸，胭脂坝当时为主流深槽区，到艾家嘴以下主流趋于江心。

约在晚更新世末，新构造运动使地壳不断抬升，且抬升的速度北岸大于南岸，造成河床下切，使西坝、樵湖岭、金象台逐渐露出水面，成为江心洲，樵湖岭、金象台与东山坡面之间形成四条汊道。此后由于樵湖岭、金象台成陆，长江江面缩窄，加强了长江右岸的侧蚀和下切能力，加速了主流南移，使樵湖岭、金象台右侧成为缓流区，泥沙大量落淤，汊道逐渐淤塞，边滩发展。

约在全新世中期，西坝、樵湖岭一带树木被埋在三江底部，三江汊道受堵，加之新构造运动地壳继续抬升，以及南津关出口附近左、右岸岩性差异，使葛洲坝樵湖岭边滩出水成陆，主流逼向南岸，胭脂坝区域成为缓流或回流区，并开始大量淤积，胭脂坝逐渐形成。

根据有关部门考证：100多年来葛洲坝坝区河段的历史演变表现为间歇性下切，其变化过程缓慢。从河床演变的观点来说，河段处于相对稳定的状态[7]。图 5-5 是本河段最近 100 多年以来平面变化情况。1869~1958 年虽然平面形态有些差异，但没有显著变化，仅局部地区变化较大。

胭脂坝史书上又称为"烟牧坝"，位于右岸五龙山下的大江中。洲上最高高程为 46.6m（黄海），中水位被淹，长江贯通，枯水期出露，长江分为两汊，主汊在左。据称 100 多年前，洲上住过人。坝上遗址有石板路，可见至少是一个村镇，而洲面上覆盖一层壤土，且洲顶（或围堤）高程应高出宜昌最高洪水位 55.94m，较现洲顶高出 8m 左右。目前洲顶不但无树，而且洲面大部裸露砾石层，厚 5~7m，洲头洲面散布 500mm 粒径左右的漂石。所以胭脂坝洲可能是在一次特大的高洪下，将洲面壤土冲走，居民被迫移至五龙山下[8]。

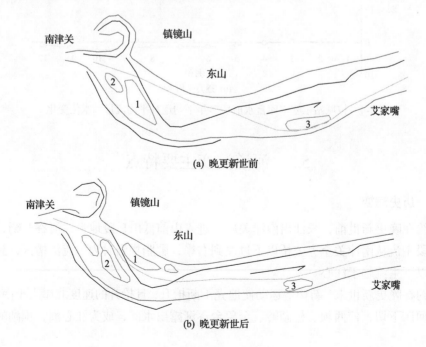

(a) 晚更新世前

(b) 晚更新世后

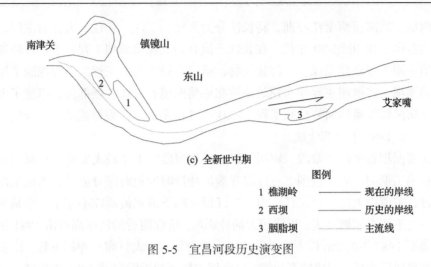

(c) 全新世中期

图例

1 樵湖岭	———	现在的岸线
2 西坝	———	历史的岸线
3 胭脂坝	———	主流线

图 5-5　宜昌河段历史演变图

　　宜枝河段的历史变迁主要是河道的平面摆动。从红花套遗址发现，新石器时代遗址发掘处文化层埋深在 0.5～2.6m，并在战国及汉墓重叠，遗址大片分布。除部分已崩入江中外，尚保存遗址面积达 2 万 m²。在其对岸古老背上首江边及宜都下游右岸孙家河江岸，亦有周代遗址发现。推算红花套近代平均最高洪水位约为51.29m，文化层底标高 48.94m，可以认为，当时红花套洪水位在 49m 以下，同时河槽有左右摆动现象。

　　历史演变表明，葛洲坝兴建以前的宜枝河段河床已形成与水沙过程基本相适应的河道形态，河床侵蚀缓慢，长期冲淤基本平衡。

5.3.2　近期演变

　　宜枝河段上段相对顺直，枯水水面宽一般为 600～900m，汛期为 700～1500m，下段（古老背以下）河道弯曲，两岸河谷渐宽，中部宜都城区右岸有支流清江入汇，江中形成南阳碛坝，河宽一般在 900～1200m，最宽处在弯顶，达到约 1700m，尾端关洲汊道，河宽增加，最大河宽接近 2800m。总的来看，宜枝河段边界对河道控制作用较强，平面形态在葛洲坝及三峡枢纽运行后变化不大，但随着冲刷下游，河床泥沙覆盖层增厚，冲淤幅度增大，并随着河道形态及河宽增加，冲刷部位进行调整。故需要进行分段分析。

　　1. 葛洲坝下游近坝段

　　葛洲坝至宜昌水文站河段是葛洲坝下游坝区河段，河道变形主要发生在葛洲坝兴建过程中，三峡水库蓄水运用后河道冲淤变化仍有限。长江从狭窄的南津关下泄后，河道大幅展宽至 2000 余米，进入葛洲坝河段。天然情况下的葛洲坝河段存在西坝、葛洲坝两个江心洲，将长江分为大江、二江、三江。大江为主汉，位于河道右岸。20 世纪 70 年代，在长江干流开始兴建葛洲坝工程，工程分两期施工，第一期工程修建二江、三江建筑物，第二期修建大江工程。工程挖除了原江心洲葛洲坝，将枢纽主要泄水建筑物放在原葛洲坝和二江右侧部位，修建了大江和三江防淤堤等系列河势控制工程。1981 年 5 月葛洲坝工程截流蓄水，开始实施二期工程，1988 年全部建成。

在葛洲坝蓄水运用阶段，镇川门以上近坝河段发生了较大变化。在葛洲坝二期工程施工期间，大江被围，三江除在泄洪冲沙时期短时间分流外，水流全部从二江过，主流由大江移至二江。由于二江泄水闸下泄水流消能不完全，原葛洲坝尾的一支笔卵石滩被冲走，形成较大的冲刷坑，坑底附近的河床高程由 1981 年的42m 降至 1987 年的 0m 以下。以后冲刷向下游发展，大量卵石冲刷下移，堆积到左侧宜昌船厂水域，形成卵石边滩。葛洲坝二期围堰拆除以及 1985 年检修二江泄水闸小围堰拆除，借助水力冲刷，大量卵石向西坝边滩继续搬运，西坝卵石边滩继续向江中发展并堆高，宜昌船厂附近水域的河床由 1981 年的 30m 左右，淤高至 1987 年的 38m 左右。

葛洲坝二期工程施工期间，大江围堰下游紫阳河至笔架山一带产生大片回流区域，泥沙淤积形成紫阳河边滩，并向江心推进约 600m，该区域河床比截流前平均河底 33m 高程高出 10 余米。二期工程投入使用后，紫阳边滩被冲刷。但在新冲刷形成的大江河槽和二江主河槽之间残存一条狭长的江心潜洲。1987 年 11 月江心潜洲 37m 以上范围长约 1100m，宽约 200m，最高点高程 43m 左右，随后江心潜洲范围有所调整，长度增加到 1400m 左右，宽度减少到 80～100m。

20 世纪 90 年代以后，葛洲坝下游近坝段的河势逐渐稳定，河床冲淤随着上游来水来沙的变化而变化。1998 年长江发生大洪水，葛洲坝库区泥沙大量冲刷下泄，葛洲坝下游近坝段河床发生普遍淤积，二江泄水闸下游、大江下游的潜洲淤积均较严重，1999 年汛期发生恢复性冲刷，河床又基本恢复到 1998 年前的情况。

三峡水库开始蓄水以后，葛洲坝上游来沙量明显减少，枯季清水下泄，葛洲坝下游近坝河段发生冲刷。2003 年末葛洲坝大江电厂下游的江心潜洲长和宽分别缩小至 1100 余米和 85m，高程下降至 40m 左右，其后 2004～2005 年潜洲有小幅回淤，洲顶升高到 42m 左右。但潜洲右侧大江船闸下游河床冲刷向右扩宽，潜洲尾部深槽冲深下切。三峡水库蓄水后潜洲左侧的二江河道及泄水闸下游冲刷坑保持基本稳定，但潜洲下游的二江深槽有继续向下发展的趋势，受笔架山的挑流，深槽尾部延伸朝向左岸，致使宜昌船厂卵石边滩颈部受到冲刷，两江水流强烈顶冲情况有好转趋势。李家河以下河床深槽向趋中发展，深槽范围略有冲刷扩大，但最低点高程受地质条件控制变化较小，河道两岸及边滩较稳定。

葛洲坝投入使用以后，葛洲坝下游大江和二江多股水流交汇顶冲，航道横向流速及风浪较大，为了改善葛洲坝下游河势和大江航道，2005～2006 年实施了葛洲坝下游河势调整工程，采取工程措施使葛洲坝下游近坝河段形成双槽 W 形河床，即在大江电站下游的江心潜洲上兴建 900m 长的江心堤，江心堤顶部高程达到 52m，当上游来流量 $Q \leqslant 35000 \text{m}^3/\text{s}$ 时，二江泄水闸下泄水流与大江航道完全分开，在堤尾下游再逐渐汇合。在宜昌船厂卵石边滩开挖二江下槽，槽底高程为 30m，略低于右侧的大江河道深槽，引导二江泄水水流平顺下泄。

2006 年以后，葛洲坝下游潜洲右侧的大江河道进一步扩宽冲深，2005 年该区域河床最低高程为 27.9m，2008 年潜洲右侧下段出现了长 600 余米、宽 100 余米的 28m 深槽，最低深度达 25.9m，大江河床最大冲深在 4m 以上。潜洲以及左侧的二江河道变化较小，但二江深槽继续冲刷下延，2008 年宜昌船厂附近的卵石边滩仅剩下下段的江心部分，原卵石边滩的左侧形成深槽，深泓左移，河道上述变化已达到了葛洲坝河势调整目的，形成了双槽 W 形河床。庙咀附近近坝段河床受上游河势调整工程影响较小，河道深泓略有右移，2005 年以后河床深槽冲刷幅度较小，河道两岸及边滩基本稳定。

2. 宜昌河段

宜昌河段从宜昌站至虎牙滩，长约 20km，为顺直河道形态。葛洲坝枢纽二期工程完成投入运行后，宜昌城区河段河床基本处于冲淤平衡状态，1989～1997 年河床冲淤幅度不大，但 1998 年发生较大洪水，葛洲坝库区剧烈冲刷，出库粗颗粒泥沙普遍淤积，宜昌水文站至虎牙滩河段淤积量达到 3220 万 m^3，河床平均淤厚 1.63m，胭脂坝段河床平均淤厚 1.84m。1999 年长江再次出现较大洪水，但出库泥沙减少，宜昌河段出现冲刷，冲刷总量达到 2555 万 m^3，平均冲深 1.46m，胭脂坝以上河段基本恢复到 1997 年的河床地形。1998～2002 年，宜昌河段继续冲刷，全河段共冲 1194 万 m^3，其中胭脂坝左汊河床平均冲刷 1.39m，较 1997 年地形下降 0.16m。

三峡水库蓄水以后，宜昌河段继续处于冲刷状态趋势，但河道冲刷强度受河床边界条件限制，逐渐趋缓，河床冲淤过程继续受三峡葛洲坝间河床冲淤影响。

2002～2004 年胭脂坝河段河床覆盖层厚，河床质相对较细，冲刷最为明显，2005 年宜昌最大流量为 48500m³/s，并连续 20 多天流量大于 40000m³/s，两坝间的部分泥沙冲刷出库，粗颗粒部分淤积在宜昌河段。2005 年在胭脂坝河段进行河床护底加糙工程扩大性生产性试验，2004 年 10 月～2006 年 12 月，宜昌河段泥沙冲刷约 229 万 m³，胭脂坝河段继续冲刷。2002 年 10 月～2006 年 12 月，宜昌河段冲刷共计约 1121 万 m³，其中胭脂坝河段共计冲刷约 494 万 m³，见表 5-9。2008 年以后宜昌河段冲刷逐渐趋于缓慢。2006～2008 年宜昌径流量较小，葛洲坝下泄流量平缓，宜昌河段冲刷较少，2008～2010 年胭脂坝及以下段河床冲刷相对较大，河床冲刷强度向下游延伸。因此，宜昌河段河床随着三峡蓄水运用，较快发生明显冲刷，在两坝区间河床粗颗粒泥沙下泄过程中，形成冲淤交替呈冲刷趋势，近期河床冲刷已趋向缓慢。

表 5-9　宜昌站—虎牙滩河段冲淤情况

时段	宜昌站—胭脂坝头		胭脂坝头—胭脂坝尾		胭脂坝尾—虎牙滩		宜昌站—虎牙滩
	冲淤量/万 m³	平均冲深/m	冲淤量/万 m³	平均冲深/m	冲淤量/万 m³	平均冲深/m	冲淤量/万 m³
2002～2004 年	−372	−1.35	−448	−0.52	−72	−0.10	−892
2004～2006 年	−24	−0.09	−46	−0.05	−159	−0.22	−229
2006～2008 年	−26	−0.09	67	0.08	103	0.14	144
2008～2010 年	13	0.05	−197	−0.23	−98	−0.13	−282
2010～2016 年	−3	−0.01	−119	−0.14	−184	−0.23	−306
2002～2016 年	−412	−1.49	−743	−0.86	−410	−0.54	−1565

注：负值表示冲刷，正值表示淤积。断面冲淤计算水位 43.3m（黄海高程）。

葛洲坝蓄水运用以来，宜昌站至虎牙滩深泓平面位置相对稳定，摆动较大的部位主要在相对宽阔的河道。在河道上段靠近右岸，胭脂坝头上游开始左移，沿胭脂坝左槽下行，出胭脂坝后又逐步过渡到右岸，至艾家镇以下，深泓开始左移，在河道出口深泓已靠近左岸，深泓横向摆动幅度一般小于 50m。三峡水库蓄水后宜昌河段深泓摆动幅度相对较大部位仍位于胭脂坝。杨岔路—宝塔河河段 2002～2004 年深泓左移约 80m，2004 年以后又较稳定；宝塔河—艾家河河段 2002～2004 年深泓右移约 180m，2004～2008 年保持相对稳定，2008 年以后该段转向左移，2012 年铁路大桥上游部分深泓又接近 2002 年。总体上宜昌河段深泓平面位置变化有限，全河段深泓无明显的单向移动趋势。

宜昌城区大公桥以上河段深泓已至基岩，河床抗冲刷性强，历年高程变幅小，在 17～20m；大公桥至万寿桥段深泓高程变化相对也不大，在 26～30m。胭脂河床覆盖层厚河宽较大，深泓冲淤变化相对较大，葛洲坝运行后的 1993～1997 年，深泓高程冲淤幅度较小，1998 年洪水后河床淤积，深泓明显抬升，1999 年以后河床冲刷，深泓高程下降，至 2002 年深泓高程又回到 1993 年的位置，2002～

2008 年深泓普遍下降，一般下降 2～5m，2008～2012 年深泓下降速率明显减缓。胭脂坝以下河段，1999～2002 年深泓下降明显，2002 年以后深泓下降减缓，2008～2012 年河床深泓高程变化不大(图 5-6)。

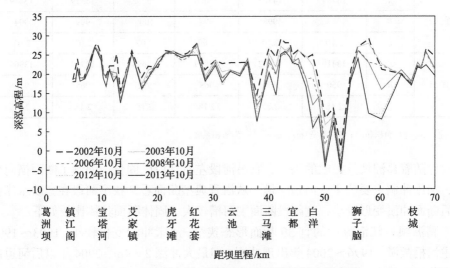

图 5-6　三峡蓄水前后葛洲坝下游河段深泓高程变化

宜昌河段沿程断面形态变化较大，河相系数在 1.5～5(部分数值见表 5-10)，河宽在 700～1500m，胭脂坝分汊段河道相对宽浅，河相系数较大。葛洲坝三峡蓄水运用后，河相系数呈减小趋势，随着河床冲深，断面向窄深方向发展。

表 5-10　宜昌河段固定断面要素变化表(计算水位 H=43.3m，黄海高程)

断面	项目	2002 年 10 月	2004 年 10 月	2006 年 10 月	2008 年 10 月	2010 年 10 月	2016 年 10 月
宜37	A	11228	11951	11820	11787	11902	11754
	B	760	759	759	760	772	745
	ζ	1.87	1.75	1.77	1.78	1.80	1.73
宜40	A	10638	11566	11455	11641	11609	11779
	B	1028	1053	1036	1049	1052	1021
	ζ	3.10	2.95	2.91	2.92	2.94	2.77
宜43	A	12133	13792	14045	14234	14359	13791
	B	1448	1472	1438	1452	1444	1210
	ζ	4.54	4.09	3.88	3.89	3.82	3.05
宜45	A	12912	13169	13286	13654	13456	13679
	B	1166	1173	1166	1173	1170	1155
	ζ	3.08	3.05	3.00	2.94	2.97	2.87

断面	项目	2002 年 10 月	2004 年 10 月	2006 年 10 月	2008 年 10 月	2010 年 10 月	2016 年 10 月
宜 47	A	14784	14723	15086	15392	15529	15419
	B	988	998	997	1005	999	994
	ζ	2.10	2.14	2.09	2.07	2.03	2.03
宜 51	A	13410	13202	13839	13694	13764	13966
	B	950	951	968	962	965	942
	ζ	2.18	2.22	2.18	2.18	2.18	2.07

注：A—过水面积(m^2)；B—河宽(m)；$\zeta=\dfrac{B\sqrt{B}}{A}$ 为河相系数。

伴随着葛洲坝及三峡的兴建，宜昌河段左右江岸已固化，限制了断面横向变形，河床冲刷主要位于主河道深槽。从沿程典型断面看，狭窄河段在三峡水库蓄水后断面冲淤变形较小，宽阔段断面主河槽较大。固体断面具体比较如下。

葛洲坝三江汇流后的宜 39 断面形态狭窄，河床冲淤变化较小，1993～1996 年主河槽微淤，1996～2004 年出现冲刷，但最大冲深 2～4m，2004 年以后河道冲淤变化幅度较小，一般在 1m 以内。

胭脂坝进口的宜 41 断面出现滩槽分明的断面形态，但河宽较上游增加有限。其变化特点与上游的狭窄断面(宜 39)接近，冲淤趋势基本一致。

胭脂坝中部断面(宜 43)形态为不对称的 W 形，具有分汊型河道断面特点，冲淤变化主要发生在左汊主槽，胭脂坝滩面及右汊变化不大。三峡水库蓄水前，1993～2002 年河槽冲淤幅度较大，三峡水库蓄水前后(2002～2004 年)主槽及右边坡出现较大冲刷，主槽冲深约 4.0m，胭脂坝滩体表面略有冲刷。2004～2010 年胭脂坝中部断面基本稳定，冲刷变化不大。胭脂坝左右汊汇流处(宜 45)，深槽又靠近右岸。断面左岸处于临江溪边滩的部位总体变为淤积，除 1998 年受特大洪水的影响，断面深槽部位淤积，断面其他部位总体表现为冲刷；三峡水库蓄水运用以来，断面主槽冲刷较大，2002 年 10 月至 2004 年 10 月冲深 4m 左右。2004 年 10 月以后，左汊主槽与右汊支槽左侧仍有少量冲刷，边滩表面有冲有淤，但幅度较小。

胭脂坝下游宜 47 断面位于临江溪边滩附近，葛洲坝运行后冲淤幅度较大，1993～1996 年，河床冲刷明显，冲刷厚度高达 5m，1998 年洪水断面淤滩冲槽，左岸边滩淤积厚度约 6m，右岸淤积厚度约 2m，河槽冲深约 3m，断面的 V 形形态更明显；1998～2002 年，断面明显冲刷，左岸边滩冲刷较为显著，冲深约 7m，深槽和右岸冲深约 3m。2002 年以后，断面深槽部继续产生冲刷，2002～2008 年一般冲深 1.5～3m，2008～2013 年深槽基本稳定，冲淤幅度小于 1m。

宜昌长江公路大桥上游宜 50 断面在 1996～2002 年，主河床有一定幅度冲刷，平均冲深 1~3m，2002 年以后河床冲淤幅度较小，2002 年 10 月至 2012 年 5 月，主槽冲淤幅度一般小于 1m，断面形态在近 10 年保持稳定。

胭脂坝距葛洲坝水利枢纽约 10.2km，为靠近右岸的江心洲。中、高水时胭脂坝滩体淹没，枯水时期出露，只在部分中枯水情况下存在分汊河道特征。葛洲坝正常蓄水运用后至三峡水库蓄水前，胭脂坝总体基本稳定，但冲淤幅度较葛洲坝兴建前的天然河道偏大，主要是发生大洪水时，葛洲坝库区泥沙大量冲刷下泄所致。1998 年洪水后，胭脂坝坝顶冲刷，左汊主河槽淤积，25m 等高线消失，河床形态变化，1999 年洪水后，胭脂坝左汊河槽冲刷又恢复到葛洲坝正常蓄水时的情况，以后河床继续冲刷，至 2002 年整个左汊河槽上、下段 25m 等高线贯通，形成一个完整的 25m 深槽。2002~2010 年，胭脂坝坝体略有冲刷，面积有所减小，但最大洲宽有小幅增加，坝顶最大高程也略有升高；2010~2016 年，胭脂坝坝体有所淤长，洲滩面积增加了 11.5%，最大洲长增加了 10m，洲宽变化不大，滩顶高程下降了约 1.8m（表 5-11）。总体来看，三峡水库蓄水运用后，胭脂坝总体上仍基本保持稳定，其坝体冲刷及坝体形态变化均较为缓慢。

表 5-11　胭脂坝特征值统计表（39m）

统计年份	洲顶高程/m	最大洲长/m	最大洲宽/m	洲滩面积/km²
2002	49.4	4478	772	1.89
2004	49.4	4401	785	1.81
2006	49.7	4390	802	1.81
2008	49.7	4378	863	1.77
2010	50.0	4435	874	1.74
2016	48.2	4445	871	1.94

宜昌河段河道受两岸边界控制，边滩范围一般相对狭小，进口左岸的宜昌边滩，随着护岸工程实施，已无明显的滩面地貌。目前相对较大的边滩仅有胭脂坝下游左岸的临江溪边滩（葛洲坝下游约 17km）。临江溪边滩为砾卵石边滩，历史上其冲淤演变与胭脂坝往往相反。近几十年来临江溪溪口以上边滩冲淤变化较小，溪口及以下边滩年际间变化相对较大，三峡水库蓄水前总体呈淤积趋势，边滩尾部淤积相对较大。葛洲坝正常运用后至三峡水库蓄水前（2002 年），胭脂坝边滩向下游淤积延伸约 350m，滩面 35m 等高线最大外移约 300m。2002~2010 年，临江溪溪口及以下边滩冲淤变化仍相对较大。其中 2002~2008 年呈冲刷趋势，面积略有减小，35m 等高线向岸边后退 20~80m，2008~2012 年又出现回淤，35m 等高线外移 10~60m，但相对 2002 年临江溪下边滩有一定冲刷，近期临江溪边滩面积在 0.35km² 左右。

伴随着主流靠岸顶冲，宜昌河段沿程形成 25m 高程的多个深槽，从上至下分

布在大公桥、胭脂坝、艾家镇和虎牙滩等地。2002 年后，宜昌河段 25m 等高线以
下深槽的面积呈增加趋势，2002～2004 年胭脂坝深槽冲刷明显，25m 等高线以下
面积增幅较大，虎牙滩深槽长度略有减小，其他深槽变化较小，三峡水库蓄水以
后，宜昌河段深槽面积呈扩大趋势，槽底最低高程逐渐降低，胭脂坝深槽、艾家
镇深槽相对明显，见表 5-12。

表 5-12　宜昌河段主要深槽(25m 等高线)变化统计表

深槽名	距坝里程/km	统计年份	槽底最低高程/m	最大槽长/m	最大槽宽/m	面积/km²
大公桥	3.6	2002	16.1	5124	195	1.053
		2004	14.8	5024	367	1.333
		2008	15.1	5104	362	1.263
		2010	13.0	5105	356	—
胭脂坝	10.3	2002	15.0	2359	364	0.663
		2004	12.7	4777	465	1.341
		2006	12.8	4870	465	1.414
		2008	12.4	4847	471	1.375
		2010	11.8	4938	465	1.377
艾家镇	16.4	2002	16.2	3856	265	0.975
		2004	15.9	3681	372	1.082
		2006	15.7	3904	367	1.244
		2008	15.8	4046	360	1.153
		2010	13.3	4143	398	1.187
虎牙滩	24.3	2002	17.1	1478	309	0.252
		2004	17.1	1236	311	0.242
		2006	17.4	1182	273	0.294
		2008	18.7	1196	277	0.233

3. 宜都河段

宜都河段为单一弯曲河道形态，河道全长约 40km，有支流清江于中部弯道右
岸入汇，可分为宜都弯道和枝城弯道。宜都弯道进口为红土丘陵地区地貌，河道
走向及边界特点与上游宜昌河段接近，河宽 900～1200m，岩板冲以下河道弯曲适
中，两岸地势逐渐平缓开阔，边滩发育，最宽处为清江汇流附近的弯顶段，河宽
达到约 1700m。

宜都河段大多为粗颗粒砂卵石河床，葛洲坝蓄水运用后，上游粗颗粒泥沙，特
别是卵石推移质和沙质推移质大幅减少，河床质补充量稀缺，河床冲刷后难以回

淤，呈普遍冲刷趋势，又以河道相对宽阔且弯曲的南阳碛、沙碛坪段较为剧烈，年际间冲淤变化较大。其中，南阳碛所在的宜都弯道 1980～1996 年枯、中、洪水河槽分别冲刷 2490.5 万 m³、2617.0 万 m³ 和 2593.1 万 m³；1998 年大水大沙年葛洲坝出库的粗颗粒泥沙较多，河道有所回淤；其后河道又发生冲刷，1998～2003 年枯、中、洪水河槽冲刷量分别达到 2081.3 万 m³、2169.4 万 m³、1908.9 万 m³。2002 年后，河床继续呈逐渐冲刷趋势，宜都弯道冲刷仍较为明显，2002～2008 年枯水河槽冲刷为 2592.1 万 m³，中水河槽为 1936.7 万 m³，洪水河槽为 650.8 万 m³。

　　表 5-13 给出了三峡水库蓄水运用以来宜都河段河床冲刷强度结果，宜都河段中水河槽累计冲刷泥沙 14095 万 m³，年均冲刷强度为 27.4 万 m³/km。河床冲刷主要集中在 2002 年 10 月至 2006 年 10 月，其冲刷量占总冲刷量的 48%，年均冲刷强度为 42.6 万 m³/km；随后宜都河段冲刷强度较弱，2006 年 10 月至 2008 年 10 月河段累计冲刷泥沙 2123 万 m³，年均冲刷强度为 26.8 万 m³/km；三峡水库进入 175m 试验性蓄水阶段，河段冲刷强度进一步减弱，2008 年 10 月至 2015 年 10 月河段年均冲刷强度为 18.8 万 m³/km。

表 5-13　宜都河段（虎牙滩至枝城大桥）的冲刷强度

时段	河槽	枯水河槽 (5000m³/s)	中水河槽 (30000m³/s)	洪水河槽 (50000m³/s)
2002 年 10 月～2006 年 10 月	冲刷总量/万 m³	5945	6747	6614
	年均冲刷量/万 m³	1486	1687	1654
	年均冲刷强度/(万 m³/km)	37.5	42.6	41.8
2006 年 10 月～2008 年 10 月	冲刷总量/万 m³	2252	2123	2150
	年均冲刷量/万 m³	1126	1062	1075
	年均冲刷强度/(万 m³/km)	28.4	26.8	27.1
2008 年 10 月～2015 年 10 月	冲刷总量/万 m³	5100	5225	5102
	年均冲刷量/万 m³	729	746	729
	年均冲刷强度/(万 m³/km)	18.4	18.8	18.4
2002 年 10 月～2015 年 10 月	冲刷总量/万 m³	13297	14095	13866
	年均冲刷量/万 m³	1023	1084	1067
	年均冲刷强度/(万 m³/km)	25.8	27.4	26.9

　　宜都河段江心洲主要为南阳碛潜洲。南阳碛潜洲位于宜都弯道右侧，距葛洲坝约 43.2km，在中、高水时，南阳碛滩体被淹没，低水时滩体将会阻水。南阳碛潜洲段长约 4km，将河道分成石泓（右汊）、沙泓（左汊）两汊。20 世纪 60 年代，

主流走石泓，南阳碛潜洲与中沙咀边滩一般连成一体，20 世纪 70 年代初，主流走沙泓后，南阳碛潜洲洲体较宽大，枯水期，洲头冲退，洲尾淤长，洲体平面上有所下移；葛洲坝建库初期，河床冲刷剧烈，南阳碛潜洲洲头迅速冲退，1982 年 1 月与 1977 年 2 月相比，洲头后退 680m，洲尾上移 400m，在随后的几年中，洲头洲尾均有所淤长，1988 年时洲体范围与 1978 年相当；20 世纪 90 年代后，南阳碛潜洲洲体又逐渐冲刷变小，至 1997 年时，南阳碛潜洲洲体与 1982 年时相当。1998 年、1999 年大洪水后，南阳碛潜洲变化不大。三峡水库运行后，南阳碛冲刷萎缩，但滩顶部高程变化不大，2003 年、2004 年、2006 年的最大洲顶高程分别为 36.6m、37.8m、37.1m，33m 等高线的滩体面积分别为 0.41km^2、0.56km^2、0.53km^2（表 5-14）。2002～2003 年南阳碛滩体冲刷明显，滩顶高程冲刷下降 1.2m，2004 年滩体有所回淤，滩顶高程恢复到 2002 的水平，2004～2006 年，33m 等高线的滩体面积变化不大，滩体较为散乱，2004～2006 年滩面冲刷缩小较缓，2006～2014 年部分滩顶略有淤高，长度略有增加，但宽度大幅度减小，滩面 35m 等高线从中割裂，整个潜洲范围减小。

表 5-14　南阳碛潜洲特征值统计表（33m）

年份	最大洲顶高程/m	最大洲长/m	最大洲宽/m	洲滩面积/km^2
1973	—	2700	750	—
1982	—	1500	350	—
1984	—	1900	550	—
1985	—	1950	500	—
1988	—	2500	500	—
1993	—	2300	350	—
2002	37.8	1700	715	0.82
2003	36.6	1665	410	0.41
2004	37.8	1705	550	0.56
2006	37.1	1749	470	0.53
2014	38.7	1806	313	0.33

　　宜都河段进口边界的控制性较强，河宽较窄，边滩范围较小，向下河谷逐渐开阔，边滩发育，并可形成相对完整的凸岸边滩。

　　进口处左岸的方家岗边滩范围较小，1970～1980 年，滩头冲刷下移 645m，滩体缩窄 150m；葛洲坝蓄水运用后，滩头基本不变，总的趋势为滩体冲刷缩窄，1970～2003 年方家岗边滩累计缩窄约 260m，三峡水库蓄水运行后，该洲滩面积有逐年减少的趋势，长宽也都有所减少。

　　河道上游右岸三马溪边滩为范围相对较大的凸岸边滩，35m 等高线滩面 1980

年以前较长，1970～1980 年滩头下移约 1210m；1980～1998 年边滩冲淤交替，滩体长度和宽度变化不大，边滩位置相对稳定；1998～2003 年，边滩冲刷幅度较大，滩体宽度大大缩窄，最大缩窄约 520m，三峡水库蓄水运用清水下泄，该边滩进一步萎缩。边滩 35m 等高线除个别年份变化较大外，年际间变化幅度较小，总体趋势为收缩内移，1980～2003 年累计内移约 90m；三峡水库蓄水运行后，该洲滩面积有逐年减少的趋势，长宽也都有所减少，减小趋势明显。

在宜都弯道左岸的凸岸沙湾边滩分为上下两个部分，即向家溪边滩和曾家河边滩，两个边滩基本相连，位于宜都弯道左岸，距坝 40km，河段中间有南阳碛潜洲，对岸有清江入汇。滩面裸露卵石，局部为中砂覆盖。三峡水库蓄水运用前，向家溪边滩 35m 等高线基本稳定，曾家河边滩 35m 等高线略有移动，但幅度不大，其总体趋势为冲刷收缩内移，1980～2003 年最大内移约 70m。三峡水库蓄水运行后，该滩面冲刷明显，同时护岸工程外推，致使长、宽尺度明显减小，面积减少约 1/2。

大石坝边滩位于白洋弯道段上过渡段右岸，距离葛洲坝约 47km。其下部边滩不很发育，呈带状分布，除滩头局部裸露新近纪红色粉砂岩外，均为砾卵石覆盖。与 2002 年相比，2003 年洲滩面积略有扩展，2004 年该边滩 35m 等高线分成两块，总面积为 0.97km²，较 2002 年减小 8%。2006 年 35m 等高线又合为一体，面积又有所减小，2006～2014 年，仍呈缓慢冲刷趋势。表 5-15 给出了宜都河段主要边滩 2002～2014 年洲滩特征值的统计结果。

表 5-15　宜都河段主要边滩 2002～2014 年洲滩特征值统计表（35m）

名称	统计年份	最大洲长/m	最大洲宽/m	洲滩面积/km²
三马溪边滩	2002	2510	250	0.44
	2003	2700	240	0.45
	2004	2420	275	0.44
	2006	2152	187	0.26
	2014	2013	182	0.24
沙湾边滩	2002	6830	485	1.72
	2003	6840	485	1.68
	2004	6155	304	1.34
	2006	5607	353	1.13
	2014	4208	334	0.60
大石坝边滩	2002	3840	538	1.05
	2003	3945	550	1.08
	2004	2930+1145	558+155	0.97(0.87+0.10)
	2006	3129	577	0.90
	2014	3086	524	0.86

深泓在进口虎牙滩靠近河道左岸下行，至渔洋溪过渡到右岸，在云池附近又逐步过渡到左岸，在杨家垴附近逐渐过渡到右岸三马溪边滩尾部，进入宜都弯道凹岸到南阳碛潜洲头逐步过渡到左汊。白洋弯道段深泓线基本贴凹岸下行再向右岸过渡，顺着右岸而行进入上荆江河段。在三峡水库蓄水运行前后，宜都河段深泓平面位置基本稳定，在大石坝附近，因河床冲刷明显，各年有一定的变化，摆动幅度略大于其他河段，但无明显趋势性变化。

三峡水库蓄水运行以来，宜都河段深泓普遍下切，云池—白洋深泓下切相对明显，其他河段变化不大。深泓以累积性冲刷下切为主，其中2003年深泓下切较为明显，红花套—云池段、三马滩—宜都河段冲深较大，冲深均在 3m 左右，局部冲深在 5m 以上，其余河段冲刷不大，冲深一般小于 2m。2004 年该河段深泓基本稳定，仅宜都弯道下游一带河段冲刷明显，冲深 2m 左右，其他河段虽以下切冲深为主，但高程变化不大；2005 年红花套—宜都、宜都—枝城等河段深泓冲刷明显。2006 年宜都河段深泓变化总体不大，沿程冲淤相间，冲淤幅度一般小于 2m，以微冲为主，最大冲刷厚度为 3.6m。2007 年宜都弯道至枝城，深泓变化较大，深泓冲深 3~4m。2008~2010 年，南阳碛、沙碛坪等宽阔河段下段深泓出现相对明显的冲刷下降，2010~2016 年深泓高程变化趋缓。

宜都河段较大的深槽大多分布在主流近岸区域。表 5-16 给出了宜都河段主要深槽特征值统计结果。三峡工程蓄水运用以后，宜都河段深槽范围逐年增加。与2002年相比，2004 年深槽面积增加了约 76.2%；与 2004 年相比，2006 年深槽面积增加了约 66.5%。三峡工程蓄水以来，除清江口深槽面积减小外，其他深槽面积基本逐年扩大，槽底高程有逐年降低的趋势。尤其以红花套深槽、云池深槽扩展得最为明显，在 2006 年和 2008 年两个深槽已连成一体，未来红花套、云池及宜都弯道深槽将连成一体。2016 年 11 月，根据实测水下地形图可知，白洋弯道25m 等高线深槽槽首上伸至宜 68 上游约 590m，槽尾下伸至宜 75 附近。

表 5-16　宜都河段主要深槽(25m 等高线)特征值统计表

深槽名	距坝里程/km	统计时间	槽底高程/m	最大长/m	最大宽/m	面积/km²
红花套	28.6	2002 年 9 月	19.2	6337	515	1.925
		2003 年 10 月	15.0	6940	464	2.237
		2004 年 11 月	15.1	7280	379	2.815
云池	34.9	2002 年 9 月	13.8	4899	271	1.068
		2003 年 10 月	11.3	5229	340	1.380
		2004 年 11 月	11.2	5713	310	1.435

续表

深槽名	距坝里程/km	统计时间	槽底高程/m	最大长/m	最大宽/m	面积/km²
红花套、云池		2006 年 6 月	11.3	12482	645	4.498
		2008 年 12 月	11.0	12750	660	4.642
宜都弯道	41.5	2002 年 9 月	19.4	1693	83	0.122
		2003 年 10 月	19.5	1148	95	0.087
		2004 年 11 月	18.0	1842	157	0.215
		2006 年 6 月	18.5	2539	192	0.358
清江口	44.5	2002 年 9 月	24.0	615	24	0.035
		2003 年 10 月	23.7	836	135	0.091
		2004 年 11 月	23.8	867	99	0.084
		2006 年 6 月	24.2	121	16	0.017

宜都河段总体呈单一断面形态，河相系数为 2~5（部分数据见表 5-17），河宽较稳定，一般在 1000m 左右，断面变化主要表现在河槽的冲淤变化上。1980~1996 年，中水河槽过水断面面积表现为沿程呈增大趋势，1996~2003 年，其过水断面面积又沿程增大；河宽沿程变化不大；河相系数沿程变化较大，整体呈减小趋势，说明断面向窄深方向发展，在 2003 年之后河相系数减小明显，表明受三峡工程蓄水和上游来沙量明显减小的影响，该河段河道统一表现为冲刷。

表 5-17　断面要素变化表（中水河槽）

断面	项目	1993 年 11 月	1998 年 10 月	2002 年 10 月	2003 年 10 月	2004 年 10 月	2006 年 12 月	2008 年 12 月
宜 55	A	10295	10008	12168	12233	12154	13109	12430
	B	945	957	955	952	882	958	914
	ζ	2.82	2.96	2.43	2.40	2.16	2.26	2.22
宜 57	A	9391	10006	10236	10727	11322	11545	11713
	B	945	1015	1010	1010	992	892	1032
	ζ	3.09	3.23	3.14	2.99	2.76	2.31	2.83
宜 59	A	11203	10887	11678	12322	12146	12567	13683
	B	1159	1142	1142	1143	1178	1144	1166
	ζ	3.52	3.54	3.30	3.14	3.33	3.08	2.91

续表

断面	项目	1993年11月	1998年10月	2002年10月	2003年10月	2004年10月	2006年12月	2008年12月
宜63	A	11711	11051	13951	11036	12536	12237	13493
	B	1451	1375	1380	1380	1390	1445	1515
	ζ	4.72	4.61	3.67	4.65	4.13	4.49	4.37
宜65	A	12539	12857	13233	13090	13140	13485	14158
	B	1510	1518	1520	1498	1498	1512	1497
	ζ	4.68	4.60	4.48	4.43	4.41	4.36	4.09
宜67	A	11360	12726	11976	12604	12473	12735	14125
	B	1388	1370	1287	1344	1402	1368	1331
	ζ	4.55	3.98	3.86	3.91	4.21	3.97	3.44

从断面冲淤比较，宜都河段沿程冲淤交替，在葛洲坝蓄水后保持冲刷趋势，三峡水库蓄水运行后，冲刷强度有所增加，断面形态变得窄深，具体如下。

宜57断面（葛洲坝下游33.3km），1970～1996年，左岸滩体冲刷明显，最大冲深约4.5m；右岸冲刷相对较小。受1998年特大洪水的影响，1996～1998年，河道有冲有淤，1998～2006年，断面普遍冲刷，最大冲深约2.5m；2006～2008年，断面产生一定淤积。

宜59断面（葛洲坝下游36.5km），1970～1986年，左侧主槽淤积，右岸冲刷，河槽变得平坦；1986～1993年，断面靠近左岸和靠近右岸处均明显冲刷；受1998年洪水影响，1998～2002年，河道左、右槽局部有所淤积；在三峡水库蓄水运行后，左、右槽持续冲刷。

宜63断面（葛洲坝下游41.6km），处于宜都弯道上游过渡段，1980年至今，河槽总体表现为冲刷，左、右岸均冲刷；深槽冲刷明显，最大冲深约10m；左岸滩体冲刷相对较小。三峡水库蓄水运行后，深槽冲刷明显，2006年，主槽达到最深值。

宜65断面（葛洲坝下游43.2km），处于南阳碛上游。1980年，河道的碛体形态不突出，1980～1998年，河道左、右槽均产生明显的冲刷现象；2002年，河道左、右槽均有淤积；在三峡水库蓄水运行后，2003年左槽冲深约4m，位置左移，右槽也略有冲刷；2004年左槽进一步冲刷，而右槽略有淤积；2006年左、右槽持续冲刷，但幅度明显减小；到2008年，左、右槽的深泓处均产生淤积，碛体右侧产生冲刷，河道凸岸-左岸冲刷明显。

宜 67 断面（葛洲坝下游 44.5km），右槽较左槽深。受清江入汇的影响，1980～
1998 年，河道左、右槽均冲刷，右槽较左槽明显；2002～2004 年，河道左槽冲刷
较明显，右槽无明显变化；2006 年左槽明显冲刷，冲深较大，约 3m；至 2008 年，
左槽持续冲刷，但幅度明显减小，河道的凸岸-左岸冲刷明显。

5.3.3　河道演变特点及趋势

宜枝河段河道演变受自然因素和人为因素的双重影响，而且人为因素的影响日
益加大，自然因素主要是上游来水来沙变化。由于降雨的随机性，上游来水来沙亦
具有一定的随机性，各年均有差别，尤其是 20 世纪 90 年代以来，受各种因素的影
响，长江上游来水与多年平均相比变化不大，而来沙量较多年平均减少较多，河道
为适应其变化而相应变化，以后长江上游来水来沙类似的变化还可能发生[9]。

人类活动影响主要变现为三峡等干支流水库及金沙江下游梯级水库的建成运
用所产生的影响以及该河段两岸岸线保护和开发利用程度的大大提高两个方面。
三峡水库已于 2008 年进入 175m 试验性蓄水期，至今已有十余年。金沙江下游向
家坝和溪洛渡水电站也分别于 2012 年和 2013 年蓄水发电。随着上游梯级水库的
蓄水运用，来沙进一步减少，河段将经历一个长时间、长距离的冲刷过程。宜枝
河段总的变化趋势是河床冲刷强度进一步减小，且冲刷向下延伸。

目前，宜枝河段两岸兴建了许多港口码头、桥梁、取排水设施以及护岸工程。
随着社会经济的持续发展，岸线保护和开发利用程度将大大提高，今后还将兴建
港口码头等设施。保护工农业生产和城镇安全、控制河势、稳定岸线的护岸工程
和河道整治工程以及改善航道条件的航道整治工程也将继续大量兴建，这些工程
的兴建有利于沿江岸线的稳定和河势的稳定。

综上所述，宜枝河段未来将继续发生以冲刷为主的演变过程，局部河势可能
发生调整，但总体河势不会出现重大调整。

5.4　枯水位变化分析

宜枝河段沿程深泓凹凸起伏，断面宽窄相间，形成了多个对水位具有控制作
用的节点河段。从已有研究和大量观测资料来看，这些节点河段的主要特点表现
为：深泓高凸且较为稳定，枯水期洲滩出露使得断面过水面积急剧减小；枯水期
水面比降较其上下游明显偏大。根据已开展的研究来看，胭脂坝、宜都、龙窝—
李家溪等河段是控制作用较为明显的节点河段[10]。

5.4.1　枯水位下降特点

1)三峡水库蓄水前

20 世纪 70 年代至 2002 年，由于宜枝河段河床总体发生冲刷，因此宜枝河段同流量枯水位呈下降趋势。

以 $5000m^3/s$ 作为代表流量，统计自 1960～2002 年宜昌站、枝城站的水位变幅，如表 5-18 所示。

表 5-18　宜昌站和枝城站不同年代水位变幅（$Q=5000m^3/s$）　　　（单位：m）

站名	1960～ 1970 年	1970～ 1975 年	1975～ 1980 年	1980～ 1987 年	1987～ 1992 年	1992～ 2002 年	1960～ 2002 年
宜昌	−0.09	0.01	−0.35	−0.78	−0.16	−0.09	−1.46
枝城	−0.04	−0.31	−0.19	−0.36	−0.08	−0.09	−1.07

注：负号表示水位下降。

1960～2002 年的累积降幅枝城站为 1.07m，上游的宜昌站为 1.46m，即同流量条件下枯水位降幅宜昌站最大，枝城站最小。依据 1980 年、2002 年的地形和水位实测资料，计算两个时期 $5000m^3/s$ 流量下的沿程水面线，水位降幅最小的位置实际上是在枝城水道出口附近。

2)三峡水库蓄水后

三峡水库蓄水一方面带来了宜枝河段沿程冲刷下切，枯水期同流量下水位显著下降；另一方面，增大了枯水期最小流量。两者共同作用决定了宜枝河段最枯水位的变化。

表 5-19 统计了 2002 年后宜昌站汛后枯水期水位流量关系变化，可以看出：随着三峡水库蓄水运用后河床的持续冲刷，坝下游宜昌站水位流量关系出现了较为显著的变化。2003 年三峡水库蓄水运行以来，随着河床的持续冲刷，宜昌站水位出现了较为显著的下降。2014 年度当流量为 $6000m^3/s$ 时，对应的水位值为 37.29m，与三峡水库蓄水前的 2002 年相比下降了 0.6m；当流量为 $7000m^3/s$ 时，宜昌站相应水位为 37.75m，较三峡水库蓄水前的 2002 年累积下降了 0.79m。

表 5-19　宜昌站不同时期汛后枯水期水位流量关系表（1985 国家高程基准）

年份	$Q=4000m^3/s$		$Q=4500m^3/s$		$Q=5000m^3/s$		$Q=5500m^3/s$		$Q=6000m^3/s$		$Q=7000m^3/s$	
	水位 /m	累积变 化值/m	水位 /m	累积变 化值/m	水位 /m	累积变 化值/m	水位 /m	累积变 化值/m	水位 /m	累积变 化值/m	水位 /m	累积变 化值/m
2002	36.67	0	36.92	0	37.27	0	37.56	0	37.89	0	38.54	0
2003	36.67	0	36.93	0.01	37.32	0.05	37.66	0.1	37.96	0.07	38.54	0

续表

年份	Q=4000m³/s		Q=4500m³/s		Q=5000m³/s		Q=5500m³/s		Q=6000m³/s		Q=7000m³/s	
	水位/m	累积变化值/m	水位/m	累积变化值/m	水位/m	累积变化值/m	水位/m	累积变化值/m	水位/m	累积变化值/m	水位/m	累积变化值/m
2004	36.64	−0.03	36.93	0.01	37.27	0	37.56	0	37.89	0	38.49	−0.05
2005	36.63	−0.04	36.93	0.01	37.21	−0.06	37.51	−0.05	37.79	−0.10	38.35	−0.19
2006	36.59	−0.08	36.86	−0.06	37.17	−0.10	37.46	−0.10	37.74	−0.15	38.22	−0.32
2007	36.59	−0.08	36.86	−0.06	37.17	−0.10	37.47	−0.09	37.76	−0.13	38.26	−0.28
2008	—	—	—	—	37.17	−0.10	37.46	−0.10	37.74	−0.15	38.25	−0.29
2009	—	—	—	—	36.88	−0.39	37.23	−0.33	37.57	−0.32	38.17	−0.37
2010	—	—	—	—	—	—	37.22	−0.34	37.54	−0.35	38.14	−0.40
2011	—	—	—	—	—	—	37.10	−0.46	37.38	−0.51	37.94	−0.60
2012	—	—	—	—	—	—	37.10	−0.46	37.37	−0.51	37.85	−0.69
2013	—	—	—	—	—	—	37.06	−0.50	37.34	−0.55	37.85	−0.69
2014	—	—	—	—	—	—	—	—	37.29	−0.60	37.75	−0.79

注：宜昌站基面换算关系：冻结基面–吴淞基面=0.364m；冻结基面–1985 国家高程基准=2.070m；累积变化值中正值表示水位增加，负值表示水位下降。

5.4.2　枯水位下降的影响

砂卵石河段的航道条件与枯水位关系密切，随着坝下游砂卵石河段枯水位逐渐下降，葛洲坝船闸闸室以及下引航道的水深也将逐步减小，同时砂卵石河段卵石浅滩碍航问题也会日益突出。

对于葛洲坝船闸而言，一般将其水深条件与宜昌枯水位关联。国务院批复的《三峡工程后续工作总体规划》中提出了宜昌水位的控制目标，即按水库调节日均下泄流量为 5600m³/s，基本满足在宜昌枯水位下降 0.7m 左右的情况下葛洲坝三江下引航道枯水位不低于 39.0m(资用吴淞高程)的通航要求。按此目标，根据宜昌河段的枯水比降，可以推得宜昌枯水位不应低于 37.12m(1985 国家高程基准)。然而按 2014 年度、2015 年度的宜昌站水位流量关系，若以 5600m³/s 流量下泄，则宜昌水位值为 37.00~37.08m，葛洲坝船闸正常运行将受到影响。针对这一现状，2014 年度、2015 年度三峡水库均加大了枯水期下泄流量，宜昌站枯水期最小流量分别为 5850m³/s、5960m³/s，宜昌站最低水位分别为 37.24m、37.23m，实际水位并未低于 37.12m，见表 5-20。

表 5-20　宜昌站最低水位及最小流量表

时间	最小流量/(m³/s)	最低水位/m
蓄水前	3270	36.64
2003 年	3670	36.44
2004 年	3730	36.37
2005 年	3890	36.52
2006 年	4030	36.66
2007 年	4370	36.76
2008 年	4710	37.15
2009 年	5080	37.06
2010 年	5150	37.14
2011 年	5640	37.14
2012 年	5640	37.14
2013 年	5610	37.15
2014 年	5850	37.24
2015 年	5960	37.23

　　随着水位的持续下降，为确保葛洲坝船闸的正常运行，三峡工程枯水期调度压力显然是持续增加的，根据宜昌站近期的水位流量关系，宜昌站枯水期同流量下水位每下降 10cm，三峡工程需补偿 200m³/s 的流量才能确保枯水位的稳定。

　　对于卵石浅滩而言，随着下游河道的冲刷，沿程水位逐年下降，但卵石浅滩区域难以随着水流的冲刷而逐渐下切。以芦家河水道沙泓中段浅区为例，该水道毛家花屋一带约 1km 航道内部河床底部高程长期以来相对较为稳定，最浅点高程仅 30m 左右，2014 年度、2015 年度三峡水库加大下泄流量，该处各位置最低水位为 33.68～33.70m，对应水深目前虽能够满足 3.5m 需求，但航道尺度紧张。若沿程水位进一步下降，势必影响船舶的正常通航[4]。

5.4.3　原因分析

1) 河床冲刷与水位下降

　　从蓄水以来的总体冲淤情况来看，三峡水库蓄水后，坝下游砂卵石河段发生了自上而下的剧烈冲刷。从总体冲淤分布情况来看，沿程冲淤幅度及冲刷部位均存在一定的差异，宜昌河段总体冲刷强度较小，冲刷主要表现为河床沿宽度方向均匀下切；宜枝河段是目前冲刷幅度最大的河段，冲刷主要集中在主河槽内部，表现为深槽的冲刷下切；枝城以下河段近两年开始出现较为明显的冲刷，以河道内部支汊的冲刷发展为主要特点，且目前仍在延续。在现状来水来沙条件下，宜昌河段冲刷已经基本完成；宜都河段在 2003～2009 年发生剧烈冲刷，冲刷强度开始降低；2010 年后，枝江河段已经进入剧烈冲刷期。

宜昌河段在三峡水库蓄水后处于基本稳定态势，河道滩槽、深泓、断面等形态变化不大。从近期河段的冲淤变化情况来看，该河段内已不存在明显冲淤的部位，而是呈现平面上微冲微淤交替分布的特点。从滩槽形态变化情况来看，该河段滩槽形态较为稳定，各级等深线少变，无明显调整。从断面变化情况来看，该区间河段断面形态变化幅度较小，蓄水初期的冲刷也主要发生在深泓附近主槽，2008 年后各断面形态逐渐稳定下来。加之近期对河床组成的观测表明，该区间内河床表层中值粒径由 2003 年的 0.76mm 增加至 2009 年的 40.5mm。可见，该区间内已基本完成河床粗化，河床变形余地较小。从近期实测冲淤量来看，宜昌河段在蓄水后的 2003 年冲刷量最大，随后几年逐年减小，甚至冲淤交替，2006～2008 年年均冲淤强度仅 4.3 万 m³/km，2009 年以来，宜昌河段的冲淤幅度进一步降低，年均冲淤强度不足 2 万 m³/km，表明该河段目前已经基本达到冲淤平衡态势。

宜都河段发生了较为剧烈的冲刷，目前总体冲刷有所趋缓，但局部滩槽形态的调整依然存在[11]。2003 年至今，宜都河段总体呈现冲刷状态，冲刷主要集中在主河槽内部，尤其在大石坝以下深槽内部，冲刷尤为剧烈。河道内部局部尚存滩体也出现了一定的冲刷现象，周家河边滩出现了较为明显的冲刷，平均刷低 2～3m，边滩根部冲刷尤为剧烈。中沙咀边滩头部相对稳定，但中下段滩缘冲蚀，同时边滩根部沿岸槽上窜，滩体面积有所减小，对右侧河槽内水流控制力度有所减弱。南阳碛两汊均有所冲深，总体而言两汊冲深幅度相当。上述冲淤变化主要发生在三峡水库蓄水初期的 2010 年以前，其中 2003～2006 年，上述冲刷现象极为明显。2006～2011 年，滩体冲刷趋缓，仅中沙咀边滩边缘、南阳碛右汊以及大石坝以下深泓区域出现较为显著的冲深。2011 年后，宜都河段冲淤调整幅度进一步减缓，但上述总体冲淤调整特点依然延续。

从砂卵石河段的水位变化过程及总体冲淤情况来看，部分河段部分时段内的大幅度冲刷引起了上游的水位下降，反之部分时段的冲刷并没有引起明显的水位降幅。河段水位下降与河道冲刷之间并不是简单的一一对应关系。

2) 原因分析

决定断面水位的直接因素有三个：断面过水面积、下游侵蚀基准面（控制节点河段的水位流量关系)和该断面与侵蚀基准面之间的河道阻力。这里断面的过水面积指的是等水位下的过水面积。任何一个因素的变化都会改变断面的水位,如冲刷导致的断面过水面积增加必然引起同流量水位的降低等。

河道的冲刷将会通过改变上述三个因素而影响断面的水位:断面所处河段的冲刷直接增加了等水位下断面的过水面积,使同流量水位降低;下游河段的冲刷,也增加了下游河段断面等水位下的过水面积,同流量水位下降从而降低了侵蚀基准面,也将引起上游水位的下降(也称为侵蚀基准面下降的溯源传递);而河床组成的冲刷粗化、沿程冲刷不均匀分布导致深泓纵剖面起伏程度加大等,增加了上游断面与下游侵蚀基准面之间的河道阻力,这将抑制上游水位的下降[6]。当促进水位下降作用超过抑制水位下降作用时,水位将下降。

必须指出的是,一个断面或者一个河段的侵蚀基准面不是唯一的,侵蚀基准面的作用随着与河段或者断面距离的增加而降低。下游侵蚀基准面的降低是否会直接降低上游断面的水位,还取决于其间其他侵蚀基准面(节点河段)控制作用的高低:当某节点河段控制作用较强时,下游水位下降的向上传递会受到抑制[12]。

通过近些年来的原观分析以及宜枝河段的前期研究工作,目前对砂卵石河段水位下降的原因已有较为清晰的认识,主要可以归纳为如下几点。

(1)枝城水位下降是由关洲河段冲刷和陈二口水位下降的溯源传递所造成的。在枝城至陈二口河段内,出口处陈二口水位的下降在向上传递的过程中,受到了关洲河段很强的抑制作用,在关洲左汊进口及右汊基本保持稳定的条件下,左汊中下段的冲刷与汊道下游的水位下降对关洲以上的水位影响较小。

(2)宜都河段内水位下降主要是本河段剧烈冲刷下切所导致,下游水位下降的溯源传递占次要作用。

宜都水尺水位的下降幅度在 2005 年时显著超过白洋,是由于当时冲刷的主要部位在宜都和白洋之间;2005 年以后这种差别基本稳定,近期才有扩大的迹象,这说明 2005 年以后白洋至枝城河段的冲刷是宜都、白洋两水尺水位下降幅度扩大的主要原因,而近期宜都至白洋因下游侵蚀基准面的降低再次发生冲刷,致使宜都水位的降幅超过白洋。

(3)宜昌河段内水位下降是糙率变化与下游水位下降综合作用的结果。宜昌水位在蓄水初期降幅超过红花套,是由于蓄水初期宜昌河段发生了冲刷,其后宜昌河段内冲刷幅度较小,虽然红花套水位显著下降,但 2009 年以前宜昌水位基本不变,主要是宜昌河段河道阻力增加(河床组成粗化,床沙 D_{50} 在 2008 年左右达到最大值;沿程冲刷不均匀分布导致深泓纵剖面起伏程度加大等)和推移质泥沙的间歇输移共同作用抑制了红花套水位的溯源传递影响。2009 年以后，河床组成趋于稳定，此时宜昌河段对红花套水位下降的溯源传递抑制作用降低，宜昌水位开始明显下降。

综上所述，从河道内近期水位及河道冲淤变化之间的对应关系可以得出以下结论。

(1)枝城站是控制下游水位下降溯源传递的关键性河段，昌门溪下游水位下降的溯源传递降低了昌门溪以下河段的水位，但由于枝城至昌门溪河段的水位强节点作用，其下游的水位下降对宜昌水位下降的影响幅度较为有限。以 2016 年情况为例，2016 年度沙市枯水流量下水位出现了较为显著的下降，下降幅度在 20cm以上，相应枝江水位下降约 10cm、昌门溪水位下降约 4cm，但枝城水位基本保持稳定，未出现明显变化。

(2)近期宜都水道的冲刷对上游宜昌水位的影响最为显著，为三峡水库蓄水后宜昌水位下降的主要原因。三峡水库蓄水初期，河道冲刷主要集中在宜昌河段，但由于河道阻力或者说糙率变化的综合作用结果，宜昌水位并未出现显著下降；但在 2008 年后，正值宜都水道进入剧烈冲刷时期，宜昌水位和宜都水位同期出现了显著下降，而枝城站水位下降幅度仅为宜都同流量水位下降值的三分之一。这说明近期宜昌枯水位下降主要是宜都河段的剧烈冲刷以及宜都河段水位显著下降的溯源传递所造成的。

5.5　总结与思考

长江中下游河道演变是河床随着上游来水来沙变化而发生冲淤调整的动态过程，上游枢纽工程兴建，平缓了下游年内径流的过程，大幅减少泥沙来量，使枢纽下游水流挟沙处于次饱和状态，下游河道沿程发生冲刷，以恢复水流挟沙向平衡发展。对于葛洲坝下游近坝段，河床组成较粗，粗颗粒泥沙补给缺失，河床冲刷态势将是一个长期过程，岩石阶地及埋藏较深的卵石裸露后，河床冲刷将缓慢发展，近期宜枝河段主要表现为这一特征。

葛洲坝枢纽下游边界及形态沿程变化，河道冲刷沿程并非均匀发展。不同河型的冲刷强度不同，一般而言，宽阔的分汊河型河床泥沙粒径较细，冲刷强度大于单一河型。靠近枢纽的分汊河段冲刷强度大于距离枢纽较远的分汊河段。另外，靠近枢纽的河道边界控制性强，河床覆盖层薄、河床组成粗，冲刷下切受到的边界抑制作用强，冲刷强度较大的时间段短暂，近期近坝段冲刷幅度已小于下游河段。

　　对于宽窄相间的河段，年内输沙过程存在差异，窄深段有利于高洪水输沙，宽浅段在中低水期间输沙能力较强，即窄深段洪冲枯淤、宽浅段表现为洪淤枯冲的规律。对于坝下次饱和水流而言，距坝远近与河床泥沙补给能力等因素直接影响宽窄河段在一个水文年内的冲淤变化特性。对于河段进口来沙量少、河床补给能力有限的河段而言，可能会出现整体冲刷的现象，直至河床冲刷调整与粗化到相对平衡的状态；对于河段进口来沙减少在一定幅度范围内、河床补给能力强的河段而言，其冲淤变化仍会遵循窄深段洪冲枯淤、宽浅段洪淤枯冲的规律，只不过在冲淤幅度上有所变化。三峡水库蓄水运用以来的实测资料表明：偏枯水年与丰水年相比，坝下游河道总体冲刷幅度偏小，上游河道的剧烈冲刷会导致其下游段的冲刷减缓甚至出现淤积，河道自身特点对冲淤过程也有重要影响，宽深比小的河段有利于高洪水期的冲刷，反之，则不利于冲刷。

　　河床冲刷后，河道的边界条件的改变可能是很大的或是较明显的。这些改变可能涉及很多方面，包括岸线改变、床沙粗化、比降改变、断面面积及形态改变(包括宽深比及水位流量关系的改变)等。这些改变互相作用，进而影响断面冲淤；通过影响流速，加大或减小水流挟沙力。长时期冲淤常常伴随断面形态(包括滩槽高差)的变化，不仅影响滩槽冲淤量的分配，而且影响年内局部冲淤过程。一般来说，长时间冲刷将加大滩槽高程差，在崩塌不严重的条件下将减少滩面变形。长期淤积将减少滩槽高程差，加大滩面变形。断面形态的变化以及滩槽高程差的变化，还将改变水位流量关系，从而改变挟沙力与水位的关系，影响年内局部冲淤过程。

参 考 文 献

[1] 代水平, 牛兰花, 李云中. 三峡水库蓄水初期宜昌河段河道演变特点及趋势分析[J]. 水利水电快报, 2012, 33(7): 45-49.

[2] 强玉琴. 红花套输气管道穿江工程河段河床演变分析与河工模型试验研究综合报告[R]. 武汉: 长江水利委员会长江科学院, 1999.

[3] 余文畴. 长江中下游干支流蜿蜒型河道成因研究[M]//黄河水利科学研究院. 第六届全国泥沙基本理论学术研讨会论文集. 郑州: 黄河水利出版社, 2005: 433-440.

[4] 黄成涛, 李彪, 李明, 等. 长江中游宜昌至昌门溪河段航道整治二期工程初步设计报告[R]. 武汉: 长江航道规划设计研究院, 2017.

[5] 吴华莉, 马秀琴. 长江中游宜昌至昌门溪河段航道整治二期工程后江沱护岸加固专项设计报告[R]. 武汉: 长江水利委员会长江科学院, 2017.

[6] 成金海, 向荣, 邱晓峰, 等. 三峡水库运行初期坝下近坝段河道冲刷对河床糙率影响分析[J]. 水利水电快报, 2012, 33(7): 59-63.

[7] 长江流域规划办公室水文局. 长江中下游河道基本特征[R]. 武汉: 长江流域规划办公室水文局, 1983.

[8] 余文畴, 卢金友. 长江河道演变与治理[M]. 北京: 中国水利水电出版社, 2005.

[9] 潘庆榮. 长江中下游河道近 50 年变迁研究[J]. 长江科学院院报, 2001(5): 18-22.

[10] 孙昭华, 李义天, 葛华, 等. 三峡下游沙卵石河段纵剖面形态对枯水位影响[J]. 泥沙研究, 2007(3): 9-16.

[11] 牛兰花, 陈子寒, 史常乐. 宜昌至杨家垴河段滩槽演变对宜昌枯水位的影响[J]. 人民长江, 2018, 49(16): 1-6.

[12] 李义天, 葛华, 孙昭华. 葛洲坝下游局部卡口对宜昌枯水位影响的初步分析[J]. 应用基础与工程科学学报, 2007(4): 435-444.

第6章 向家坝下游水沙运动及河床演变分析

向家坝水电站是金沙江干流梯级开发最下游的一个梯级电站，坝址左岸位于四川省叙州区，右岸位于云南省水富市。坝址上距溪洛渡河道里程为 156.6km，下距宜宾市 33km，与宜昌直线距离为 700km[1]。向家坝水电站已于 2012 年 10 月开始蓄水运用。随着金沙江下游四级梯级的建成运行，向家坝下游干流的来沙量明显减少。

向家坝水电站坝址下游有横江自右岸入汇，长江在宜宾接纳岷江以后沿着四川盆地顺流而下，于泸州沱江入汇，在合江又接纳了赤水河，沿程河床多由卵石组成[2]。向家坝枢纽至宜宾段长 30km，为峡谷型向宽浅型过渡河段。该河段江面开阔，两岸有阶地及河漫滩出现，对水流的约束明显降低，水面宽达 100~500m，河段内有 5 处滩险，该河段枯水比降约 0.29%。宜宾至重庆河段长 380km 左右，枯水比降为 0.26%。该河段平面呈现宽窄相间的藕节状，本河段由数十个相对窄段、较宽段、宽段组合而成，且以较宽段和宽段为主，占河段全长约 95.3%，而相对窄段(含峡谷段)只占 4.7%；河床宽窄悬殊，最大河宽达 3000m，最小河宽仅180m，河段内多碛坝，尤其泸州以下河段分布较多。

6.1 水文泥沙特征

6.1.1 径流特征

长江干流向家坝下游至永川段支流较多，河网发育，其中集水面积在 1000km^{2}以上的较大支流左岸主要有岷江、沱江，右岸有横江和赤水河等，支流的入汇，使河道沿程的径流量增加明显，同时河道的径流变化特点也受到支流枢纽调节影响。根据向家坝下游干支流水文站统计数据，上游干支流各个水电梯级开发以来，长江干流各个水文站近期平均年径流量变化仍然较小。其中，向家坝和溪洛渡蓄水运用后，向家坝站平均年径流量为 1372 亿 m^3，较 1990 年前、1991~2002年和 2003~2012 年各时段平均值分别减少 4.7%、8.9%和 1.4%。朱沱站平均年径流量为 2646 亿 m^3，较 1990 年前、1991~2002 年和 2003~2012 年各时段平均值分别减少 0.5%、1.0%和–4.8%。

长江干支流的径流主要由降雨形成，上游干流北部有峨眉山、鹿头山、大巴山 3 个暴雨区，暴雨强度大，笼罩面积广，是洪水的主要来源。径流的年内分配与降雨相应，汛期一般为 5~10 月，年内径流分配大都集中在 6~9 月，约占全年的 70%。根据向家坝站和朱沱站统计数据，1954～2013 年金沙江屏山站最大洪峰流量为 29000m³/s(1966 年 8 月 2 日)，最小洪峰流量为 10800m³/s(1992 年 7 月 14 日)；长江朱沱站最大洪峰流量为 53200m³/s(1955 年 7 月 15 日)，最小洪峰流量为 22700m³/s(1994 年 7 月 12 日)，向家坝和溪洛渡蓄水后的 2013～2019 年，下游干流河道洪峰流量仍在上述流量范围内，其年内径流分配平均情况仍接近蓄水前的情况，7～8 月出现最大洪峰流量的概率接近 59%，与蓄水前基本一致[3]。

6.1.2　泥沙特征

20 世纪 90 年代前，干支流多年输沙量较稳定，90 年代以后，来沙量开始减少，但向家坝和朱沱水文站输沙减少幅度较小，表 6-1 给出了不同时段向家坝下游主要控制站点水沙变化情况。溪洛渡、向家坝蓄水运用后，向家坝下游的平均年径流量变化仍较小，与原水文站屏山站年径流量相当，但平均年输沙量则受溪洛渡、向家坝拦蓄作用大幅度减少，年来沙量减少幅度超过 99.0%，在金沙江下游来水较丰的年份，汛期年输沙量亦大幅减少(图 6-1)。

表 6-1　向家坝下游水沙年际变化统计[4]

项目		金沙江	横江	长江	岷江	沱江
		向家坝	横江	朱沱	高场	富顺
集水面积/km²		458800	14781	694725	135378	19613
平均年径流量/亿 m³	1990 年前	1440	90	2659	882	129
	1991～2002 年	1506	77	2672	815	108
	2003～2012 年	1391	72	2524	789	103
	2013～2018 年	1372	87	2646	816	128
变化率/%	1	−4.7	−3.3	−0.5	−7.5	−0.8
	2	−8.9	13.0	−1.0	0.1	18.5
	3	−1.4	20.8	4.8	3.4	24.3
平均年输沙量/亿 t	1990 年前	24800	1370	31600	5260	1170
	1991～2002 年	28100	1390	29300	3450	372
	2003～2012 年	14200	547	16800	2930	210
	2013～2018 年	169	732	4290	1560	1090
变化率/%	1	−99.3	−46.6	−86.4	−70.3	−6.8
	2	−99.4	−47.3	−85.4	−54.8	193.0
	3	−98.8	33.8	−74.5	−46.8	419.0

注：变化率 1、2、3 为 2013～2018 年分别与 1990 年前、1991～2002 年、2003～2012 年均值的相对变化；2012 年以前向家坝站资料采用屏山站资料，朱沱站 1990 年前水沙统计年份为 1956～1990 年(缺 1967～1970 年)，横江站 1990 年前水沙统计年份为 1957～1990 年(缺 1961～1964 年)，其余 1990 年前均值均为三峡初步设计值；屏山站 2012 年下迁 24km 至向家坝站(向家坝水电站坝址下游 2.0km)，集水面积增加 208km²。

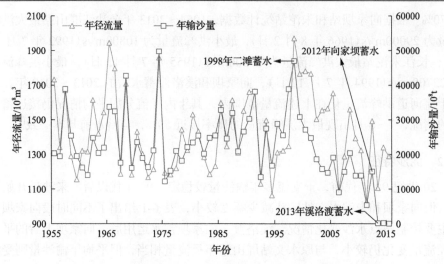

图 6-1　向家坝站年径流量、年输沙量过程线

向家坝蓄水后，坝下游河段输移的泥沙也明显细化，悬移质颗粒中值粒径由蓄水前的 0.014mm 变为蓄水运用后的 0.009mm，悬沙中值粒径显著变细，细颗粒泥沙占比也有增加，粒径小于 0.125mm 的颗粒占比由蓄水前的 87.8%，增至 2017 年 98.4%，且无卵石推移质从向家坝电站下泄。

依据天然状态下金沙江下游干流屏山站以及支流年输沙量和控制流域面积，经输沙模数估算，2013～2017 年溪洛渡—向家坝未控区间平均年输沙量约为 332 万 t。根据实测计算 2013～2017 年溪洛渡和向家坝水库泥沙淤积及排沙比。其中，溪洛渡总入库沙量为 52873 万 t，出库沙量为 1380 万 t，水库累积淤积泥沙 51493 万 t，水库排沙比为 2.6%；向家坝总入库沙量为 3367.6 万 t，出库沙量为 849.4 万 t，水库累积淤积泥沙 2518.2 万 t，水库排沙比为 25.2%，两库联合排沙比为 1.6%，见表 6-2。根据"十五"研究成果，在溪洛渡水库运行初期 10 年，淤积速度较快，库区年均淤积量为 2.01 亿 t，平均排沙比为 26.0%，向家坝水库运行初期 10 年，向家坝库区年均泥沙淤积量为 0.15 亿 t，平均排沙比为 79.2%，溪洛渡、向家坝水库实际排沙比明显较预期偏小。

横江从向家坝坝址下游 4km 汇入金沙江。横江是向家坝下游右岸支流，规划 20 多级水电开发，其中横江下游规划 7 级。2003 年横江下游水电站开工建设以后，横江来沙量明显减少，进入金沙江的沙量下降 47%，近期 2013～2018 年横江站平均年径流量基本不变，但横江站输沙量较 2003～2012 年有所增加。

岷江是川江泥沙的主要来源之一，1991 年以后，岷江下泄进入川江的沙量下降趋势明显，岷江下游控制站高场站 2013～2018 年平均年输沙量较 1990 年以前及 2003～2012 年下降了 70.3% 和 46.8%。

表 6-2　溪洛渡、向家坝水库排沙比变化

时间	溪洛渡				向家坝				联合排沙比/%
	入库/万 t	出库/万 t	水库淤积/万 t	排沙比/%	入库/万 t	出库/万 t	水库淤积/万 t	排沙比/%	
2013 年	8236	270	7966	3.3	633.0	203.0	430.0	32.1	2.4
2014 年	9619	639	8980	6.6	1005.0	221.0	784.0	22.0	2.3
2015 年	11147	179	10968	1.6	534.0	60.4	473.6	11.3	0.5
2016 年	12217	125	12092	1.0	594.6	217.0	377.6	36.5	1.7
2017 年	11654	167	11487	1.4	601.0	148.0	453.0	24.6	1.2
2013～2017 年	52873	1380	51493	2.6	3367.6	849.4	2518.2	25.2	1.6

朱沱站位于三峡枢纽回水末端上游，朱沱站 1991 年以后，输沙量开始减少，其中 2003～2012 年较 1990 年以前平均年输沙量减少了 43%，向家坝溪洛渡蓄水后 2013～2018 年又较 2003～2012 年减少了 74.5%。

6.2　河道边界特征

6.2.1　河道形态特点

长江上游向家坝至永川河道总体流向自西向东，向家坝起始为东南方向，经横江口后，转至东北走向，岷江汇流后折为东流，南溪以下河道变得较为弯曲，但在蜿蜒中总体仍然向东，泸州北纳沱江、合江南接赤水河后又折向东北。

向家坝下游干流每纳入较大支流后，河道尺度一般将相应增加，横江口以上的河道洪水河宽仅 200～350m，河道断面窄深；向家坝下游 4km 纳入右支横江后，金沙江洪水河宽一般达到 250～500m，但边滩范围窄小，无江心洲滩；至宜宾合江门，在纳入岷江以后，河宽明显增加，洪水河宽一般达到 300～800m，洪水最大河宽可达 1300m。在泸州市域纳入沱江和赤水河后，一般洪水河宽达到 700～1000m，枯水河宽达到 500～800m，在泰安镇至大桥镇间河道宽阔，多为分汊型河道，洪水河宽可达 1500～2000m。狭窄段洪水河宽可至 350～400m。

根据向家坝下游河道特点以及地理位置，将河道划分为向家坝至合江门段、宜宾段、泸州段、永川段。各个河段形态特点具体如下。

1) 向家坝至合江门段[5]

向家坝至合江门段为金沙江最下游段，长约 33km，为向家坝近坝段。地貌上为峡谷型向宽浅型过渡河段，两岸有阶地及河漫滩出现。河道枯水水面比降约

0.2‰，水位落差 6m 左右。枯水季节平均流速 1m/s 左右。河段内有砂卵石边滩 11 个。

向家坝坝址—横江口段：向家坝坝址附近河段为先宽后窄的弯曲型河道，最大河面宽度在 600m 以上，河段右岸有大型的推移质砾石沙滩，受弯道和右岸大型沙滩的共同作用，水流较为湍急，流态较为紊乱。水流流过坝址弯曲河段后，至临江西水位站（距坝址约 600m）处进入临江西水位站—横江口河段，该河段左岸为较为陡峭的山地，右岸为水富城区，河道较为顺直，流态相对较为平稳。河段内临江西水位站—临江西公园河段为逐步收缩河段，向家坝水文站位于收缩段的中部，常水位时河面宽度约 280m；向家坝水文站—临江西公园河段较为束窄，自上至下仍呈逐渐收缩形态，临江西公园下游不远处为河段控制性卡口，卡口处最大河面宽度小于 200m，卡口下游河段开始逐渐扩张，河面宽度逐渐增大，水力控制条件较差；过铁路大桥后河面宽度达到 500m 左右，右岸有大型沙洲发育。

在横江口—岷江汇合口河段内，横江口—柏溪镇河段为接近 S 形的大型弯道型河段，普遍存在河面宽度较大（500～600m）、大型推移质沙滩发育、流态较为紊乱的特点，其中泥罗桥—柏溪镇口河段为逐渐缩窄河段，河道形态变化较为复杂。进入柏溪镇河段后，河道仍呈不断束窄之势，至金江大桥处为最窄顺直，水流较为平稳，但由于河道断面过于束窄，该河段水深较大，常水位时河道水深应接近 40m，且水流流速较急。过金江大桥后河道逐渐开阔，并伴有弯道。

2）宜宾段[6]

宜宾段上起合江门下至井口段，长约 89.5km，河道两岸地势相对平缓，临江山脊高程 350～500m，一般呈右高左低地势。河道进口接纳岷江水流后，河宽水深明显增加，最大河宽可达 1300m。河道阶地相对宽广，边滩及江心洲发育，河道走向从 M 形过渡到平躺的 S 形。一般在弯道的凸岸一侧及弯道过渡段形成碛坝，碛坝一般基本稳定，年内保持冲淤平衡。沿程分布的碛坝有盐坪坝、瞌睡坝、三江碛、狗屎碛、杨柳碛、龙眼碛、柏木碛、牛屎碛、谢家坝、忠坝、甑柄碛、鸳鸯碛、鸭儿碛、董碛坝等。河道左岸为翠屏区、南溪区，右岸为翠屏区、长宁县、江安县。

3）泸州段[6]

泸州段由江安县经纳溪区大渡口处入境，由西向东流经纳溪区、江阳区、龙马潭区、泸县、合江县五县（区），在合江县符阳村九层岩出境。该段河道长 131km，自西向东横贯泸州河段，主要支流有沱江、永宁河、赤水河、濑溪河、龙溪河等。该段沿江分布较多边滩碛坝，如青鱼碛、赵坝、野猪坝、小中坝、天君坝、贾坝、华阳水中坝、飞机坝、黄家碛、金钟坝、草鞋碛、张坝关刀碛、高坝乌棒碛、龙船碛、新街河坝、大中坝、黄舣关刀碛、螃蟹碛、冰盘碛、锣鼓碛、孝女碛、望龙碛、鼓眼碛、鹅溪坝、菜坝、白塔碛、榕山关刀碛。这些碛坝多年来整体形态基本稳定，局部冲刷幅度较大，但年内仍然保持冲淤平衡。该河段为山区性河道，河岸坡度陡，多呈 V 形谷或 U 形谷，宽谷与窄谷交替，弯道较多，平面形态上整体呈现两个平躺 S 形弯道与一个大型 W 形弯道相连。由于弯道较多，弯曲半径较大，且河床起伏较大，多急流险滩。

4）永川段[6]

永川段从永川区的九层村入境至下游大坟坝出境，河道长约 37km。河道总体为北东走向。该河段两岸山势平缓，河床相对宽阔，碛坝河段相对长，狭窄河段相对短。永川段河道卵石碛坝较多，碛坝对河道演变具有一定的控制作用。河段沿江分布有鸡婆碛、赵家中坝、王背碛、庙角碛、金中坝、秤杆碛、羊背碛、温中坝。碛坝一般出现在河床宽阔顺直段、河床弯曲放宽段、河床展宽分汊段、峡谷上游宽段以及支流入汇段，在洪水期水位上升时，比较趋缓，流速减少，河床产生卵石或中粗沙淤积；汛后退水时间河床产生冲刷。

6.2.2　地理地质环境

向家坝至永川干流河道位于四川盆地南缘，属云贵高原与四川盆地之间的过渡地带，区域地貌位于四川盆地东南部边缘与川东褶皱山地交接处，为一系列呈带状延伸的平行岭谷分布区，山脉走向呈 NE-SW 向展布，具有东高西低，由低山向盆地丘陵过渡的特点。地貌主要受控于地质构造和岩性，背斜总体上为华蓥山中低山—深丘地貌，山脉走向与构造线方向基本一致。向斜呈宽谷，为红层地貌特征，丘顶高程 200～450m，河谷开阔，河曲发育[3]。

出露地层主要为侏罗纪中、晚世黏土岩、粉砂岩和砂岩不等厚互层，最大厚度 2300m。第四纪松散堆积沿江两岸呈断续分布。

区域大地构造单元属扬子准地台（Ⅰ）四川台坳（Ⅱ）中的川东褶皱束（Ⅲ）。西侧为川中台拱，二者大体以华蓥山断裂带为界，卷入各构造系的最新地层为侏罗系，构造生成时间至少晚于侏罗纪。结合盆地周边地质资料分析，可能孕育于燕山期，定型于喜马拉雅期。

河道位于川东褶皱束西部，燕山运动晚期逐渐隆起，由于受北东向、南北向基底断裂的制约，褶皱带的褶皱形态表现为向北收敛、向南撒开的"帚状"形，北端轴向呈北东向，向南逐渐转为南北向。

区域内主要断裂有华蓥山断裂带，该断裂带总体呈北东向延伸，北起万源以南，经合川东南，南至宜宾以远，全长 600 余千米。断层走向 20°～40°，倾向南东，倾角大于 45°，断距最大可达 2000m。

区内新构造运动特征主要表现如下。

(1) 本区新构造运动以大面积间歇性抬升为其总的特征。具体表现是层状地貌明显。由于抬升—相对稳定—抬升交替，形成多级夷平面、阶地；在背斜山区形成狭长的 V 形峡谷。

(2) 上升速度具有明显的不均衡性，总体看是东强西弱，北强南弱。具体表现在西部为丘陵，东部为山岭。丘陵地段北高南低，由北向南丘顶高程由 400～500m 降至 300～400m。

(3) 区内各级夷平面峰线齐一，台面无变形破坏迹象，沿江两岸堆积物组成各级阶地连续，未见明显的变形迹象，表明区内差异运动不明显。

河道地处四川台拗川东褶束，盆地的大部分地区已经隆起，新构造运动呈间歇性隆起，形成层状地貌，红色丘陵起伏。河谷宽谷与窄谷相间，宽谷段长且直，窄谷段短且两端反向（反 S）转弯。差不多所有的宽谷段都是顺向斜构造伸展的，而窄谷段多数是长江横截背斜构造的河段，多数称为"峡"。窄谷段从上至下依次有李庄段（峡）、江安段（峡）、弥沱段（峡）、华龙峡。

宽谷段普遍发育河流阶地，一般发育有四级阶地，Ⅰ阶地宽度标高 250～280m。

6.2.3　河床组成

长江上游干流宜宾—永川河段处在扬子准地台四川台坳，地壳比较稳定，断裂稀少，地震活动弱，主要为岩质岸坡，岸坡岩性主要为侏罗纪、白垩纪红色砂岩、泥岩，局部分布有三叠纪的灰岩。

河床及漫滩分布砂砾卵石或粉细砂（以下统称床沙），其颗粒组成由上游向下游变化总的趋势是由粗变细。床沙主要堆积在凸岸以及支流汇入口等处，形成沿江分布的沙洲。由于河流比降、河势等的变化，以及支流汇入等的影响，床沙在河流的纵向分布上表现为点多但单个床沙堆积区储量少的特点，冲刷岸、河流顺直且比降相对较大的河段一般没有床沙堆积。

床沙主要为砂砾卵石，主要分布在河流的凸岸，局部河流顺直、江面较宽的河段分布在江心，形成江心洲，如泸州市纳溪区的野猪坝。床沙的厚度各地不等，一般为 2～6m，少量为 6～8m，局部为 30m 左右，含砂率一般在 30% 左右，砂多为粉砂，矿物成分主要为长石、石英，砾卵石成分主要为砂岩、石英岩、玄武岩、花岗岩、闪长岩及灰岩等，呈圆状、次圆状，直径一般为 2～15cm，少量为 15～25cm。

基岩广泛分布在河谷谷坡、河岸岸坡和河床底部等区域，是河床组成的基础框架，既有裸露于床面的，也有被覆盖层掩埋的。基岩的岩性，以侏罗纪砂岩、泥岩为主，局部有三叠纪灰岩、泥岩等，局部河岸有少量胶结岩，地质界把胶结岩又称为"江北层"，均具有很强的抗冲作用。基岩碛坝、岛礁密度和面积大小分布不匀，在窄深河段稀少，宽阔河段较多。

砂卵石混合体是洲滩覆盖层组成的基本结构。覆盖层平均厚度在 15m 左右，砾卵石岩性以石英岩和石英砂岩为主。

受河道形态、区间来沙及水流条件的影响，各洲滩活动层 D_{max}、D_{50} 沿程呈锯齿状变化。一般峡谷出口段洲滩流速较大，D_{50} 也较大；峡谷进口段上游河道洲滩流速偏小，D_{50} 也偏小。洲滩最大粒径 D_{max} 一般在 200mm 上下波动，D_{50} 一般变化在 50~100mm，沿程无明显粗化或细化趋势。表 6-3 给出了该河段不同区间床沙的 D_{50}。

表 6-3 宜宾至寸滩各区间床沙的 D_{50} （单位：mm）

区间	洲滩表层	断面平均
水富—宜宾城区	133	74
宜宾城区—李庄	140	63
李庄—南溪	136	92
南溪—江安	138	75
江安—泸州	163	100
泸州—合江	98	71
合江—朱沱	134	80
朱沱—江津	135	95
江津—寸滩	120	74

河床床沙组成有以下特点。

(1)水下覆盖层除极少断面为纯沙质外，绝大多数为砂卵石组成，砂卵石床沙级配变化幅度较大，以中值粒径 D_{50} 为例，小者仅 41.5mm，大者为 151mm，变幅近 110mm。全河段各断面最大粒径一般多在 200mm 以下，其中又以 100~150mm 粒径范围居多。

(2)泥沙粒径沿程呈不规则锯齿分布，总体上有一定的细化趋势。经统计，朱沱至江津段 D_{50} 平均为 95mm。

(3)断面 D_{50} 与深泓高程变化基本相应，即窄深型断面颗粒偏细；宽浅型断面颗粒普遍较粗。原因是窄深型断面枯水面积较之于汛期面积缩小的比例远远小于宽浅型断面面积缩小的比例，从而使窄深型断面枯水期流速大幅度减小，泥沙发生淤积细化；相反，宽浅型断面在汛期一般为淤积细化，而枯水期水流归槽则产生冲刷粗化。由于水下采样在枯水期进行，故形成了枯水期窄深型断面泥沙颗粒偏细、宽浅型断面泥沙颗粒较粗的分布规律。

6.3 河道演变主要特点

6.3.1 历史演变

向家坝至永川河段为典型的山区性河道，两岸受基岩的控制稳定少变，但在长期的水流冲刷下，河床缓慢下切。历史上在燕山运动中，河道岩层褶皱成向斜和背斜，加之出露的地质条件沿程的不同，在水流的作用下呈现出不同的河床形态。江水流经背斜地段时，坚硬的石灰岩抗侵蚀能力强，逼使水流主要沿着垂直裂隙向下切割，形成了深陷的谷槽，并随着下切的加深和岩层的崩塌剥落，逐渐形成了峡谷；当江水流经向斜地段时，由于页岩和砂岩的抗侵蚀能力弱，易受破坏，江流向两侧扩张，河床逐渐被侵蚀为宽谷。而宽谷河段两岸由不同的地质构成，受水流侵蚀各异，在江中形成了碍航的石梁、石盘、石咀，或江岸凹入成沱。后来在漫长的年代里，其基本维持河谷地貌形态，而河床在江水侵蚀下缓慢下切。

根据对 20 世纪长江干流河道的观测，向家坝至朱沱自然河道的河床演变主要表现为河床的冲淤变化。其中，在峡谷段，悬移质基本上不参与造床作用，冲淤主要是卵石在河槽中的堆积和冲刷，年内冲淤变化呈现一定的周期性，河床变形相对较小。宽谷段冲淤变化则比较复杂，卵石推移质和悬移质中的中粗沙部分都对河床深槽和浅滩产生冲淤影响，使河床在平面和断面上发生变化。具体特点表现在以下几方面。

1. 河床局部冲淤

由于河道流速较大，水面比降较陡，水流挟沙力有富余，中细沙在悬移质泥沙中只作为冲泻质向下游输移，不参与造床作用。但在宽谷汊道或弯曲段，由于洪水主流趋直，枯水期水流坐弯，不同水位下主流的水流位置和方向不同，整个流场流速分布也有所不同。一般来说，在洪水期由于弯道的凹段一侧水流撒弯，或在汊道中非主流一汊，或在碛坝尾部和石梁礁石下方的荫蔽处，或在峡谷段上游的壅水区，常出现缓流乃至回流，加之此时悬移质含沙量大，中细沙发生大量落淤。

这些淤积沙区年淤积厚度可达 5m，淤积的中值粒径一般为 0.12～0.20mm，多属中细沙。汛后水位退落，宽谷段比降增大，流速增加，则河床产生冲刷，冲刷强度可达 20m³/s。河床在冲淤过程中的床沙粒径有所增大，中值粒径为 0.20～0.26mm。

汛后随着水位退落，汛期的淤沙至 10～12 月份基本上全部冲走，河床在年内冲淤基本平衡。汛后枯水期河槽得到恢复，多年变化不大，河床较为稳定。但有时因汛期淤积量较大，汛期退水时河床冲淤不及或冲刷不充分，则有可能出现浅滩。

2. 卵石河床的冲淤

卵石河床的冲淤包括碛坝卵石边滩、卵石浅滩。其卵石淤积体的冲淤变化，与水流强度、水流方向、河床地貌形态及卵石排列特征等因素有关。河道断面形态和断面面积变化很大，相应的流速变化也大，致使在同一时间内，卵石在有的部位趋动，而在有的部位趋停。一般情况下，位于狭窄河段下游的卵石浅滩或弯曲过渡段的卵石浅滩，在汛期往往因上游有卵石输入而形成浅区淤积，汛后中水期因过水断面面积减小，流速与比降增大而发生冲刷，汛后淤积；卵石边滩的冲淤变化，则属汛期淤积，汛后冲刷。卵石河床的年内冲淤变幅一般仅为 0.3~1.0m，大者 1~2m，远小于沙质河床的冲淤变幅。每年汛期的淤积量和汛后的冲刷量为 10 万~40 万 m^3，年内冲淤基本平衡。

3. 浅滩的冲淤变化

河床的浅滩是相对于满足通航而言的。川江浅滩以卵石浅滩居多，沙质浅滩较少，浅滩河床总体来说相对稳定。浅滩多出现在河床宽阔顺直段、河床弯曲放宽段、河床展宽分汊段、峡谷上游宽段以及支流入汇段。前四类浅滩都处于宽段内，在洪水期水位上升时，比较趋缓，流速减少，河床产生卵石或中粗沙淤积；汛后退水时间河床产生冲刷。当退水过程较快时，汛期河床淤积来不及冲刷，或退水流量较小，河床冲刷不充分，该段就要出现比平均河床高程还要高的淤积部位，即出现碍航的浅滩。这是上述四类浅滩的共性。随着各浅滩河段的平面形态、枯水期水流泥沙运动特性以及河床地貌特征的不同，各浅滩的冲淤变化也不同，这就是特殊性。至于支流入汇干流处相互顶托产生的浅滩，其冲淤主要取决于干支流的汇流比。年内最后一次洪水的汇流比往往对这类浅滩的冲淤起重要作用，甚至是决定性作用。

由于这些浅滩河段河床形势不同，水沙运动方式各异，因而具有不同的年内和年际变化规律和特点，不同类型的浅滩河床演变特性又有所不同。

1) 宽浅河段浅滩河床演变

宽浅河段年内的演变规律基本上是"汛期淤积，汛后冲刷"，窄深河段则是"汛期冲刷，汛后淤积"，这种冲淤变化年复一年地交替进行，使卵石推移质以间歇性运动方式向下游输移。

宽浅河段的浅滩在一个水文年内的冲淤量基本可以保持平衡，之所以有时出现碍航浅滩，往往与当年汛期淤积量偏大而汛后冲刷不及有关。

2) 弯道河段浅滩河床演变

弯道河段是一种常见的河型,在川江有常年弯道与枯水弯道之分。常年弯道是指各种水位下,河道均呈弯曲状态,即在各水位情况下,该河段均受弯道环流的作用。枯水弯道大多出现在汊道中,仅枯水期航道弯窄,产生弯道环流,洪水期因洲滩淹没,水流较为顺直,主流越过滩顶或由另一汊道通过,而弯槽则成为缓慢的回流区,较细泥沙大量落淤,汛后 10 月份水位下降,水流又逐渐归向弯槽,汛期淤积泥沙逐步冲刷,一般在 11 月下旬可全部冲刷完,恢复到枯水弯道的河床形态,枯、洪水期主流摆动幅度可达 500~1000m。但弯道河段凸岸边滩的浅嘴,在弯道环流作用下,水位越枯,越向江中淤伸。

3) 汊道河段浅滩河床演变

汊道河段多发生在窄深河段下游的放宽段,这是由于洪水期经窄深河段输移下来的卵石推移质,至放宽段后因水流减缓而淤积成江心碛洲。放宽段洪水河宽达 800~900m 时,往往出现枯水水深在 2m 以下的潜碛;洪水河宽达 1000~1500m 时,可能出现碛顶高于枯水位 1~7m 的江心卵石碛;洪水河宽达 1500m 以上时,则会出现大的江心洲,洲顶高出枯水位可达 20m 以上,同时还会在江中出现小的卵石碛。

汊道河段的河床演变,根据淤积物的不同,可分为两种。一种为较细泥沙的淤积,只发生在弯道的一汊,汛期处于缓流回流区,泥沙的年内冲淤变化与枯水弯道的演变规律基本一致,泥沙淤积厚度可达 10~15m;另一种以卵石淤积为主,主要发生在汛期主流通过的一汊,因卵石输移带是随流速较大的主流区而运动,其演变规律与宽浅河段基本一致。由于汛期主流通过该汊,汛期淤积泥沙的粒径大、淤积量小,冲淤幅度也较小。

4) 支流入汇段浅滩河床演变

主要支流有岷江与横江等,在这些支流入汇干流的河段,其河床演变与两江来水来沙及其组合情况有密切关系,干流与支流的汇流比 $(Q_干/Q_支)$ 越大,支流受干流的顶托影响越大,在支流河口段泥沙将大量淤积;汇流比越小,干流受支流的顶托影响越大,则使干流一侧淤积量增大。至于汛后落水期的河床冲刷变化,则与最后一次洪峰发生的河道有关,如果最后一次洪峰发生在干流,则干流淤积泥沙大部分被冲刷,而支流河口的泥沙大量淤积,往往出现严重碍航的浅碛或拦门沙。反之,若最后一次洪峰发生在支流,则支流河口段的泥沙被冲刷,而干流汇流口以上附近浅滩的泥沙淤积量增多。

由于干流来水量较大,支流的来水量较小,相对来说,干流对支流的顶托影响较大,特别是来沙量较大或来水量较小的支流,受干流的影响较为严重,如横江、沱江等。根据入汇河段的实测资料,汇流河段不仅存在上述的一年内变化规律，而且随着干、支流特殊来水来沙情况，泥沙淤积亦会出现不同的年际变化。

6.3.2　近期演变

1. 向家坝下游金沙江段

向家坝下游金沙江总体呈东南走向，为微弯顺直河道，长约 33km。20 世纪 90 年代以后，向家坝至宜宾段呈冲刷趋势。本书根据向家坝兴建以来实测地形绘制了河段河床冲淤厚度分布图，见图 6-2，2008 年 3 月～2017 年 10 月向家坝至宜宾合江门河道累积冲刷 2585 万 m^3，其中 2016 年 10 月～2017 年 10 月冲刷约 147 万 m^3，近期冲刷相对缓慢。河道的冲刷主要发生在主河槽，平均冲刷幅度为 2～4m，最大冲刷发生在打鱼村附近，深度为 28m（护堤护岸等工程施工及河道采砂的影响），泥沙淤积主要发生河道边滩，平均淤积幅度为 2m，其中部分护岸工程段由于江岸的外移，也使滩面形成淤积。根据沿程河道冲淤变化，分段进行河道冲淤分析。

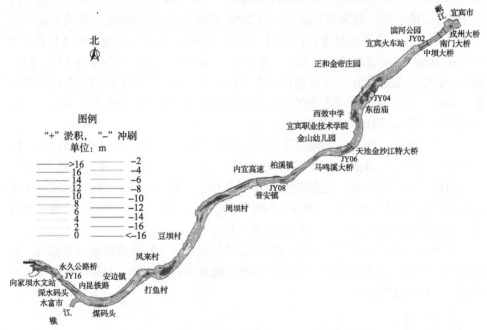

图 6-2　2008 年 3 月～2017 年 10 月向家坝至宜宾干流河段河床冲淤厚度分布图

1) 向家坝下游坝区段

向家坝下游坝区段（坝址至横江汇口段长约 4km）河谷相对狭窄，在向家坝水电站建设期间，受施工导流影响相对明显，主流摆动，河床冲淤幅度较大。向家坝一期工程时期，河道进口左岸设置施工围堰，水流从原河道右侧进入，围堰附近及下游河床冲刷，形成大的冲刷坑，最低高程达到218.9m。围堰下游深泓逐渐左移，在金沙江公路大桥上游，深泓靠近河道左岸，在水富城区深泓基本处于河道中偏左的位置。向家坝二期施工后，水流从左岸导流明渠进入，河道进口主流方向较一期施工期间偏南约20º，在向家坝大桥附近，深泓由一期时靠近左岸移至靠右岸，在水富港附近受其江岸影响又左移，铁路大桥附近和一期工程时深泓位置渐近。2012年10月向家坝开始蓄水运用后，下游近坝段河道深槽及岸线相对稳定。

2) 安边镇

安边河段上起横江口汇流口，下至烧瓦溪，全长约3.5km。金沙江和横江在安边镇城区附近约呈45°交汇，两江汇流后主流仍保持金沙江上游流向，并从左岸向右岸过渡，在小岸坝附近靠近右岸，小岸坝以下主流大都靠近右岸山岩，尾部主流左移靠近烧瓦溪。

安边镇河段相对稳定，河道冲淤变化较小。在向家坝兴建过程中，安边镇河段总体形态变化仍然不大，但局部有所调整。根据2005~2012年地形，安边镇河段250m深槽淤积，范围明显缩小，但260m深槽较稳定，260m等高线平面位置变化在24m内，且平顺贯穿该段河道，其尾部保持在刘家祠附近，尾部上下变化幅度在70m。左岸安边镇边滩形态变化较小，270m等高线最大摆动仅13m，两岸280m岸线也稳定。2012年安边镇护岸工程开设实施，护岸工程所在岸线有所外推，2011~2014年，河道左侧护岸工程段280m等高线一般外推20~70m。护岸工程滩地外侧因挖沙形成局部深坑。

2005~2011年安边镇河段深泓平面位置局部有小幅摆幅，但无单向移动趋势，三块石、烧瓦溪等摆动幅度较大处，最大移动幅度小于30m。深泓高程略有调整，部分河道深泓略有上升。安边镇河段2005年深泓高程在246.3~260.6m，2011年深泓高程在248.5~258.7m。2005~2008年，局部深泓最大升高约6m，2008~2011年，深泓高程最大上升1.1m，最大下降1.2m。

2005~2011年安边镇河段断面形态相对稳定，各个断面滩槽无明显移动。近期(2011~2014年)受人为因素影响，河道断面形态有所调整，左岸岸线外移，河宽减小，断面变得窄深。

3) 豆坝段

豆坝河段进出口段弯曲，中部顺直，全长约7km。豆坝进口从烧瓦溪至小岩口长约1.5km，受两岸凸出的山体控制，深泓呈S形，主流在洪枯不同的流量下摆动幅度较大，汛期洪峰过程冲淤幅度相应较大，但一般年内冲淤基本平衡。根据2005~2011年地形，豆坝进口段河道变化较大的部位主要发生在左岸边滩上端，滩面冲刷下切，形态由平坦变得不规则。现场查勘表明该段边滩主要受近期采砂影响，由于开采量较大，附近散乱堆积，采区河床形成较大范围的深坑。

豆坝中段(马槽主—杨湾)形态顺直，在长约 4.5km 的河道内主流一直靠近右岸，但受右岸山体临江控制，深泓平面位置较稳定，2005～2010 年深泓线平面摆动幅度小于 25m。该段河道左岸滩地和阶地相对宽阔，近期也保持稳定态势，其河道各等高线变化小于上游。

豆坝下段(杨湾—水牛岩)微弯，主流从右岸过渡到左岸后又从左岸向右岸过渡，右岸为凸岸边滩，滩地宽阔。2005～2010 年该段河道深泓线平面摆动幅度在 30m 内，河道江岸较稳定，270m、280m 等高线变化不大。左岸杨湾—占桥滩 260m 以下深槽有所冲淤，2005～2008 年深槽总体呈冲刷趋势。

4) 柏溪镇河段

柏溪镇河段上段宽阔中部较窄下段又逐渐展宽，全长约 6km。上段从水牛岩至风洞溪，长约 3.1km，洪水宽 350～500m，下游狭窄段长约 2.9km，洪水河宽 220～350m。2005～2008 年柏溪镇河段河道保持基本稳定态势，滩槽及断面形态变化不大，河床冲淤幅度小，年内冲淤基本平衡。2012 年前后宜宾实施二期护岸工程，河道上段左岸岸线外推，滩面高程下降，断面变得窄深。根据 2008～2014 年实测地形图，其护岸工程段岸线一般外推 50～90m，护岸工程外侧滩面开挖高程下降 0.5～3m，但河道右岸仍基本稳定。柏溪镇下段河道近期变化不大，仍保持基本稳定。

2005～2008 年，河段整体冲淤变化较小，安边镇—大溪口河段有小幅淤积，杨湾—水牛岩河段有小幅冲刷，安边镇—水牛岩河段的整体淤积量为 17.8 万 m^3，河段年平均淤积厚度仅为 0.015m。2008～2010 年，河段整体出现小幅冲刷，安边镇—豆坝村河段的整体冲刷量为 68.2 万 m^3，河段的年平均冲刷厚度为 0.2m。

表 6-4 给出了安边镇—柏溪镇河段河床冲淤计算成果，图 6-3 给出了安边镇—柏溪镇河段岸线及深槽变化图。整体而言，金沙江向家坝以下河段在 2005～

表 6-4　安边镇—柏溪镇河段河床冲淤计算表　　　(单位：万 m^3)

时段	安边镇—大溪口	大溪口—打鱼村	打鱼村—豆坝村	豆坝村—杨湾	杨湾—水牛岩	水牛岩—柏溪镇
2005～2008 年	50.1	2.7	-7.7	2.1	-29.4	—
2008～2010 年	-24.4	-22.8	-21.0	—	—	—
2010～2014 年	-75.8	-213.9	-149.0	—	—	—
2005～2014 年	-50.1	-234.0	-177.7	32.8	-180.8	189.5

注：负值代表冲刷，正值代表淤积。

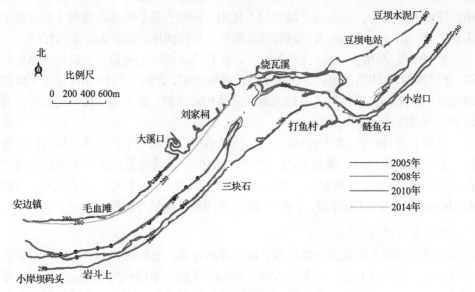

(a) 安边镇—豆坝村岸线及深槽变化图

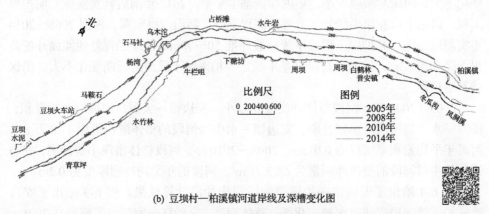

(b) 豆坝村—柏溪镇河道岸线及深槽变化图

图 6-3　安边镇—柏溪镇河段岸线及深槽变化图(彩图扫二维码)

2010 年,河段冲淤基本平衡。2010~2014 年受向家坝蓄水、防洪护岸工程的实施以及采砂作业等人类活动影响,主河槽出现了冲刷,总体河宽略有缩窄,断面向窄深发展。

5) 柏溪镇至翠屏区

20 世纪末至 21 世纪初,柏溪镇以及宜宾城区左右岸实施了滨江路护岸工程,这些滨江路护岸工程的实施,将河道岸线向外推移,而无工程江岸多为山岩和阶地,江岸保持相对稳定态势。根据 2005~2008 年地形,全河段 260~280m 等高线平面位置变化不大。河道总体相对稳定。

柏溪镇—翠屏区河段两岸 255m 等高线上下游贯通，250m 以下为河道深槽，表 6-5 给出了该河段深槽特征值统计成果。柏溪镇马鸣溪大桥以上河床窄深，240m 深槽范围较大，槽底沿程平坦，最深点高程一般在 236～240m，且位于河床中部。天池段河道深槽在其进口靠近河道左岸，中部则靠近右岸(弯道凸岸)，其下游深槽又靠近河道左岸，由于大部分工程区域河宽较大，深槽高程较高，箱子石附近，受两岸地形影响，形成较大范围的局部深槽，深槽高程达到 225m 左右，是本河段最深的深槽。宜宾城区左岸滨江路工程上游端，有较小范围的深槽，最低高程在 247m 左右，高于上游柏溪镇深槽，再向下在中坝大桥附近深槽高程又有所降低，范围也较大。

表 6-5　柏溪镇—翠屏区河段各深槽最低高程及范围　　　(单位：m)

深槽位置	测量年份	深槽长	最深槽宽	说明
马鸣溪	2005	1023	79	240m 深槽
	2008	1085	84	
箱子石	2005	643	92	240m 深槽
	2008	662	101	
高庄桥	2005	256	31	250m 深槽
	2008	385	48	

柏溪镇—翠屏区河段深槽最低点变化较小，位置相对稳定，变化范围不大。近期该河段深槽略有冲刷，范围有所扩大，但总体上基本稳定。

金沙江宜宾城区河段深泓线平面位置相对稳定，2008 年与 2005 年比较，深泓横向摆动幅度一般在 20m 以内。摆动幅度较大部位主要位于中坝及以下河道，深泓最大移动约 26m，见表 6-6。

表 6-6　宜宾城区河段深泓摆动幅度(2008 年与 2005 年比较)　　　(单位：m)

断面	JSJ07	JSJ10	JSJ13	JSJ15	JSJ17	JSJ19	JSJ21	JSJ23	JSJ25	JSJ27	J9	JSJ31
摆幅	−10	−26	6	5	8	−8	−9	11	−8	12	6	13

注：负值代表右移，正值代表左移。

左岸洲滩从上至下有大铁坝、上中坝、下中坝，右岸有中坝。左岸各洲滩范围因沿江护岸工程的实施而变小，目前范围较大的边滩主要为右岸中坝。

中坝为右岸(凸岸)边滩，因主流左移河道展宽而形成，滩面高程在 260～270m。近期(2005～2011 年)滩面形态及变化较为复杂，中部区域由于采砂高程降低，上游部分滩面为沙场，江沙堆积转运，滩面有升有降，滩面右侧串沟有所缩小，下段滩面变化较小。整个滩面洪水时呈淤积，枯水滩面变化主要受人类活动的影响。

柏溪镇—翠屏区河段横断面形态相对稳定，大部分河床冲淤不大。部分河床有一定幅度冲淤，主要是受工程下游滨江路护岸工程实施等影响。

柏溪镇—翠屏区段河道主要表现为冲刷。2005～2008 年河床平均冲深约 0.05m（表 6-7），平均每年冲深约 1.25cm，河道滩面每年均存在一定程度的采砂，也是该时段河床呈现冲刷的主要原因之一。由于河床总体冲刷幅度较小，且江岸稳定，河道基本稳定。

表 6-7　柏溪镇—翠屏区河段河床平均冲淤厚度计算表　　　　（单位：m）

时段	上段 JSJ31～JSJ27	中段 JSJ27～JSJ15	下段 JSJ15～JSJ07	全河段平均
2005～2008 年	0.03	-0.05	-0.06	-0.05

注：负值表示冲刷，正值表示淤积；265m 高程以下河道。

2. 宜宾河段

长江干流宜宾河段上段（合江门—南溪）河道相对狭窄，呈西向东走势，由多个顺直段和急弯段组成。急弯多由临江山体阻挡，水流被迫转折形成，急弯过后河道又变得顺直，直至下一个急弯。弯道顶部附近大多形成宽阔的凸岸边滩，河宽增加明显。宜宾河段下段河谷相对宽阔，为分汊型河道。由于河宽较大，不同流量下主流移动相对明显，河床冲淤幅度较上游增加。

长江干流宜宾河段接纳金沙江和岷江的径流，汛期洪水流速大，比降陡，水流挟沙力有富余，历史上河槽在冲淤过程中呈缓慢下切过程。近期金沙江和岷江上游梯级水电工程的建设和运用，使来沙量减少明显，加之人类的生产活动，主河槽冲刷下切速度相对加快。

1）黄桷坪河段

黄桷坪河段上起合江门下至大石村，全长约 6km。岷江与金沙江在合江门汇流后，汇口以下河道水流仍保持上游金沙江的走势，但至白沙湾，河道急剧弯曲，主流顶冲左岸黄桷坪一带岸线，向下至大溪口，右岸山体及石梁又横向阻挡水流，河道又发生急剧左转。

黄桷坪河段沿江涉水工程建设较多，部分岸线外移，断面面积减小，致使主河槽发生冲刷，2004～2011 年 255m 等高线以下河床冲刷较大，最大冲深可达 5m。

黄桷坪位于两江交汇后水流顶冲的凹岸，虽江岸抗冲性较强，但总体呈冲刷后退趋势，深槽相应左移，图 6-4 给出了 1993～2014 年该河段深槽及岸线变化对比图。黄桷坪护岸工程上段河床冲刷最为明显，1993～2004 年 250m 等高线最大左移 10～90m。2004～2011 年 250m 深槽左移约 25m。由于工程段岸线参差不平，河道走向频繁转折，深槽起伏较大，水流十分紊乱，河床长期呈冲刷态势，江岸岸坡逐渐趋陡。

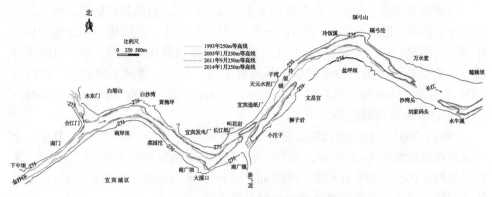

图 6-4　宜宾城区黄桷坪河段深槽及岸线变化图

本图平面坐标采用 1954 年北京坐标系，高程系统为 1956 年黄海高程

宜宾城区河段主要表现为淤积，表 6-8 给出了该河段河床平均冲淤厚度计算成果，其中，金沙江汇流口段 1993~2008 年河道为冲刷，河床床面平均冲刷约 0.29m。岷江汇流口段 1993~2011 年河床平均冲深约 0.12m。黄桷坪河段 1993~2005 年河床为淤积，平均淤厚约 0.04m。长江干流黄桷坪河段河道淤积主要发生在两岸岸坡，主要是因近年来向江边弃土及涉水设施的建设而产生，主河槽仍为冲刷。

表 6-8　金沙江岷江汇流段河床平均冲淤厚度统计表　　　　　（单位：m）

时段	金沙江汇口段(700m) JSJ01—JSJ03	岷江汇流口段(400m) 402—403	黄桷坪河段(8000m) CJ270—CJ291
1993~2005 年	0.10	0.09	0.04
1993~2008 年	−0.29	—	—
1993~2011 年	—	−0.12	—

注：负值表示冲刷，正值表示淤积；265m 高程以下河道。

宜宾上游来沙量减少较明显，加之河道内存在的一定程度的采砂，是近期黄桷坪河段主河床呈现冲刷的主要原因。但由于河床总体冲刷幅度较小，且江岸稳定，黄桷坪河段仍处于冲淤相对平衡态势。

2) 瞌睡坝段

河道上起盐平坝、下至老龙沟，全长约 9km。主流以东北走向进入本河段，顶冲左岸隔弓山后转向东南，右岸则形成盐坪坝凸岸边滩，向下水流过渡到右岸，顶冲水牛溪一线山体，左岸形成较宽阔盐坪坝边滩。水牛溪以下河道又转向东北。由于水流顶冲部位基岩裸露，凹岸岸线相对稳定。但河道凸岸边滩近期冲淤相对明显，冷饭碛、盐坪坝边滩最大冲刷深度均达到 5m，冷饭碛滩面冲刷相对均匀，盐坪坝主要以冲刷深槽附近低滩为主。

瞌睡坝工程位于凸岸，中小流量下主流位于凹岸，边滩相对稳定，但大洪水时，水流趋直，瞌睡坝上段(隔弓山—水牛溪)主流居中，瞌睡坝滩面流速增加，冲刷相对明显，最大冲刷在 5m 以上。瞌睡坝下段河道相对狭窄，洪水时河床冲刷。近期受长江上游泥沙来量减少等因素影响，河床呈逐渐下切趋势。1993～2004 年左岸 250m 等高线左移 30～50m，270m 等高线左移 20～30m，2004～2007 年仍有冲刷后退趋势。

1993～2005 年瞌睡坝段河段淤积 25.7 万 m³，平均淤厚约 0.03m。其中，上游盐坪坝河段淤积 46.4 万 m³，平均淤厚约 0.20m。瞌睡坝段淤积 28.2 万 m³，平均淤厚约 0.10m。瞌睡坝下游段冲刷 48.8 万 m³，平均冲深约 0.16m。由于河床总体冲刷幅度较小，河道仍处于冲淤相对平衡态势。

3) 李庄河段

李庄河段上起老龙沟、下至新庄码头，河道微弯，长约 10km，洪水河宽 500～700m。主流在河道进口靠近右岸，在尖嘴龙以下逐渐左移，河宽增加，右岸为较宽阔的三江碛，向下至鸡冠石主流靠近左岸，受鸡冠石一线江岸导流后主流又右移，贴近李庄镇城区下段，左岸形成狗屎碛边滩，李庄镇以下主流又左移靠近左岸凉亭村，并一致靠近左岸。

李庄河段上段为两弯道过渡段，河宽逐渐增加，不同流量下主流摆动幅度沿程增加，近期右岸三江碛滩面采砂加剧，致使河床冲刷幅度较大。中部李庄城区河段相对狭窄顺直，水深较大，河槽最低高程在 230m 左右，其 245m 深槽 1993～2004 年向下延伸 300m，宽度略有缩窄左移，2004～2011 年深槽范围扩大并右移，河床冲刷。下游凉亭村附近河道近期亦呈冲刷趋势，1993～2004 年，附近的 245m、250m 深槽分别下延约 120m 和 140m，同时右岸白庙子岸坡冲刷后退，255m 等高线平均右移 25m。

李庄河段 1993～2005 年呈冲刷过程，其中仙人场—水文站段床面平均冲深约 0.22m，每年平均冲深约 1.7cm。水文站—涪溪口段平均冲深约 0.05m，每年冲深约 0.4cm，涪溪口—罗龙镇段冲深约 0.21m，每年冲深约 1.6cm。河段内存在一定程度的采砂，是近期河床呈现冲刷的主要原因。另外，李庄防洪工程实施，部分江岸外移对河床总体冲淤也有一定的影响，但由于冲刷幅度较小，且江岸稳定，河段总体仍处于冲淤相对平衡态势。

4) 南溪区罗龙段

罗龙段上起新庄码头、下至棺木岩，长约 10km，洪水河宽 600～1000m。主流从新庄码头靠近河道右岸，呈东南向，白鹤林以下主流左移，至罗龙镇附近靠近左岸，受左岸导流作用，水流又转向右岸，顶冲老鹤溪—合避窝岸线右岸，由于老鹤溪—合避窝岸线较弯曲，在长约 1.2km 河道内，水流走向发生近 90°转向，至棺木岩河道缩窄，水流呈东北向。

该段河道水流较弯曲，流态复杂，局部河道冲淤幅度较大。近期河道下段左岸谢家坝边滩呈冲刷趋势。1993～2004年，谢家坝边滩255m等高线最大左移达60m，260m等高线平均左移约20m。

5) 南溪城区河段

南溪城区河段上起棺木岩、下至观音阁，分上下两段。上段(棺木岩—坎上房子)顺直，下段左岸为南溪中心城区，河道形态亦顺直，尾部弯曲。南溪城区受观音阁上游左岸导流作用，河道进口主流开始左移，在牛巷口靠近左岸，后经牛巷口—坎上房子江岸的导流，转向右岸江南镇，河道出口主流又左移靠近左岸。

南溪城区河段大部分主流贴岸的区域(江南镇及观音阁)基岩裸露，岸线较稳定，但河道左岸南溪城区江岸为阶地，江岸及河床受冲刷后退，20世纪末～21世纪初，曾实施了三期护岸工程，范围包括坎上房子—南门。但牛巷口—坎上房子为主流顶冲区，部分江岸后退，270m等高线左移5～15m。牛巷口附近深槽槽底冲深约1.2m。

南溪城区河段中部河宽较大，存在桐子坝、甄柄碛等范围较大的边滩。桐子坝段右岸实施护岸工程岸线外移，工程外侧略有冲刷，边滩前沿后退。甄柄碛滩面相对稳定。

南溪城区江岸实施了护岸工程，左岸部分江岸外移，洪水河宽有所减小，洪水过流断面窄深发展，但枯水河宽及滩面高程变化不大，枯水过流断面相对稳定。

1993～2007年，南溪城区主河槽主要表现为冲刷，表6-9给出了该河段河床平均冲淤厚度计算成果。工程上游老鹤溪—牛巷口弯道段河道为冲刷，河床床面平均冲深约0.55m，平均每年冲深约4cm。牛巷口—坎上房子段河床平均淤积约0.19m，平均每年淤积约1.3cm。工程下游坎上房子—观音阁段河床平均冲深约0.02m，平均每年冲深约0.1cm。总之，南溪城区河段仍处于冲淤相对平衡态势。

表6-9 南溪城区河段河床平均冲淤厚度计算表 (单位：m)

时段	老鹤溪—牛巷口 (CJ214—CJ204)	牛巷口—坎上房子 (CJ204—C14)	坎上房子—观音阁 (C14—CJ187)	南溪城区全河段
1993～2005年	−0.34	0.15	0.26	−0.01
2005～2007年	−0.21	0.04	−0.28	−0.18
1993～2007年	−0.55	0.19	−0.02	−0.19

注：负值表示冲刷，正值表示淤积；265m高程以下河道。

6) 南溪—江安河段

河段上起观音阁、下至香炉滩，河道蜿蜒弯曲，宽窄相间。狭窄河段汛期河宽 500~650m，宽阔段河宽 800~1000m，最大河宽可达 1400m，由于河较宽，碛坝和江心洲滩发育。从上至下有瀛洲阁、中坝、古贤坝、打鱼碛等江心洲滩。除打鱼碛滩顶部高程偏低外(247m)，一般江心洲滩顶部高程在 255~265m，发生二十年一遇以上洪水才逐渐淹没。由于沿程各个江心洲滩平缓，汛期洪水时水流漫滩，流速减小，泥沙淤积。汛后中小流量主流坐弯归槽，河床深槽冲刷，年末河槽得到恢复。

该段河道近期(2005~2010 年)河床呈冲刷趋势，平均冲深在 0.3~0.4m。但各江心洲滩顶部基本稳定，以深槽及左右侧边滩冲刷下切为主，最大冲深接近 5m。

7) 江安城区河段[7]

江安城区河段上起香炉滩、下至大石包码头，2004~2011 年主河槽冲刷，河床平均冲深约 0.45m。河道两岸 240m 等高线上下游贯通。河道上段主河槽靠近右岸，中下段靠近左岸。深槽最低高程在 225m 以下且范围较大的有四处，从上至下分别位于团山包、金鸡尾、九狮湾和长江大桥附近。

团山包附近深槽是江安城区河段最深、范围最大的深槽，主要受右岸凸出的山脊和上游打鱼碛左右槽的汇流影响。2011 年团山包深槽最低高程约 215.1m，230m 以下深槽长约 850m，平均宽约为 115m，深槽冲刷下切并上下延伸。金鸡尾深槽系左岸山脊凸出主流贴岸冲刷形成，深槽最低高程为 219m，230m 以下深槽长 810m，平均宽约为 105m，金鸡尾深槽也呈冲刷下切上下游延伸趋势。九狮湾深槽平面位置较稳定，范围变化不大，230m 深槽稳定长约 1240m、宽约 100m，但槽底冲刷下切，最低高程下降至 218m。长江大桥深槽最低高程约 220m，主要受大桥建设的影响，近期基本稳定。

江安城区大部分河段深泓线平面位置相对稳定，2004~2011 年深泓横向摆动幅度一般在 30m 以内。摆动幅度较大部位主要位于牛角坝左汊金鸡尾—九狮湾两深槽间。

江安城区河道主要有打鱼碛、香炉滩和牛角坝三个洲滩。打鱼碛位于河道进口江心，滩顶平缓顶部高程为 245~247m。打鱼碛尾部及左侧较稳定，右侧滩面略有冲刷，2004~2011 年打鱼碛右侧 245m 等高线最大左移约 50m，滩顶略有淤积，淤积幅度在 1m 以内。香炉滩近期呈冲刷趋势，240m 边滩前沿线左移，一般移动幅度 15~40m，边滩中部的香炉碛虽较稳定，但左侧滩面冲刷形成串沟。牛角坝为依附右岸江心洲滩，上段低滩前沿冲刷，240m、245m 等高线后退右移，其中 240m 等高线平均后退约 40m，245m 等高线最大后退 120 余米。牛角坝其他部位以及 250m 等高线以上洲体较稳定。

根据江安城区河段实测地形(表 6-10)，江安城区河段河道以冲刷为主，1993~2011 年全河段河床冲刷 460.9 万 m³，床面平均冲深约 0.53m，平均每年冲深约 2.8cm。

表 6-10　江安城区河段河床冲淤计算表　　　　　　（单位：m）

时段	信号台—睡佛寺 （L1—L8）	睡佛寺—两岔河 （L8—L11）	两岔河—二龙口 （L11—L14）	信号台— 二龙口
1993～2006 年	−0.38	0.46	−0.07	−0.30
2006～2011 年	−0.39	0.28	−0.27	−0.23
1993～2011 年	−0.77	0.74	−0.34	−0.53

注：负值表示冲刷，正值表示淤积；250m 高程以下河道。

8) 江安至井口

河道上起大石包码头下至井口，河道弯曲，全长约 17km。受河道边界条件影响，河道深泓走向多变，左右偏折。

河道进口主流靠右岸，过小过兵滩后深泓略有左移，天堂坝后又靠近右岸，马腿子以下主流又左移。近 30 年来河道岸线基本稳定，岸线及滩槽基本稳定。

河道从上至下有小过兵滩、金鱼碛、黄桷碛、风颠碛等边滩。小过兵滩 1980～1993 年边滩冲刷，1993～2004 年，轻微淤积，高程基本保持着稳定；金鱼碛边滩除中部略有冲刷外，近期基本稳定，马腿子、风颠碛边滩近期也基本保持稳定。

河道深槽主要位于牛耳石、马腿子和井口等附近。牛耳石深槽 1980～2004 年冲刷，范围扩大、最低点高程降低；马腿子深槽较长，1980～2004 年，深槽冲刷相对较大，高程有明显降低。2004～2007 年，河段滩槽均处于淤积状态，深槽则应有所回淤。

近 30 年来该段河道深泓线位置、高程基本保持稳定，左右摆动幅度较小，最大摆动幅度为 35m。年际间河段深泓的平均高程变化幅度小，与河床的冲淤变化相对应，1980～2004 年，深泓的平均高程降低 0.3m，2004～2007 年回淤，河段的深泓平均高程则回淤 0.3m。总体上，深泓基本保持在冲淤平衡状态，变化幅度较小。

3. 泸州河段

长江自宜宾江安县经大渡镇入泸州境，在泸州境北部由西向东流经纳溪区、江阳区、龙马潭区，于合江九层岩出境；长江干流泸州段长约 140km。长江流域泸州境内河流众多，以长江为主干，呈树枝状分布，主要支流有沱江、赤水河等。

1) 纳溪段

纳溪段上起大渡口下至三堆子，长约 20km。河道由中部顺直段衔接上下两弯道段组成，河道断面较为宽浅，宽度在 800m 左右。纳溪段江岸一般较陡，多为山地岸坡，江岸高程一般在 240～250m，碛坝及滩面前缘高程在 232～240m。

纳溪段河床冲淤交替，呈冲刷趋势，该河段冲淤量计算见表 6-11。1999～2009 年纳溪城区段河床冲刷 564.7 万 m^3。其中 1999～2004 年河床冲刷 151.1 万 m^3，2004～2009 年冲刷 413.6 万 m^3，平均每年河床冲深约 5cm，河床冲刷区域位于工程上游和下游，鲤鱼脑—槽房头段河床略有淤积。由于河床冲刷幅度较小，河道总体上仍处于冲淤平衡态势。

表 6-11　纳溪段冲淤量计算表　　　　（单位：万 m^3）

时间	野鹿溪—鲤鱼脑	鲤鱼脑—槽房头	槽房头—新糖房	纳溪城区
1999～2004 年	−24.7	31.5	−157.9	−151.1
2004～2009 年	−210.1	43.0	−246.5	−413.6
1999～2009 年	−234.8	74.5	−404.4	−564.7

注：负值表示冲刷，正值表示淤积，245m 高程以下河道。

纳溪段岸线较稳定，1999～2009 年，中洪水岸线总体上均稳定少变，其中，仅泸州长江铁路大桥与高速公路桥左岸的天君坝及伏耗子碛附近枯水岸线略有后退，据现场调查这与人类活动有关。

纳溪城区段 225m 高程以下河床为主河槽，主河槽床面一般相对平缓。深槽高程在 200m 左右的有四处，分别位于石龙岩、泸天化码头、头局梁和观音背。

石龙岩深槽 1999 年最低高程约 195m，220m 深槽长约 1200m、宽约 120m，2009 年深槽最低高程 200m，220m 深槽长约 1070m、宽 120m。1999～2009 年比较，石龙岩深槽平面位置变化不大，槽底有所抬高，范围略有减小。

泸天化码头深槽延伸到下游头局梁。1999 年泸天化码头附近深槽最低高程 198m，200m 深槽长约 400m、宽约 70m，2004 年深槽最低高程约 199.5m，200m 深槽长约 50m、宽约 10m，2009 年深槽最低高程 198m，200m 深槽长约 240m、宽 25m。故泸天化码头深槽 1999～2004 年略有抬高，范围缩小，2004～2009 年深槽冲刷范围扩大，平面位置变化不大。

头局梁外缘深槽 1999 年以来最低高程呈冲淤交替过程，1999 年最低高程 198.8m，2004 年为 202.6m，2009 年为 198m，210m 深槽 1999 年长约 320m、宽约 100m，2004 年长约 300m、宽约 70m，2009 年长约 310m、宽约 70m，深槽变化不大。头局梁内侧深槽为河道局部冲刷坑，1999 年冲刷坑最低高程为 219.3m，2004 年为 219.5m，2009 年为 213.9m，冲刷坑 200m 等高线范围 1999 年长约 175m、宽约 170m，2009 年长约 160m、宽约 120m，冲刷坑最低高程有所下降，但范围并未扩大。

观音背深槽最低高程 1999 年为 197.3m，2004 年为 191.5m，2009 年为 195m，200m 深槽 1999 年长约 240m、宽约 80m，2004 年长约 240m、宽约 50m，2009

年长约 200m、宽约 80m。1999～2009 年观音背深槽位置也基本稳定。

纳溪段深槽变化说明，随着上游河道水沙发生调整，长江发生较大洪水流量，狭窄河道深槽冲刷床面高程较低，大洪水后 1999～2004 年河床回淤，2004 年后由于上游来沙量减少而冲刷，形成先淤后冲过程，宽阔河段深槽 1999～2004 年则相反出现冲刷趋势。

纳溪段深泓线平面位置相对稳定，横向摆动幅度一般在 30m 以内。摆动幅度较大的部位有三处，分别位于纳溪长江铁路大桥、头局梁和石棚附近。纳溪长江铁路大桥主河槽平缓，桥墩兴建引起局部冲刷主流移动，深泓最大横向摆幅约 80m。头局梁外侧原有一处小石梁，整治炸礁后深泓移动，最大横向移动 68m，石棚附近河床在不同流量下水流顶冲位置不同，洪水时为回流区，中小水顶冲点上移，河床随水沙系列变化产生冲淤调整，致使主流摆动较大，深泓最大横向摆幅 120m。各个深泓摆幅较大的河道长度均在 1km 范围内。纳溪段深泓高程总体上基本稳定，1999～2004 年深泓高程有所抬高，2004～2009 年深槽冲刷，深泓高程又下降至 2004 年附近。

野猪坝洲顶高程约 240m，将中小水河道分为两汊，左汊为主汊，右汊为支汊。野猪坝左汊弯曲宽阔并与上游衔接平顺，主河槽底部高程 218～228m，230m 高程河宽 160～400m。野猪坝右汊河床较窄，主河槽底部高程 228～232m，右汊分流随上游来流量的减少而减少，枯水时断流。野猪坝形态相对稳定，滩顶最高点保持在 240m 左右，左右汊汇流点无明显上下移动现象。野猪坝汇流后，右侧河床沿程发育形成小中坝边滩。根据 1999～2009 年地形，小中坝下段形态较稳定，滩尾一直在野鹿溪偏下部位。

纳溪段中部左岸有天君坝及伏耗子碛边滩。天君坝边滩近期冲刷较明显，边滩前沿 230m 等高线最大后退 220m，后退范围长达 1km，下游伏耗子碛边滩冲刷相对较小，历史上上述两边滩平坦，滩面高程较稳定，估计受近期人类采砂活动影响，滩面凹凸不平，形态复杂。

大中坝为江心碛坝，依附河道右岸，滩面石梁纵多，水流冲刷石梁，形成局部深坑，并形成左右槽，1999～2009 年右槽冲刷，最大冲刷可达 9m，但冲刷范围较小，主要受局部石梁(三局梁)影响。

2) 江阳河段

江阳河段起自三堆子下至大岸溪，由 8 个大的弯道组成，长约 60km。河道中部泸州城区河宽较狭窄，洪水河宽一般在 380～600m，上段洪水河宽适中在 600～1100m，下段河道宽阔，其中芙蓉坝处洪水河宽可达 1400 余米，并形成分汊河道。

江阳河段岸坡高程一般在 220～250m，大部分为山坡，地势较陡峻，河道岸线在自然演变过程中变化缓慢，20 世纪 90 年代以来江岸的变化主要受护岸等人类活动影响。其中，泸州城区左岸滨江路、右岸蓝田坝护岸工程，下游张坝护岸工程、泥大坝段泸州港集装箱码头等工程实施，使得部分岸线向外推移，但大部分江岸变化不明显，向家坝溪洛渡蓄水后江岸仍保持基本稳定。

江阳河段河道深泓走向多变，左右偏折，进口段深泓位于左岸，在上游第一个弯道段(秤杆碛)从左岸转向右岸，左侧为凹进的牛屎碛，向下在水中坝和火焰碛间深泓逐渐靠左，在蓝田坝段深泓顺直位于河道中部，在泸州城区沱江汇流口附近深泓靠近弯道凹岸，在关刀碛，深泓靠近河道左侧的凸岸，在芙蓉坝深泓靠近河道右侧的凸岸，芙蓉坝以下深泓基本靠近弯道凹岸而行。从深泓平面走向看，边界对深泓的走势有加大的控制作用，碛坝边滩由于河床组成粗并有岩石出露，也影响深泓走向。

河段深泓线平面位置虽受边界条件控制，但受河槽冲淤影响略有摆动，但无单向移动趋势，最大摆动幅度小于80m。深泓线左右摆动幅度较大的部位主要发生在河道主流左右岸过渡且河槽较平缓的河段。从深泓纵剖面图比较，历年来河段深泓高程变化不大，深泓的升降与河床的冲淤变化相对应，河槽冲刷则深泓下降，河床淤积深泓总体上升。近期深泓表现为先升高后下降的过程，其中，1992～2004年河道上段和下段深泓平均升高相对明显，接近0.5m，中部升高仅0.1m，2004～2009年，深泓普遍下降。因此总体变化不大。

江阳河段河槽沿程跌宕起伏，深槽众多，从上至下大较大深槽分别位于观音背、红房咀、旦沟、福利山、货荆山、二郎滩、麻沙桥、二道溪、罗汉场、高坝、泰安场、浪依湾、手爬岩、望江楼、雷劈石(牛背溪上游)、红岩子、关刀碛、两条牛、神仙桥、焦滩、弥陀镇，向家坝溪洛渡蓄水前后，上述深槽平面位置基本稳定。

对江阳河段较为关注的主要深槽进行统计对比(表6-12)，除浪依湾深槽外，1992～2004年各个深槽长和宽尺度变幅一般不大，形态特征变化不大。

表6-12　江阳河段主要深槽变化统计表

深槽附近地名	量测等高线/m	统计时间	槽底最低高程/m	最大槽长/m	最大槽宽/m	深槽面积/m²
货荆山	210	1992年3月	188.9	2003	218	0.261
		2004年12月	189.3	1962	206	0.238
二郎滩	210	1992年3月	199.5	904	281	0.101
		2004年12月	199.4	903	279	0.102
麻沙桥	210	1992年3月	192.6	1341	224	0.217
		2004年12月	192.3	1274	191	0.172
二道溪	210	1992年3月	196.4	510	240	0.043
		2004年12月	197.6	416	90	0.024

深槽附近地名	量测等高线/m	统计时间	槽底最低高程/m	最大槽长/m	最大槽宽/m	深槽面积/m²
罗汉场	210	1992 年 3 月	196.8	711	179	0.087
		2004 年 12 月	197.1	687	138	0.061
高坝	200	1993 年 12 月	196.0	190	47	0.006
		2004 年 12 月	196.0	181	38	0.006
泰安场	200	1993 年 12 月	195.6	748	70	0.030
	200	2004 年 12 月	188.9	997	81	0.050
	200	2008 年 8 月	191.4	930	83	0.050
浪依湾	200	1993 年 12 月	183.2	1087	245	0.203
	200	2004 年 12 月	186.1	1650	263	0.219
手爬岩	200	1993 年 12 月	177.0	1184	295	0.180
	200	2004 年 12 月	178.7	1181	290	0.178

江阳河段河道宽窄相间，宽阔河段洲滩发育，主要洲滩从上至下有牛屎碛、水中坝、火焰碛、蓝田坝、黄家碛、茜草坝、关刀碛、泥大坝、水心坝、新街河坝、芙蓉坝等，洲滩发育河段长度占河段的总长接近 60%。其洲滩床面主要由砂卵石覆盖，局部有岩石出露，形态较稳定。表 6-13 统计了该河段内部分主要洲滩的特征值。

表 6-13　江阳河段部分主要洲滩尺度变化统计表

洲滩名	等高线/m	统计时间	洲顶高程/m	最大洲长/m	最大洲宽/m	洲滩面积/km²
黄家碛	225	1992 年 3 月	—	1367	248	0.240
		2004 年 12 月	—	1367	260	0.251
金钟碛	225	1992 年 3 月	—	2752	362	0.580
		2004 年 12 月	—	2752	349	0.575
关刀碛	225	1993 年 12 月	230.2	3702	882	1.718
		2004 年 12 月	232.5	3754	890	1.932
		2008 年 8 月	231.0	—	—	—
泥大坝	225	1993 年 12 月	228.8	2980	360	0.559
		2004 年 12 月	229.4	3154	518	0.704
		2008 年 8 月	227.5	3166	380	0.528

洲滩名	等高线/m	统计时间	洲顶高程/m	最大洲长/m	最大洲宽/m	洲滩面积/km²
水心坝	225	1993 年 12 月	230.3	987	303	0.153
		2004 年 12 月	230.3	970	315	0.152
		2008 年 8 月	230.6	966	322	0.151
新街河坝	225	1993 年 12 月	229.7	1130	257	0.204
		2004 年 12 月	230.7	1137	260	0.205
		2008 年 8 月	232.8	—	—	—

水中坝心滩靠近河道左侧，顶部高程在 240～243mm，将河道分为两槽。水中坝左槽底部高程 228～230m，两岸 235m 等高线间距 100～180m，中小水时左槽不过流，中水形成两汊分流格局，大洪水时水中坝淹没。水中坝心滩一直较稳定，滩面顶部最高点稳定在 243～244m，水中坝左汊河床底部高程稳定在 229m 左右，水中坝滩面以及左汊河床冲淤幅度一直较小。

水中坝对岸为火焰碛边滩，该边滩向下延伸与蓝田坝边滩连接形成一个长达 5km 的边滩，该边滩高程上低下高，上宽下窄。火焰碛顶部高程在 230m 左右，宽达 400～700m，蓝田坝边滩顶部最高高程在 235m 左右，一般宽 200～400m，历史上上述两边滩平坦，滩面高程较稳定，近期受人类采砂活动影响，滩面凹凸不平，形态复杂、河床变化相对较大，但近十余年来滩面外缘形态仍较平顺。

黄家碛为河道下段左岸边滩，该边滩为弯道凹岸边滩，受两岸地形控制作用较明显，边滩高程较低，在 225～228m，1993 年以来曾家花园滩面相对稳定，滩面各等高线位置变化较小。

关刀碛边滩上段 225m 高程线 2004 年明显向江心主槽一侧扩展，最大扩展宽度达 350m，滩顶高程也增高 2.3m，而下段则基本保持稳定；泥大坝边滩位于码头上游，该边滩上、下基本保持稳定，但中部冲淤变幅较大，1993～2004 年 225m 高程线因泥沙的淤积明显向江心扩宽，最大扩展宽度达 270m，滩顶高程也增高 0.6m，边滩面积有所扩大，2004～2008 年滩面冲刷，局部滩顶高程下降了 1.9m；水心坝边滩基本保持稳定，没有明显的变化；新街河坝边滩也基本保持稳定，没有明显变化。总体上，1993 年 12 月～2008 年 8 月，江阳河段的洲滩形态基本稳定，部分滩体略有冲刷，但总体上滩面形态变化不大。

涉水工程较多的河段往往是河床冲淤较大的河段，蓝田坝、龙马潭段 21 世纪初实施了护岸工程，从实施工程前后主河槽的冲淤计算，蓝田坝段 1993～2009 年河床冲刷 187.8 万 m³，河床平均冲深 0.20m。沙陀子—东门口段 1993～2004 年河床冲刷 5.7 万 m³，2004～2007 年冲刷 184.4 万 m³，2007～2009 年淤积 7.1 万 m³。

河床冲刷主要区域位于护岸工程下游泸州长江大桥—东门口主河槽。平均每年河床冲刷深度仅在 1.5cm 左右，该段河床冲刷也较缓慢。

龙马潭段 1993 年至 2007 年 1 月，河段总体表现为轻微冲刷，冲刷量为 $25.2×10^4m^3$，而主槽却表现为淤积，淤积量为 $15.1×10^4m^3$，河段表现为冲滩淤槽。其中，1993 年 12 月～2004 年 12 月，由于河段经过了 1998 年、1999 年丰水丰沙年份，淤积量为 $290.4×10^4m^3$，其中，主槽淤积 $134.5×10^4m^3$，占河段总淤积量的 46%。2004 年 12 月～2007 年 1 月，河段冲刷量为 $265.2×10^4m^3$，其中，主槽的冲刷量占河段总冲刷量的 45%。

表 6-14 给出了江阳河段下段冲淤量计算成果。综合来看，在上游来沙量减少以及河道实施护岸工程缩窄过流断面的情况下，河槽仍呈现冲淤交替过程，河床冲刷仍较缓慢。

表 6-14　江阳下段(沱江口下游—泰安)冲淤量统计表　　　(单位：10^4m^3)

起止时间	河槽	泸州碱厂—关刀碛(3.695km)	关刀碛—码头(4.559km)	码头—浪依湾(1.958km)	浪依湾—梨园(3.188km)	泸州碱厂—梨园(13.400km)
1993 年 12 月～ 2004 年 12 月	全河槽	69.400	107.800	62.400	50.800	290.400
	主槽	48.100	49.700	23.600	13.100	134.500
2004 年 12 月～ 2007 年 1 月	全河槽	−99.800	−110.200	−29.700	−25.500	−265.200
	主槽	−71.600	−35.000	−8.300	−4.600	−119.500
1993 年 12 月～ 2007 年 1 月	全河槽	−30.400	−2.500	32.700	25.400	−25.200
	主槽	−23.500	14.700	15.400	8.500	15.100

注：负值表示冲刷，正值表示淤泥。

3) 合江段

合江段从江阳弥陀进入，下至永川九层岩，河道长约 60km。合江段河道弯曲，有 7 个较大弯曲的河段，总体形态上向南凸出，为倒 Ω 形。合江段河道宽窄相间，进出口段河道宽阔，为分汊型河道，中部合江县城有赤水河从右岸汇入，但河宽相对均匀。

进口大中坝段长约 5km，河道从弥陀镇处走向急剧弯曲，从西南走向转向东，河宽大幅增加，洪水水面宽可达 2000 余米，江中滩面散乱，有大中坝、强盗坝等江心洲，同时还存在秤杆碛等碍航滩险。河道出口赵家中坝段长约 4km，洪水水面宽达 1800 余米，除江心洲赵家中坝外，有红花碛较大的碛坝心滩。中部河段洪水河宽变化相对较小，缩窄段洪水河宽约 500m，宽阔段洪水河宽约 1000m。

该河段两岸 220m 等高线上下游基本贯通，210m 以下河道为主河槽，其中

200m以下深槽河床较平缓，从河道岸线各条等高线位置及形态比较，向家坝蓄水前后2004～2015年岸线基本稳定，除局部的人类活动因素外，岸线平面变化在10m以内。

合江段深泓在进口神背嘴处位于河道凸岸(左岸)，穿过大中坝左侧与秤杆碛间河道后，在大中坝尾过渡到右岸，经过相对平顺段后，在雷渡深泓又过渡到左岸，在吊颈滩至黄桷树弯道段，深泓又靠近凸岸(右岸)，进入合江城区段深泓才位于弯道凹岸，并左右过渡，经过合江县城后，在关刀期微弯段深泓又位于河道中部，向下深泓基本靠近凹岸，并经过赵家中坝左侧进入下游。合江段深泓走向说明其受河道的边界控制作用明显，向家坝蓄水前后平面位置一直相对稳定，局部河段略有左右摆动，2004～2015年最大摆动幅度在50m内。主流线左右摆动幅度较大的部位主要发生在河道主流左右岸过渡段，主要是受不同水文年的水流泥沙过程影响，河槽小幅冲淤所致。

合江段深泓沿程在起伏中逐渐下降，最高点出现上游秤杆碛附近，深泓最高点高程为212.9m；最低点位于银子石下游深槽部位，高程为146.6m，沿程深泓高程最大变幅达66.3m，变化幅度见表6-15。向家坝蓄水前后，合江段深泓高程总体变化不大，但在赤水河河口等局部河段深泓高程变化相对明显。其中，关刀碛段深泓冲淤起伏变化最大，2004年11月～2012年2月下降10m，2012年2月～2015年3月上升6.5m，钱口石梁深泓高程2004年11月～2015年3月间下降最大，达到4.0m，其他段深泓高程变化小于3m。深泓高程变化较大的区域主要是由局部河道深槽冲淤产生，故深泓高程总体上也基本稳定。

表6-15　合江段吊颈滩至佛子嘴段深泓高程变化表　　　(单位：mm)

地名	2004年11月～2012年2月	2012年2月～2015年3月	2004年11月～2015年3月
吊颈滩	-0.1	0.1	0
望龙碛	-1.0	0	-1.0
上白沙	0.5	-2.0	-1.5
凉水井	-1.0	0.3	-0.3
中盘子	-1.0	2.2	1.2
黄桷树	-0.7	-0.2	-0.9
王爷庙	0.6	-0.5	0.1
清水溪	0.1	-0.1	0
黄羊溪	0.3	-0.8	-0.5
鸡冠滩	-0.1	0.2	0.1

续表

地名	2004年11月~2012年2月	2012年2月~2015年3月	2004年11月~2015年3月
大浩口	0.8	-1.4	-0.6
燕子石	-0.3	0.3	0
石盘角	0.1	0.6	0.7
白塔嘴	-0.9	0.5	-0.4
钱口石梁	-2.7	-1.3	-4.0
柳茶溪	0.7	-0.4	0.3
莲石滩	0.3	0.4	0.7
关刀碛	-10	6.5	-3.5
插花石	0.6	-0.4	0.2
灯影石	0.9	-0.8	0.1
榕山镇	0.9	-0.3	0.6
银窝子	-0.2	-0.3	-0.5
银子石	1.6	-4.1	-2.5
青果林	0.1	0.7	0.8
史坝沱	1.1	-1.5	-0.4
合江长江二桥	3.1	-3.2	-0.1
金银沱	-4.4	3	-1.4
沙溪口	2.7	-1	1.7
鸡婆碛	1.2	0.1	1.3
羊石盘	1.8	-0.4	1.4
三炷香	1.4	0.6	2
赵家中坝	0.3	-0.7	-0.4
红花碛	-3	0	-3
佛子嘴	3	-5.7	-2.7

注：负值表示深泓高程降低。

　　合江段河槽上高下低，赤水河河口以上河道 210m 等高线全线贯通，为主河槽，赤水河以下 200m 等高线贯通为主槽。主河槽平面位置基本稳定。由于河道地形沿程受局部山岩的控制，从上至下深槽较多，且高程有一定的起伏变化，较低高程的深槽主要位于神背嘴、寡妇槽、牛老驿、双线子、黄羊溪、牌坊、龙伏溪、密溪沟、桃子岩、银子石、李子坝、老鹰岩、三炷香、佛子嘴等处，2004~2012 年，上述深槽槽底高程虽有所起伏，但变化不大，一般在 4m 以内，深槽长度和宽度也变化较小。

赤水河河口以上河段主河槽河床变化较小，边滩冲淤幅度较大。赤水河河口以下河道断面形态变化不大，深槽位置不变，但主河槽有所冲深。总体上断面滩槽部位较稳定，河床冲淤交替。

由 2004 年 11 月～2015 年 3 月断面变化分析可见，除去被人工开挖的部分，各工程段断面冲淤变化幅度不大，断面冲淤厚度在 5m 以内，河床整体上均表现为冲淤交替，多年来断面形态基本稳定。

表 6-16 给出了合江段近年来河床冲淤量计算成果，2004 年 11 月～2015 年 3 月，冲刷总量为 815.65 万 m³，平均冲刷强度为 18.5 万 m³/km。其中，望龙碛—凉水井河段平均冲刷强度为 62.3 万 m³/km；凉水井—王爷庙段平均冲刷强度为 22.5 万 m³/km；王爷庙—鸡冠滩河段平均冲刷强度为 28.2 万 m³/km；鸡冠滩—莲石滩河段平均淤积强度为 46.5 万 m³/km；莲石滩—银子石河段平均冲刷强度为 40.5 万 m³/km；银子石—羊石盘河段平均冲刷强度为 14.3 万 m³/km；羊石盘—红花碛河段平均冲刷强度为 72.7 万 m³/km。

表 6-16　合江河段冲淤量变化表

计算河段	计算河长/km	2004 年 11 月～2012 年 2 月		2012 年 2 月～2015 年 3 月		2004 年 11 月～2015 年 3 月	
		冲淤量/万 m³	冲淤强度/(万 m³/km)	冲淤量/万 m³	冲淤强度/(万 m³/km)	冲淤量/万 m³	冲淤强度/(万 m³/km)
望龙碛—凉水井	4	68.05	17.0	−317.12	−79.3	−249.08	−62.3
凉水井—王爷庙	4	69.47	17.4	−159.64	−39.9	−90.17	−22.5
王爷庙—鸡冠滩	5	42.59	8.5	−183.74	−36.7	−141.15	−28.2
鸡冠滩—莲石滩	11	452.16	41.1	59.06	5.4	511.22	46.5
莲石滩—银子石	8	266.71	33.3	−591.04	−73.9	−324.33	−40.5
银子石—羊石盘	6	236.93	39.5	−322.63	−53.8	−85.7	−14.3
羊石盘—红花碛	6	273.77	45.6	−710.21	−118.4	−436.44	−72.7
望龙碛—红花碛	44	1409.68	32.0	−2225.32	−50.6	−815.65	−18.5

注：负值表示河床冲刷；正值表示河床淤积。

4. 永川河段

重庆永川河段从九层岩进入境内，至朱杨镇进入江津区，总体呈北东走向，全长约 21km。永川河段河道为微弯河道形态，大体由 5 个互成反向的微弯组成，弯道段间存在相对顺直的过渡河段，致使弯道衔接相对平顺[8]。

永川河段河谷宽阔，河床宽窄相对，进出流以及中部河道相对狭窄，最窄处洪水河宽 430～600m，宽阔段河宽可达 1000～1100m。河道沿程洲滩发育，分布有两个江心洲，为主支分明的双分汊河型。上段江心洲金中坝长约 1100m，宽约 480m，右汊为主汊；中下游段的江心洲温中坝长约 1000m，宽约 500m，也为右主左支分流；两个江心洲由基岩和卵石组成，顶部高程均超过 205m。

永川河段的弯道凸岸沿程存在边滩碛坝，如朱沱南碛坝、柱头碛坝和堆石梁碛坝均为卵石夹砂滩面，卵石粒径一般在 10～300mm，河岸为原生基岩或不易冲刷的山坡，形成了较稳定的边界条件。

永川河段江岸大多为自然地貌，多山坡和阶地，200m 以上为河道江岸，195m 以下为主河槽，根据 1996～2007 年的地形，两岸 195m 以下、200m 等高线基本吻合，相对狭窄的朱沱水文站和下游朱杨镇两个局部江岸也基本不变，河道江岸较为稳定。

永川河段 190m 高程以下的河道相对平缓，其冲淤变化可反映河道变化情况，可分三段来进行比较。第一段黄鳝溪至大东溪为上游弯道与下游微弯段之间的过渡段，河道顺直，主槽由上段居中位置逐渐过渡到靠右岸；第二段大东溪至东岳庙由四个相互反向的微弯河段组成，主河槽由上一弯道的凹岸过渡到下一反向弯道的凹岸，河床冲淤变化相对较大；第三段东岳庙至罗家湾为顺直河段，主河槽相对稳定，东岳庙至朱杨镇河段主槽由左岸过渡到右岸。

永川河段深泓沿程平面位置基本稳定，深泓线平面位置左右移位 10m 以内，仅两处移位较大，第一处是温中坝尾部深泓线局部最大左移约为 40m（2007 年与 1996 年比较，下同），第二处位于罗家湾凸岸右侧，平面位置左移 30～60m，深泓线长度约 300m。沿程深泓线位置变化和走向与主槽的变化相似。

深泓纵剖面沿程呈锯齿状，深泓最高点高程为 193.1m，最低点高程为 154.0m，深泓高程最大变幅达 39m。沿程深泓高程基本不变，只有三处局部有冲淤变化，温中坝局部 10 余年来冲刷约 1.5m，朱杨镇以下局部淤积约 1.5m，罗家湾局部深泓冲刷约 2m。这三处深泓冲淤变化均属局部。

永川河段碛坝边心滩发育，上段金中坝和温中坝中枯水露出水面呈分汊河道形态，朱沱镇下游哑巴碛心滩高程较低，为江心潜洲，同时下段还存在羊背碛、柱头坝和姚坝边滩。

金中坝江心洲由基岩和卵石组成，将河道分为左右两汊。洲体 200m 等高线最大长度约 1100m，最大宽度约 490m，洲顶部最大高程超过 205m，洪水河宽达 1180m。温中坝由卵石和基岩组成，将河道分为左右两汊，其 195m 等高线最大长度约 1400m，最宽处约 560m，洲顶最大高程约 210m，最大洪水河宽达 1200 余米，这两个有江心洲的分汊河段的洪水河宽为永川河段之最。1996 年 12 月及 2007 年 4 月比较，金中坝洲体 200m 和 205m 等高线平面位置未发生明显变化；温中坝

195m、200m、205m 三条闭合等高线基本吻合。江心洲无明显冲刷和淤长，洲体稳定。

195m 等高线羊背碛坝长约 1300m，最宽处约 260m；温中坝尾部右岸柱头碛坝长约 1130m，最宽约 140m；东岳庙以下右岸堆石梁碛坝长约 2150m，最宽约 260m；1996 年和 2007 年 195m 等高线比较，各碛坝外缘线基本重合，各碛坝（边滩）范围无明显淤长和收缩的情况，碛坝滩面无大的冲淤变化，变幅约 1m，局部滩面高程有 2～3m 的冲淤变化，估计与采砂有关。

永川河段断面大体上可分为三种，偏 V 断面河道较长，多为碛坝河段的横断面，金中坝、温中坝分汊河段的横断面呈 W 字形，河床底部相对平坦，顺直河段的横断面近似 U 字形，1996～2007 年河道横断面变化甚小，仅局部滩地有 3m 以内的冲淤调整。

表 6-17 给出了该河段河床冲淤量计算成果，1996 年 12 月～2010 年 11 月，河段总体看呈微冲状况，其中，中上段冲刷，出口段淤积。其中，黄鳝溪—东岳庙段冲刷 192.13 万 m³，河床平均冲刷约 0.18m；东岳庙至朱杨镇淤积 7.72 万 m³，河床平均淤高约 0.17m；由此可见河床冲淤变化不大，总体上仍处于冲淤相对平衡状态。

表 6-17　永川河段河床冲淤计算表　　　　　　（单位：万 m³）

河段名称	黄鳝溪—大东溪 S402—S401	大东溪—朱沱站 S401—S400	朱沱站—朱沱南 S400—S399	朱沱南—柱头 S399—S398	柱头—东岳庙 S398—S397	东岳庙—朱杨镇 S397—S396
1996 年 12 月～2007 年 4 月			−19.80	6.43	−51.38	−53.70
2007 年 4 月～2010 年 5 月			−61.18	−91.80	36.71	60.46
2010 年 5 月～2010 年 11 月			1.87	0.46	2.44	0.96
2004 年 11 月～2012 年 1 月	−4.67	−11.21				
1996 年 12 月～2010 年 11 月	−4.67	−11.21	−79.11	−84.91	−12.23	7.72

注：负值表示冲刷，正值表示淤积；表中黄鳝溪—大东溪、大东溪—朱沱站河段淤积量采用 2004 年 11 月～2012 年 1 月地形计算。

6.4　总结与思考

向家坝至永川河段地处四川盆地南缘，为低山丘陵地貌，沿程基岩出露，河床泥沙组成粗，在自然条件下，河道冲淤交替，呈缓慢下切趋势。20 世纪 90 年代以后，由于干支流水电枢纽工程的兴建，向家坝下游河道来沙量已经减小，2012～2013 年溪洛渡、向家坝相继蓄水运用，卵石粗颗粒泥沙基本拦截在枢纽上游，向家坝下游河道床沙难以补给，水流挟沙处于次饱和状态，河道呈现长期冲刷过程，主河槽将逐渐下切。

向家坝蓄水前后下游河道形态保持相对稳定态势，峡谷河段变化小，宽阔河段碛坝平面位置稳定，分汊河段主支分流格局基本不变。另外，向家坝等上游枢纽工程兴建前后河道年均冲淤幅度一般在 3cm 内，在枢纽蓄水运用来沙量大幅减小的情况下，河道冲刷量没有明显剧烈增加，说明该段河道边界条件是河道演变的主要因素，枢纽运用后的水沙过程改变对河势的影响相对较弱。

向家坝下游河道弯曲，沿程河谷相对宽阔，宽阔段汛期随流量陡涨陡落变化，主流摆动大，河床冲淤变化相对复杂。上游枢纽兴建后，向家坝下游各水文站年内洪峰流量减少，枯水期流量增加，但从近期地形变化分析可知，宽阔河段冲淤部位及厚度形态相对仍较为复杂，洲滩形态虽基本稳定，但仍处于缓慢调整中，说明向家坝、溪洛渡上游枢纽建设对径流过程的影响，不足以改变宽阔河道冲淤相对复杂的情况。

在枢纽下游主河槽冲刷下切过程中，河道断面将呈窄深方向发展，尤其是浅滩段主槽冲刷，有利于航道稳定，近几十年来沿江防洪护岸、航道整治工程实施，部分河道也趋向窄深，主河槽及深泓稳定性将增加。

参 考 文 献

[1] 黄仁勇. 长江上游梯级水库泥沙输移与泥沙调度研究[M]. 北京: 科学出版社, 2017.

[2] 黄悦. 向家坝、溪洛渡下游河床冲刷变形一维数学模型计算报告[R]. 武汉: 长江水利委员会长江科学院, 1997.

[3] 水利部长江水利委员会. 长江上游干流宜宾以下河道采砂规划(2015~2019 年)[R]. 武汉: 水利部长江水利委员会, 2015.

[4] 长江水利委员会水文局. 金沙江下游梯级水电站水文泥沙原型观测分析总报告(2019 年度)[R]. 武汉: 长江水利委员会水文局, 2019.

[5] 胡德超, 李大志. 四川省宜宾县安边镇金沙江防洪护岸综合整治工程防洪评价报告[R]. 武汉: 长江水利委员会长江科学院, 2014.

[6] 长江水利委员会长江科学院. 长江上游干流四川段防洪治理工程可行性研究报告[R]. 武汉: 长江水利委员会长江科学院, 2015.

[7] 李大志, 陈义武. 宜宾市江安县城区长江防洪护岸综合整治工程防洪评价报告[R]. 武汉: 长江水利委员会长江科学院, 2010.

[8] 张细兵, 张玉琴. 重庆市永川区松溉场镇河段防洪护岸综合整治工程防洪评价报告[R]. 武汉: 长江水利委员会长江科学院, 2011.